装配式建筑工程项目管理

王文超　王虎成　李　锋　主编

吉林科学技术出版社

图书在版编目（CIP）数据

装配式建筑工程项目管理 / 王文超，王虎成，李锋
主编．-- 长春：吉林科学技术出版社，2022.8
　　ISBN 978-7-5578-9628-7

　　Ⅰ．①装… Ⅱ．①王… ②王… ③李… Ⅲ．①装配式
构件－建筑工程－工程项目管理 Ⅳ．① TU712.1

　　中国版本图书馆 CIP 数据核字（2022）第 179558 号

装配式建筑工程项目管理

主　　编	王文超　王虎成　李　锋
出 版 人	宛　霞
责任编辑	郝沛龙
封面设计	树人教育
制　　版	树人教育
幅面尺寸	185mm×260mm
字　　数	300 千字
印　　张	13.75
印　　数	1-1500 册
版　　次	2022年8月第1版
印　　次	2023年3月第1次印刷

出　　版	吉林科学技术出版社
发　　行	吉林科学技术出版社
地　　址	长春市福祉大路5788号
邮　　编	130118
发行部电话/传真	0431-81629529 81629530 81629531
	81629532 81629533 81629534
储运部电话	0431-86059116
编辑部电话	0431-81629518
印　　刷	三河市嵩川印刷有限公司

书　　号	ISBN 978-7-5578-9628-7
定　　价	100.00元

前　言

随着经济的发展，环境问题越来越严峻，有关调查显示，我国环境污染严重，无论是空气污染还是水污染，都十分严重，因此国家对绿色环保越来越重视。当前建筑施工是我国的基础工程，建筑材料、建筑方式等都需要做到环保，因此装配式建筑营运而生。

在如今社会经济飞速增长的背景下，我国的建筑事业得到了巨大发展，各类装配式建筑工程项目的数量正逐年增多；与此同时，也对装配式建筑工程项目管理工作提出了更高的要求。工程项目管理是保证工程项目质量、进度与安全的重要工作，提高装配式建筑工程项目管理水平意义重大。

传统建筑工程主要采用现场施工为主的方式，其具有高投入、低产出、高能耗与高排放、环境污染严重的缺点。随着社会公众节能、环保意识的提升，以及人工成本的逐年上涨，建筑业转型升级已经提升了日程。装配式建筑因其构件生产工厂化、建筑设计标准化、组织管理科学化和施工机械化等优点，逐步替代了传统建筑业中分散的、低水平的、低效率的手工业生产方式。因此，装配式建筑在近年来的建筑行业所占比例越来越高，其工程项目管理质量也日趋受到关注。

本书能让读者对装配式建筑有个清晰的认知，对装配式建筑的常用建材和构件进行详细的剖析，帮助业主合理地选择建材和构件，做到所选择的建材既能满足安全使用的条件，又能满足解决成本和质量的要求；对于各分项工程施工，在涉及钢结构安装和基础施工等细节部位施工时，能够指出正确的做法或所需注意的地方。本书适用于从事装配式施工的专业技术人员，让从事装配式建筑施工的人员节省时间，快速地在书中找到自己所要的内容。

目　录

第一章　装配式建筑设计

装配式建筑相对传统建筑的建设模式和生产方式发生了深刻的变革，在装配式建筑的建设流程中，需要建设、设计、生产和施工各单位精心配合，协同工作。因此，装配式建筑各阶段工作与传统建筑相比较，都呈现出一定的差异性，具有自身的特征。本章主要对装配式建筑设计进行详细的讲解。

第一节　装配式建筑设计基础

一、装配式建筑设计特点

装配式建筑的设计工作，与采用现浇结构的建筑设计工作相比也不尽相同，同时装配式建筑在设计特征方面，还呈现出流程精细化、设计模数化、配合一体化、成本精准化和技术信息化五个方面的特点。

1. 流程精细化。装配式建筑的建设流程更全面、更综合、更精细，因此，在传统设计流程的基础上，增加了前期技术策划和预制构件加工图设计两个设计阶段，使得设计流程更加精细化。

2. 设计模数化。模数化是建筑工业化的基础，通过建筑模数的控制可以实现建筑、构件、部品之间的统一，从模数化协调到模块化组合，进而使预制装配式建筑迈向标准化设计。

3. 配合一体化。在装配式建筑设计阶段，应与各专业和构配件厂家充分配合，做到主体结构、预制构件、设备管线、装修部品和施工组织的一体化协作，优化设计成果。

4. 成本精准化。装配式建筑的设计成果直接作为构配件生产加工的依据，并且在同样的装配率条件下，预制构件的不同拆分方案也会给投资带来较大的变化，因此设计的合理性直接影响着项目的成本。

5. 技术信息化。BIM 是利用数字技术表达建筑项目几何、物理和功能信息以支持项目全生命期决策、管理、建设、运营的技术和方法。装配式建筑设计通常采用 BIM 技术，提高预制构件设计完成度与精确度。

二、装配式建筑设计原则

装配式建筑设计应符合建筑功能和性能要求，符合可持续发展和绿色环保的设计原则，利用各种可靠的连接方式将预制构件装配起来，并宜采用主体结构、装修和设备管线的装配化集成技术，综合协调给排水、燃气、供暖、通风和空气调节设施、照明供电等设备系统空间设计，考虑安全运行和维修管理等要求。另外，作为实现建筑工业化发展的手段，装配式建筑设计应遵循以下原则。

1. 少规格、多组合原则。

建筑设计中有标准化程度高的建筑类型，如住宅、学校教学楼、幼儿园、医院、办公楼等，也有标准化程度低的建筑类型，如剧院、体育场馆、博物馆等。对于装配式建筑，比较适用于标准化程度较高的建筑类型，这样，同种规格的预制构件才能最大化地被利用。

由此可见，装配式建筑设计阶段宜选用体型较为规整的大空间平面布局，合理布置承重墙及管井位置。此外，伴随装配式建筑技术的不断提高，预制建筑体系的发展也在逐渐适用于我国各地各类建筑功能范围和性能要求，普遍遵循标准化设计、模数协调，构件工厂化加工制作，并在不断提升装配式建筑占新建建筑的比例。

2. 建筑模数协调原则。

装配式建筑的根本特征是生产方式的工业化，从建筑设计角度看，体现为标准化、模数化的设计方法。模数在装配式建筑中是非常重要的，它是建筑工业化生产的基础，能达到优化尺寸系列化和通用化的目标，还有一个关键点是协调建筑要素之间的相互关系。装配式建筑标准化设计的基础是模数协调，应在模数化的基础上以基本单元或者基本户型为模块采用基本模数、扩大模数、分模数的方法实现建筑主体结构、建筑内装修以及内装部品等相互间的尺寸协调，做到构件、部品设计、生产和安装等环节的尺寸协调。模数的采用及进行模数协调应符合部件受力原理、生产简单、优化尺寸和减少部件种类的需要，满足部件的互换、位置可变的要求。模数不仅限于开间进深，也深入构件，包括内装部品。

内装部品与主体建筑的关系，是一个系列的模数协调关系。

（1）平面设计的模数协调。

建筑的平面设计应采用基本模数或扩大模数。过去，我国在建筑的平面设计中的开间、进深尺寸中多采用3M（300mm），设计的灵活性和建筑的多样化受到较大的限制。

目前，我国为适应建筑设计多样化的需求，增加设计的灵活性，多选择2M（200mm）、3M（300mm）。但是在装配式住宅设计中，根据国内墙体的实际厚度，结合装配整体式剪力墙住宅的特点，建议采用2M+3M（或1M、2M、3M）灵活组合的模数网格，以满足住宅建筑平面功能布局的灵活性及模数网格的协调性要求。

（2）设计高度的模数协调。

建筑的高度及沿高度方向的部件也应进行模数协调，采用适宜的模数及优选尺寸。装配式建筑的层高设计应按照建筑模数协调的要求，采用基本模数或扩大模数mM的设计方法实现结构构件、建筑部品之间的模数协调。层高和室内净高的优选尺寸间隔为1M，优先尺寸是从基本模数、导出模数和模数数列中事先挑选出来的模数数列，它与地区的经济水平和制造能力密切相关。尺寸越多，则灵活性越大，部件的可选择性越强；尺寸越少，则产品的标准化程度越高，但实际应用受到的限制越多，部件的可选择性越弱。考虑经济性与多样性，我们在做装配式住宅建筑设计时，根据经验开间尺寸多选择3mM、2nM，进深多选择2M，高度多选用0.5nM作为优先尺寸的数列。

立面高度的确定涉及预制构件及产品的规格尺寸，应在立面设计中贯彻建筑模数协调的原则，确定出合理的设计参数，以保证建筑过程中，在功能、质量和经济效益方面获得优化。

室内净高应以地面装修完成面与吊顶完成面为基准面来计算模数空间高度。为实现建筑垂直方向的模数协调，达到可变、可改、可更新的目标，需要设计成符合模数要求的层高。各类建筑的层高确定还要满足规范对建筑净高（层高）的要求。

（3）构造节点的模数协调。

建筑构造节点是装配式建筑的关键所在，通过构造节点的连接和组合，使所有的构件和部品成为一个整体。构造节点的模数协调，可以实现连接节点的标准化，提高构件的通用性和互换性。

构配件（部品）组合时，应明确各构配件（部品）的尺寸与位置，使设计、制造与安装等各个部门配合简单，满足装配整体式建筑设计精细化、高效率和经济性要求。分模数为1/10M、1/5M、1/2M的数列，主要用于建筑的缝隙、构造节点、构配件截面尺寸等处。

分模数不应用于确定模数化网格的距离，但根据需要可用于确定模数化网格的平移距离。不仅结构、配筋、机电管线，包括建筑装饰的点位控制，都应该有一个完整的考虑。结合这些基于工业化制造需求的设计、生产、施工一体化的探索，从传统建筑的粗放转变为精细。

4. 集成化设计原则。

集成化设计就是装配式建筑按照建筑、结构、设备和内装一体化设计原则，并以集成化的建筑体系和构件、部品为基础进行的综合设计。建筑内装设计与建筑结构、机电设备系统有机配合，是形成高性能品质建筑的关键，而在装配式建筑中还应充分考虑装配式结构体的特点，利用信息化技术手段实现各专业间的协同配合设计。

装配式建筑应通过集成化设计实现集成技术应用，如建筑结构与部品部件装配集成技术，建筑结构体与机电设备一体化设计，采用管线与结构分离等系统集成技术、机电设备管线系统集中布置，管线及点位预留、预埋到位的集成化技术等。装配式建筑集成化的设计有利于技术系统的整合优化，有利于施工建造工法的相互衔接，有利于提高生产效率和建筑质量与性能。

建筑信息模型技术是装配式建筑在建造过程的重要手段，通过信息数据平台管理系统将设计、生产、施工、物流和运营管理等各环节连接为一体，共享信息数据、资源协同、组织决策管理系统，对提高工程建设各阶段、各专业之间协同配合效率和质量，以及一体化管理水平具有重要作用。

三、装配式建筑设计的要点

1. 一般规定。

（1）基本要求。

装配式建筑设计必须符合国家政策、法规规范的要求及相关地方标准的规定，应符合建筑的使用功能和性能要求，体现以人为本、可持续发展、节能、节地、节材、节水、环境保护的指导思想。

（2）装配式建筑的本质特征。

我国当前积极推进的装配式建筑以标准化设计、工厂化生产、装配化施工、一体化装修和信息化管理为主要特征，并形成完整的、有机的产业链，实现房屋建造全过程的工业化、集约化和社会化，从而提高建筑工程质量和效益，实现节能减排与资源节约。

建筑产业化的核心是生产工业化，生产工业化的关键是设计标准化，最核心的环节是建立一整套具有适应性的模数以及模数协调原则。设计中据此优化各功能模块的尺寸和种类，使建筑部品实现通用性和互换性，保证房屋建设过程中，在功能、质量、技术和经济等方面获得最优的方案，促进建造方式从粗放型向集约型转变。

2. 技术策划先行与经济性分析。

装配式建筑的建造是一个系统工程，相比传统的建造，约束条件更多、更复杂。为了实现提高工程质量、提升生产效率、减少人工作业、减少环境污染的目标，体现装配式建筑的"两提两减"的优势，需尽量减少现场湿作业，构件在工厂按计划预制并按时运到现场，经过短时间存放进行吊装施工。因此，装配式建筑实施方案的经济性与合理性、生产组织和施工组织的计划性，设计、生产、运输、存放和安装等工序的衔接性和协同性等方面，相比传统的建造方式尤为重要。好的策划能有效控制成本，提高效率，保证质量，充分体现装配式建筑的工厂化优势。因此，装配式建筑与现浇建筑相比较，应增加项目的技术策划阶段，技术策划的总体目标是使项目的经济效益、环境效益和社会效益实现综合平衡，技术策划的重点是项目经济性的评估。

（1）进行前期的方案策划，经济性及可建造性分析。在项目技术策划阶段进行前期方案策划及经济性分析，对规划设计、部品生产和施工等建设流程中的各个环节统筹安排。建筑、结构、机电、内装修、经济、构件生产等环节密切配合，对技术选型、技术经济可行性和可建造性进行评估。

（2）确定项目的结构选型、维护结构选型、集成技术配置等，并确定项目装配式建造目标。

1）概念方案和结构选型的合理性。首先，装配式建筑的设计方案要满足使用功能的需求；其次，要符合标准化设计的要求，具有装配式建造的特点和优势，并全面考虑易建性和建造的效率；最后，结构选型要合理，其对建筑的经济性和合理性非常重要。

2）预制构件厂技术水平、可生产的预制构件形式与生产能力。装配式建筑中预制构件几何尺寸、质量、连接方式、集成程度、采用平面构件还是立面构件等技术配置，需要结合预制构件厂的实际情况来确定。

（3）装配式建筑应在适宜的部位采用标准化的产品。根据国内外的实践经验，适宜采用预制装配的建筑部位如下：具有规模效应、统一标准的，易生产的，能够显著提高效率和质量，减少人工和浪费的部位；技术上难度不大、可实施度高、易于标准化的部位；现场施工难度大，适宜在工厂预制的部位，如复杂的异型构件，需要高强度混凝土等现场无法浇筑的部位，集成度和精度要求高，需要在工厂制作的部位等；其他有特殊要求的部位，如建筑围护结构以及楼梯、阳台、隔墙、空调板、管道井等配套构件，室内外装修材料宜采用工业化、标准化产品。楼梯、栏杆等均为成品组装，由工厂生产，现场直接工具式安装。这样不仅质量可靠，安装效率高，后期维护更换也快捷。

根据建筑的主体结构及使用功能要求，适合装配的部位与构件种类，主要有楼梯、阳台、管道井等。这些部位和构件在装配式建筑建造过程中，易于做到标准化，便于重复生产。建筑使用功能空间分隔、内装修与内装部品是建筑中比较适宜采用工业化产品的部位。

在内装修中宜采用工厂生产的部位现场组装。现阶段的内装修推广采用轻质隔墙进行使用功能空间的分隔。推广采用整体（集成式）厨房和整体（集成式）卫浴间，可以减少施工现场的湿作业，满足干法施工的工艺要求。

（4）项目可行性预估。

1）预制构件厂与项目的距离及运输的可行性与经济性。装配式建筑的施工应综合考虑预制构件厂的合理运输半径，用地周边应具备完善的构件、部品运输交通条件，用地应具有构件进出内部的便利条件。当运输条件受限制时，个别的特殊构件也可在现场预制完成。

2）施工组织及技术路线。主要包括施工现场的预制构件临时堆放方案的可行性，用地是否具备充足的构件临时存放场地及构件在场区内的运输通道，构件运输组织方案与吊装方案协调同步，吊装能力、吊装周期及吊装作业单元的确定等。

3）经济可行性评估。装配式建筑设计应统筹建设方及各专业，按照项目的建设需求、用地条件、容积率等，结合预制构件厂生产能力及装配式结构适用的不同高度，进行经济性分析，确定项目的技术方案，包含结构形式、预制率、装配率。装配式建筑应结合项目的实际情况尽量采用预制构件，过低的预制率不能体现装配式建造的特点和优势。

预制率的计算内容主要针对主体结构和围护结构构件，其中包括预制外承重墙、预制外围护墙、内承重墙、柱、梁、楼板、外挂墙板、楼梯、空调板、阳台等构件。由于非承重内隔墙板种类繁多，预制率计算中暂不包括这类构件。

预制率主要评价非承重构件和内装部品的应用程度，主要包括非承重内隔墙、整体（集成式）厨房、整体（集成式）卫生间、预制管道井、预制排烟道和护栏等。非承重内隔墙主要包括预制轻质混凝土整体墙板、预制混凝土空心条板、加气混凝土条板、轻钢龙骨内隔墙等以干法施工为特点的装配式施工工艺的内隔墙系统。

技术方案是前期技术策划的重要内容，要综合考虑建筑的适用功能、工厂生产和施工安装的条件等因素，明确结构类型、预制部位、构件种类及材料选择。

3. 建筑设计要点解析。

（1）规划设计要点解析。

预制装配式建筑的规划设计在满足采光、通风、间距、退线等规划要求的情况下，宜优先采用由套型模块组合的住宅单元进行规划设计。以安全、经济、合理为原则，考虑施工组织流程，保证各施工工序的有效衔接，提高效率。由于预制构件需要在施工过程中运至塔式起重机所覆盖的区域内进行吊装，因此在总平面设计中应充分考虑运输通道的设置，合理布置预制构件临时堆场的位置与面积，选择适宜的塔吊位置和吨位，塔式起重机位置应根据现场施工方案进行调整，以达到精确控制构件运输环节，提高场地使用效率，确保施工组织便捷及安全。

（2）平面设计要点解析。

预制装配式建筑平面设计应遵循模数协调原则，优化套型模块的尺寸和种类，实现住宅预制构件和内装产品的标准化、系列化和通用化，完善住宅产业化配套应用技术，提升工程质量，降低建造成本。以住宅建筑为例，在方案设计阶段，应对住宅空间按照不同的使用功能进行合理划分，结合设计规范、项目定位及产业化目标等要求确定套型模块及其组合形式。平面设计可以通过研究符合装配式结构特性的模数系列，形成一定标准化的功能模块，再结合实际的定位要求等形成合适工业化建造的套型模块，由套型模块再组合形成最终的单元模块。

建筑平面宜选用大空间的平面布局方式，合理布置承重墙及管井位置，实现住宅空间的灵活性、可变性。套内各功能空间分区明确、布局合理。通过合理的结构选型，减少套内承重墙体的出现，使用工业化生产的易于拆改的内隔墙划分套内功能空间。如装配式住宅建筑大空间实现了灵活性、可变性，一个套型应根据家庭使用功能的需要灵活改变。

（3）立面设计要点解析。

预制装配式建筑的立面设计应利用标准化、模块化、系列化的套型组合特点。预制外墙板可采用不同饰面材料展现不同肌理与色彩的变化，通过不同外墙构件的灵活组合，实现富有工业化建筑特征的立面效果。预制装配式建筑外墙构件主要包括装配式混凝土外墙板、门窗、阳台、空调板和外墙装饰构件等，可以充分发挥装配式混凝土剪力墙结构住宅外墙构件的装饰作用，进行立面多样化设计。立面装饰材料应符合设计要求，预制外墙板宜采用工厂预涂刷涂料。装饰材料反打、肌理混凝土等装饰一体化的生产工艺。当采用反打一次成型的外墙板时，其装饰材料的规格尺寸、材质类别、连接构造等应进行工艺试验验证，以确保质量。

外墙门窗在满足通风采光的基础上，通过调节门窗尺寸、虚实比例以及窗框分隔形式等设计手法形成一定的灵活性；通过改变阳台，空调板的位置和形状，可使立面具有较大的可变性；通过装饰构件的自由变化可实现多样化立面设计效果，满足建筑立面风格差异化的要求。

（4）预制构件设计要点解析。

预制装配式建筑的预制构件设计应遵循标准化、模数化原则；应尽量减少构件类型，提高构件标准化程度，降低工程造价。对于开洞多、异型、降板等复杂部位可考虑现浇的方式。注意预制构件质量及尺寸，综合考虑项目所在地区构件加工生产能力及运输、吊装等条件。同时，预制构件具有较高的耐久性和耐火性。预制构件设计应充分考虑生产的便利性、可行性以及成品保护的安全性。当构件尺寸较大时，应增加构件脱模及吊装用的预埋吊点的数量。预制外墙板应根据不同地区的保温隔热要求选择适宜的构造，同时考虑空调留洞及散热器安装预埋件等安装要求。对于非承重的内墙宜选用自重小，易于安装、拆卸且隔声性能良好的填充墙体等。例如，内围护填充墙体采用陶粒混凝土板、NALC板等成品板材。该板材自重小，对结构整体刚度影响小。防火及隔声性能好，且无放射性和有害气体溢出，绿色环保，适宜推广。可根据使用功能灵活分隔室内空间，非承重内墙板与主体结构的连接应安全可靠，满足抗震及使用要求。用于厨房及卫生间等潮湿空间的墙体应具有防水、易清洁的性能。内隔墙板与设备管线、卫生洁具、空调设备及其他构配件的安装连接应牢固可靠。

预制装配式建筑的楼盖宜采用叠合楼板，结构转换层、平面复杂或开间较大的楼层、作为上部结构嵌固部位的地下室楼层宜采用现浇楼盖。楼板与楼板、楼板与墙体间的接缝应保证结构整体性。叠合楼板应考虑设备管线、吊顶、灯具安装点位的预留、预埋，满足设备专业要求。空调室外机搁板宜与预制阳台组合设置。阳台应确定栏杆留洞、预埋线盒、立管留洞、地漏等的准确位置。预制楼梯应确定扶手栏杆的留洞及预埋，楼梯踏面的防滑构造应在工厂预制时一次成型，且采取成品保护措施。

（5）构造节点设计要点解析。

装配式建筑只是一种结构的建造方式，它的规范和标准，依然建立在国家的设计规范和标准之上，等同于现浇结构。由于建造方式与现浇建筑不同，所以在构造节点设计上也有所不同。

预制构件连接节点的构造设计是装配式混凝土剪力墙结构住宅的设计关键。预制外墙板的接缝、门窗洞口等防水薄弱部位的构造节点与材料选用应满足建筑的物理性能、力学性能、耐久性能及装饰性能的要求。各类接缝应根据工程实际情况和所在气候区等，合理进行节点设计，满足防水及节能要求。预制外墙板垂直缝宜采用材料防水和构造防水相结合的做法，可采用槽口缝或平口缝；预制外墙板水平缝采用构造防水时宜采用企口缝或高低缝。接缝宽度应考虑热胀冷缩及风荷载、地震作用等外界环境的影响。外墙板连接节点的密封胶应具有与混凝土的相容性以及规定的抗剪切和伸缩变形能力，还应具有防霉、防水、防火、耐候性等材料性能。对于预制外墙板上的门窗安装应确保其连接的安全性、可靠性及密闭性。

装配式混凝土剪力墙结构住宅的外围护结构热工计算应符合国家建筑节能设计标准的相关要求，当采用预制夹心外墙板时，其保温层宜连续，保温层厚度应满足项目所在地区建筑围护结构节能设计要求。保温材料宜采用轻质高效的，安装时保温材料含水率应符合现行国家相关标准的规定。外围护结构（外山墙）全部采用预制装配式三合一夹心保温剪力墙的做法，即将结构的剪力墙、保温板、混凝土模板预制在一起。在保证结构安全性的同时，也兼顾了建筑的保温节能要求和建筑立面艺术效果。

（6）专业协同设计要点解析。

1）结构专业协同。预制装配式建筑体型、平面布置及构造应符合抗震设计的原则和要求。为满足工业化建造的要求，预制构件设计应遵循受力合理、连接简单、施工方便、少规格、多组合的原则，选择适宜的预制构件尺寸和质量，方便加工运输，提高工程质量，控制建设成本。建筑承重墙、柱等竖向构件宜上下连续，门窗洞口宜上下对齐，成列布置，不宜采用转角窗。门窗洞口的平面位置和尺寸应满足结构受力及预制构件设计要求。

2）给水排水专业协同。预制装配式建筑应考虑公共空间竖向管井位置、尺寸及共用的可能性，将其设于易于检修的部位。竖向管线的设置宜相对集中，水平管线的排布应减少交叉。穿预制构件的管线应预留或预埋套管，穿预制楼板的管道应预留洞，管井及吊顶内的设备管线安装应牢固可靠，应设置方便更换，维修的检修门（孔）等措施。住宅套内宜优先采用同层排水，同层排水的房间应有可靠的防水构造措施。采用整体卫浴、整体厨房时，应与厂家配合土建预留净尺寸及设备管道接口的位置及要求。太阳能热水系统集热器、储水罐等的安装应与建筑一体化设计，结构主体做好预留预埋。

3）暖通专业协同。供暖系统的主立管及分户控制阀门等部件应设置在公共空间竖向管井内，户内供暖管线宜设置为独立环路。当采用低温热水地面辐射供暖系统时，分、集水器宜配合建筑地面垫层的做法设置在便于维修管理的部位。当采用散热器供暖系统时，应合理布置散热器位置、采暖管线的走向。当采用分体式空调机时，满足卧室、起居室预留空调设施的安装位置和预留预埋条件。当采用集中新风系统时，应确定设备及风道的位置和走向，住宅厨房及卫生间应确定排气道的位置及尺寸。

4）电气、电信专业协同。确定分户配电箱位置，分户墙两侧暗装电气设备不应连通设置。预制构件设计应考虑内装要求，确定插座、灯具位置，以及网络接口、电话接口、有线电视接口等位置。确定线路设置位置与垫层、墙体以及分段连接的配置，在预制墙体内、叠合板内暗敷设时，应采用线管保护。在预制墙体上设置的电气开关、插座、接线盒、连接管线等均应进行预留预埋。在预制外墙板、内墙板的门窗过梁及锚固区内不应埋设设备管线。

（7）装配式内装修设计要点解析。

预制装配式建筑的装配式内装修设计应遵循建筑、装修、部品一体化的设计原则，部品体系应满足国家相应标准要求，达到安全、经济、节能、环保各项标准的要求，部品体系应实现集成化的成套供应。部品和构件宜通过优化参数、公差配合和接口技术等措施，提高部品和构件的互换性和通用性。装配式内装设计应综合考虑不同材料、设备、设施的不同使用年限，装修部品应具有可变性和适应性，便于施工安装、使用维护和维修改造。装配式内装的材料、设备在与预制构件连接时宜采用SI住宅体系的支撑体与填充体分离技术进行设计；当条件不具备时宜采用预留、预埋的安装方式，不应剔凿预制构件及其现浇节点，影响主体结构的安全性。

四、装配式建筑的标准化和模块化设计

1.模数和模块化在装配式建筑设计中的应用。

模数是工业化生产的基础，能达到优化尺寸系列化和通用化的目标，还有一个关键点是协调建筑要素之间的相互关系。许多人对于模数的理解就是从砖混建筑3M开始的，按照3的倍数满足要求的三模，从开间、进深、层高去控制。随着对装配式建筑研究的深入，发现模数不仅限于开间进深，也深入构件，包括内装部品。内装部品与主体建筑的关系，是一个系列的模数协调关系。以罗马建筑为例，罗马的建筑材料很简单，用天然的混凝土把砖、石砌筑起来，形成砌体结构。

比如，用方石控制建筑外形，实现模数协调，方石用完后，往往建筑内部会出现一些非模数化区域，即模数控制不了的情况，再用乱石砌筑，就形成现在所说的模数中断区，最后完成建筑物整体立面很完整的形式，这就是石与砖的模数关系，所以模数是装配式建筑中很值得研究的课题。无独有偶，罗马由作坊切磨石材，现场装配，其实也是工厂化的一种模式，只是现在机械化的程度更高。

模数在装配式建筑中是非常重要的。关于模数的优化，可用两个案例进行说明。一个是建筑和结构两专业通过共同优化现浇节点，仅用三种模具就对全部节点进行了多样化的处理，实现了现浇节点的标准化。再一个是在工厂预埋电盒，一开始经常出现与钢筋的碰撞，现场调整十分不便，既耽误时间也容易出错。后来采用钢筋模数化、线盒点位模数化，两个模数做好错位，就完全避免了两者的碰撞。当时仅仅是为了解决某个具体的工程问题，现在是对整体的一个全面系统化的考虑。

模块在整个系统中是一个重要的方面，建筑师对模块的理解往往是功能模块，但是不要局限在研究功能模块，而要研究功能模块的尺寸。比如，一个20m²的空间，如果是2m×10m就是一个走廊，如果是4m×5m就是一个房间。所以建筑师研究功能模块，更多的是研究它所形成的空间。这个空间就是满足多种使用功能需求的几何尺寸空间，它和人的使用有很大关系。这个空间的高效性，就是"可持续住宅"的一个核心。如果没有高效性，那么3m×10m的空间也不能有太多的变化。

无论出于何种目标，研究空间是开放式建筑、建筑工业化的核心内容。通过空间多样化，实现组合多样化，然后实现立面多样化。以北京标准化模块的多样化组合为例，在对40m²公租房进行研究时，提出5.4m×5.4m的空间概念。5.4m会出现更多可能性，5.4m就是两个2.7m，对普通住宅来说就可以保证有两个朝向开窗的房间，在公租房中空间设计远优于4.8m开间的空间，能实现明居室，不再是仅有一个外窗、起居室都是黑暗的房间了。由于采用了高效空间的设计，40m²的一居室实现了一室一厅，50m²就可以实现两室一厅，60m²就可以实现三室一厅。可以据此提出"实惠设计"，就是

从建筑学的初心，去研究建筑的尺寸空间，来达到设计目的，实现空间优化。这种高效的标准化模块空间，可以组合成单元式住宅，也可以组合成外廊式住宅。

在实践中，中国建筑设计标准院做的保障性住房国家建筑标准图集有所体现。对模数组合、模块组合、单元组合、部品组合、构件组合，各种不同的组合来实现立面多样化和空间多样化。一个好的建筑空间，便因此可以适应多种需求。所以，在设计中要重点研究模数和空间尺寸的关系，努力实现标准化设计，多样化地呈现这一目标。我们研究模数和模块要通过系统集成的方法，使所有的部品、构件形成装配式建筑，真正实现"像造汽车一样造房子"。

2. 装配式建筑标准化与多样化设计。

乐高积木给了我们一些启示，大量的标准件和少量的非标准件，组合形成丰富多彩的乐高建筑。同理，装配式建筑的设计，并非传统意义上的标准设计和千篇一律，而是尊重个性化、多样化和可变性的标准化设计。

标准化与多样化是装配式建筑固有的一对矛盾，彼此依存而又互相对立。建筑设计多样化并不等于自由化，在个性化的中间存在着不可缺少的标准化，是要求设计标准化与多样化相结合，部品、部件设计在标准化的基础上做到系列化、通用化。这对矛盾解决得好坏，是评价装配式建筑的重要因素，也是装配式建筑技术体系中的重要方面。要实现这一目标，就需要从顶层设计开始，针对不同建筑类型和部品、部件的特点，结合建筑功能需求，从设计、制造、安装、维护等方面入手，划分标准化模块，进行部品、部件以及结构、外围护、内装和设备管线的模数协调及接口标准化研究，建立标准化技术体系，实现部品、部件和接口的模数化、标准化，使设计、生产、施工、验收全部纳入尺寸协调的范畴，形成装配式建筑的通用建筑体系。在这个基础上，建筑设计通过将标准化模块进行组合和集成，形成多种形式和效果，达到多样化的目的。因此，装配式建筑的标准化设计不等于单一化的标准设计，标准化是方法和过程，多样化是结果，是在固有标准系统内的灵活多变。

3. 装配式建筑部品部件标准化和模块化设计。

建筑部品、部件是具有相对独立功能的建筑产品，是由建筑材料、单项产品构成的部品、部件的总称，是构成成套技术和建筑体系的基础。部品集成是一个由多个小部品集成为单个大部品的过程，大部品可通过小部品的不同排列组合增加自身的自由度和多样性。产品的集成化不仅可以实现标准化和多样化的统一，也可以带动住宅建设技术的集成。

建筑部品是直接构成装配式建筑成品的基本组成部分，建筑产品的主要特征首先体现在标准化、系列化、规模化生产，并向通用化方向发展；其次，建筑部品通过材料制品、施工机具、技术文件配套，形成成套技术。

建筑部品化是建筑建造的一个非常重要的发展趋势，是建筑产品标准化生产的成熟阶段。今后的建筑建设会改变以前以现场为中心进行加工生产的局面，逐步采用大量工业化生产的标准化部品进行现场组装作业，如经过整体设计、配套生产、组装完善的整体厨卫产品、在工厂里加工制作完成的门窗等。

（1）楼板设计。

装配式剪力墙建筑楼板宜采用规整统一的预制楼板。预制楼板宜做到标准化、模数化，尽量减少板型，降低造价。大尺寸的楼板能节省工时，提高效率，但要考虑运输、吊装和实际结构条件。需要降板的房间（如厨房、卫生间等）的位置及降板范围，应结合结构的板跨、设备管线等因素进行设计，并为使用空间的自由分割留有余地。连接节点的构造设计应分别满足结构、热工、防水、防火、保温、隔热、隔声及建筑造型设计等要求。预制楼板一般分为空心楼板、叠合楼板等形式。

（2）内隔断。

1）轻质条板内隔墙。轻质条板内隔墙常见的形式有玻璃增强水泥条板、纤维增强石膏板条板、轻集料混凝土条板、硅镁加气水泥条板和粉煤灰泡沫水泥条板五种。条板内隔墙适用于上下墙有结构梁板支撑的内隔墙，结构体（梁、板、柱、墙）之间应采用镀锌钢板卡固定，连接缝之间采用各种类型条板配套的胶粘剂填塞。

2）轻钢龙骨内隔墙。轻钢龙骨板材隔墙是装配式住宅建筑常用的内隔墙系统之一。轻钢龙骨板材隔墙是以轻钢龙骨为骨架，管线宜隐藏于龙骨中空腔，内填岩棉的隔墙体系。轻钢龙骨板材隔墙应满足非承重墙在构造和固定方面的设计要求，轻钢龙骨、纸面石膏板的外观质量应满足国家相关规范的要求。

（3）楼梯。

清水混凝土预制楼梯，特别能体现出工厂化预制便捷、高效、优质、节约的特点。楼梯有两跑楼梯和单跑剪刀楼梯等不同的形式，可采用的预制构件包括梯板、梯梁、平台板和防火分隔板等。预制平台应符合叠合楼盖的设计要求，预制楼梯宜采用清水混凝土饰面，应采取措施加强成品的饰面保护。预制楼梯构件应考虑楼梯梯段板的吊装、运输的临时结构支点，同时应考虑楼梯安装完成后的安装扶手所需要的预埋件。楼梯踏步的防滑条、梯段下部的滴水线等细部构造应在工厂预制时一次成型，节约工人、材料和便于后期维护，节能增效。

（4）阳台、空调板、雨篷。

阳台、空调板、雨篷等突出外墙的装饰和功能构件作为室内外过渡的桥梁，是住宅、旅馆等建筑中不可忽视的一部分。传统阳台结构，大部分为挑梁式，挑板式现浇钢筋混凝土结构，现场施工量较大，施工工期较长。装配式建筑中的阳台、空调板、雨篷等构件在工厂进行预制，作为系统集成以及技术配套整体部件，运至施工现场进行组装，施工迅速。可大大提高生产效率，保证工程质量。此外，预制阳台、空调板、雨篷等表面效果可以和模具表面一样平整或者有凹凸的肌理效果，且地面坡度和排水沟也在工厂预制完成。

（5）整体厨房、整体卫生间。

1）整体厨房。整体厨房是装配式住宅建筑内装部品中工业化技术的核心部件，应满足工业化生产及安装要求，与建筑结构一体化设计、同步施工。这些模块化的部品，整体制作和加工全部实现工厂化，在工厂加工完成后运至现场可以用模块化的方式拼装完成，便于集成化建造。住宅厨房上下宜相邻布置，便于集中设置竖向管线、竖向通风道或机械通风装置，厨房应考虑和主体建筑的构造做法、机电管线接口的标准化。

2）整体卫生间。住宅卫生间平面功能分区宜合理，符合建筑模数要求。住宅卫生间上下宜相邻布置，便于集中设置竖向管线、竖向通风道或机械通风装置。同层排水管线、通风管线和电气管线的连接，均应在设计预留的空间内安装完成。整体卫浴地面完成高度应低于套内地面完成高度。整体卫浴应在给水排水、电气等系统预留的接口连接处设置检修口。

对于公共建筑的卫生间，宜采用模块化、标准化的整体卫生间。卫生间（包括公共卫生间和住宅卫生间）通过架设架空地板或设置局部降板，将户内的排水横管和排水支管敷设于住户自有空间内，实现同层排水和干式架空，以避免传统集合式住宅排水管线穿越楼板造成的房屋产权分界不明晰、噪声干扰、渗漏隐患、空间局限等问题。

五、钢部件的设计

（一）梁的设计

1. 型钢梁设计。

型钢梁中应用最多的是普通工字钢和H型钢。型钢梁设计一般应满足承载力，整体稳定和刚度要求。一般情况下，型钢厚度较大，不需验算抗剪强度。当梁上有集中荷载作用且荷载作用处梁的腹板未设置加劲肋时，还需验算腹板边缘的局部压应力。型钢梁腹板和翼缘的宽厚比都不太大，局部稳定通常可以保证，不需验算。型钢梁可按以下方法设计。

（1）计算梁的内力。

根据已知梁的荷载设计值计算梁的最大弯矩 M_x 和剪力 V。

（2）计算梁需要的净截面抵抗矩 W_{nx}。

$$W_{nx} = \frac{M_x}{\gamma_x f}$$

式中，γ_x 可取 1.05，根据 W_{nx} 查型钢表，选用合适的工字钢型号。

（3）校核。

计入型钢自重，根据所选型钢截面进行强度计算、变形验算及整体稳定计算。

2. 组合梁设计。

（1）截面尺寸确定。

焊接组合梁一般常用两块翼缘板和一块腹板焊接成双轴对称工字形截面，需要根据已知设计条件，选择经济合理的翼缘板和腹板尺寸。

1）截面高度。

确定组合梁的截面高度应考虑建筑高度、刚度条件和经济高度等因素。建筑高度是指梁的底面到铺板顶面之间的高度，它往往由生产工艺和使用要求确定。梁的高度不能使净空超过建筑设计或工艺设备需要的净空允许限值，依此条件确定的梁截面高度实际上是梁截面可能的最大高度 h_{max}。

刚度条件是梁的允许挠度所要求的梁高，其决定了梁的最小高度 h_{min}。以均布荷载作用下的简支梁为例，其挠度最大值如下：

$$v_{max} = \frac{5q_k l^4}{384EI_x} = \frac{5l^2}{48EI_x} \cdot \frac{q_k l^2}{8} = \frac{5M_k l^2}{48EI_x} = \frac{5}{48} = \cdot \frac{M_k l^2}{EW_x(h/2)} = \frac{5\sigma_k l^2}{24Eh} \leqslant [v]$$

则应满足：

$$\frac{v_{max}}{l} = \frac{5\sigma_k l}{24Eh} \leqslant \frac{l}{[v]}$$

式中 q_k——均布荷载标准值；

M_k——荷载标准值计算的梁上弯矩最大值；

I_x——梁截面惯性矩；

σ_k——荷载标准值计算的最大弯曲正应力，初选截面时，可用 $f/\lambda L$ 代替，λL 为荷载分项系数，可取 $1.3 \sim 1.4$。

由上式可以得到梁的最小高度：

$$h_{min} = \frac{5\sigma_k l}{24Eh} \leqslant \frac{l}{[v]}$$

一般来说，梁的高度大，腹板用钢量增多，而梁翼缘板用钢量相对减少；梁的高度小，则情况相反。最经济的截面高度应使梁的总用钢量最小。梁的经济高度是指满足强度、刚度、整体稳定和局部稳定的梁用钢量最少的高度。梁的经济高度（cm）可按如下经验公式确定：

$$h_e = 7\sqrt[3]{W_x} - 30$$

实际采用的梁高应满足 $h_{min} \leqslant h \sim h_e \leqslant h_{max}$，并且通常取 50mm 的倍数。

2）腹板厚度。

腹板厚度应满足抗剪强度要求。抗剪需要的厚度可根据梁端最大剪力按下式计算：

$$t_w \geqslant \frac{\alpha V_{max}}{h_w f_v}$$

式中 V_{max}——梁截面最大剪力设计值。

f_v——梁腹板钢材抗剪承载力设计值。

α——系数，当梁端翼缘截面无削弱时，α 宜取 1.2；当梁端翼缘截面有削弱时，α 宜取 1.5。由上式计算所得的 t，往往偏小，考虑腹板局部稳定和构造等因素，腹板厚度常用下面的经验公式估算：

$$t_w = \frac{\sqrt{h_w}}{11}$$

上式中，t_w、h_w 都以 cm 为单位。实际采用的腹板厚度应考虑钢板的现有规格，一般为 2mm 的倍数。对于非吊车梁，腹板厚度取值宜比上式的计算值略小；对考虑腹板屈曲后强度的梁，腹板厚度可取得小些，但不得小于 6mm，同时需满足：

$$h_w / t_w \leq 250\sqrt{235 / f_y}$$

3）翼缘尺寸。

按上述方法确定梁高度和腹板厚度后，可根据截面模量得到翼缘板所需面积。工字形截面惯性矩如下：

$$I_x = \frac{1}{12} h_w^3 t_w + 2bt(\frac{h-t}{2})^2$$

取 $h \sim h_w$ 则有

$$W_x = \frac{2I_x}{h} = \frac{1}{6} h_w^2 t_w + bth_w$$

$$b = \frac{W_x}{h_w} - \frac{1}{6} h_w t_w$$

翼缘板的尺寸应满足梁局部稳定要求。在允许截面发展一定塑性的情况下，翼缘外伸宽厚比 $b / t \leq 13\sqrt{235 / f_y}$。可大致按 $b = 25t$ 确定翼缘板尺寸。b 通常取（1/5~1/3）h。选择 b 和 t 时要符合钢板规格尺寸，一般 b 取 10mm 的倍数，t 取 2mm 的倍数，且不小于 8mm。

梁截面尺寸确定后，应根据梁的受力情况按规范规定进行验算，包括强度验算、刚度验算、整体稳定验算，验算不合格时应对梁截面尺寸做调整，直到满足验算要求为止。组合梁还须进行局部稳定验算，翼缘板局部稳定可在尺寸确定过程中得到满足，腹板的局部稳定则需按相关规范规定进行验算。

（2）梁翼缘与腹板间焊缝设计。

梁翼缘与腹板间焊缝一般采用焊于腹板两侧的角焊缝，承受梁弯曲时产生的剪应力。沿梁长度方向单位长度焊缝承受的剪力如下：

$$V_h = \tau t_w = \frac{VS}{I_x t_w} t_w = \frac{VS}{I_x}$$

式中 V——计算位置处梁截面剪力；

S——梁翼缘面积对中和轴的面积矩。

焊缝剪应力如下：

$$\tau_f = \frac{V_h}{\sum h_e l_w} f_f^w$$

式中 f_f^w——角焊缝强度设计值，N/mm^2。

焊缝总长度为 2，则焊脚尺寸如下：

$$h_f \geqslant \frac{V_h}{2 \times 0.7 f_f^w} = \frac{VS}{1.4 I_x f_f^w}$$

焊脚尺寸应按梁承受的最大剪应力计算，并沿梁全长采用同一焊脚尺寸。

（3）梁截面沿长度的改变。

设计梁截面尺寸时，梁承受的弯矩大，所需尺寸就大，梁承受的弯矩小，梁截面尺寸应相应减小，这样最省钢材。但改变梁的尺寸会使梁制作的工作量增加。对于跨度较小的梁，改变截面带来的经济效益并不明显，只有跨度较大的梁改变截面能较明显地节省钢材，具体做法是改变梁腹板高度或翼缘宽度。经过分析比较，简支梁在距梁支座 1/6 处对称地改变截面一次比较经济，改变次数增多并不能更多地节约钢材。改变截面时应使截面过渡平缓，避免截面突变产生应力集中。

3. 梁的拼接设计。

梁的拼接分为工地拼接和工厂拼接两种。当梁的跨度较大时，由于运输条件限制，可将梁在工厂中分段制造，运至现场后再进行拼接，称为工地拼接；若钢材的供应长度不够或者为利用短材，则可进行工厂拼接。

通常情况下，拼接部位应设在内力较小处，一般设在 1/3 或 1/4（1 为梁的跨度）的位置，考虑其受力特点，应按该截面上的弯矩和剪力共同作用设计。对接焊缝直接相连，省工省料，是一种较常采用的方法，但翼缘与腹板连接处不易焊透。如果对接焊缝质量是三级，无法承担受拉翼缘拉力时，可改用 60° 的斜对接焊缝连接。当施工条件较差，质量不易保证，或型钢截面较大时，可采用加盖板的连接方法。采用加盖板的对接连接方式时，可按翼缘承担全部弯矩，腹板承受全部剪力计算，它们分别通过各自的盖板传力。

为保证焊接质量，焊接组合梁在工厂的拼接宜采用引弧板施焊，焊后还应进行对接焊缝表面加工齐平。为减小焊接应力，翼缘和腹板的对接焊缝应该相互错开，同时腹板的对接焊缝至加劲肋的距离应大于或等于 $10t_w$。

梁的工地拼接应使翼缘和腹板基本上在同一截面处断开，以便分段运输。高大的梁在工地施焊时应将上、下翼缘的拼接边缘均做成向上开口的 V 形坡口，以便俯焊。腹板连接处的对接焊缝同时受弯矩和剪力的作用，应验算下边缘处焊缝的折算应力。为减小接头处的焊接残余应力，通常预留一段翼缘与腹板间的焊缝不焊。较重要或受动力荷载的大型梁，其工地拼接宜采用高强度螺栓。

（二）柱的设计

1. 实腹式轴心受压柱的截面设计。

实腹式轴心受压柱一般采用双轴对称截面，以免弯扭失稳。其常用截面形式有型钢截面和组合截面两种形式。

实腹式轴心受压柱进行截面选择时主要遵循以下原则：柱截面面积的分布应尽量开展，以增大截面的惯性矩和回转半径，提高柱的整体稳定性和刚度；两个主轴方向的长细比尽可能接近，保证两个主轴方向的稳定性，以达到经济的效果；便于与其他构件进行连接；尽可能构造简单，制造省工，取材方便。

截面设计时应根据轴心压力的设计值，计算长度选定合适的截面形式，再初步确定截面尺寸，然后进行强度、整体稳定、局部稳定、刚度等的验算，具体步骤如下。

（1）假定柱的长细比入，求出需要的截面面积 A。

一般假定 λ=60~100，当压力大而计算长度小时取较小值，反之取较大值。根据 λ、截面分类可查得稳定系数 φ，则需要的截面面积如下：

$$A = \frac{N}{\varphi f}$$

（2）求两个主轴所需要的回转半径。

$$i_x = \frac{l_{0x}}{\lambda}, \quad i_y = \frac{l_{0x}}{\lambda}$$

（3）由已知截面面积 A，两个主轴的回转半径 i_x、i_y，选用轧制型钢，截面面积 A 和回转半径 i_x、i_y 不需要同时满足。

当现有型钢规格不满足所需截面尺寸时，应采用组合截面，组合截面的轮廓尺寸可根据截面轮廓尺寸与回转半径之间的关系初步确定。由上述方法确定的截面尺寸一般偏小。

$$h \approx \frac{i_x}{\alpha_1}, \quad b \approx \frac{i_y}{\alpha_2}$$

式中，α_1、α_2 为系数，表示 h，b 和回转半径 i_x、i_y 之间的近似数值关系。

（4）由所需要的 A、h、b 等，再考虑构造要求，局部稳定以及钢材规格等，确定截面的初选尺寸。

（5）承载力验算。

1）强度验算若轴压柱截面有削弱，则应进行强度验算强度是以截面的平均应力达到钢材的屈服点为承载力极限状态，即

$$\sigma = \frac{N}{A_n} \leqslant f$$

式中 N——实腹柱受到的轴心压力设计值；

A_n——构件的净截面面积；

f——钢材的抗拉强度设计值。

2）整体稳定验算。柱整体稳定承载力必须满足设计要求，可按下式验算：

$$\frac{N}{\phi A} \leqslant f \,或\, N \leqslant \phi_{min} A f$$

当柱整体稳定不满足要求时，应调整型钢规格或截面尺寸。

3）局部稳定验算。一般情况下，组成轴心受力柱的板件厚度与板宽度的比值较小，如果板件过薄，则在压力作用下，板件将离开平面位置而发生凸曲现象，这种现象称为板件丧失局部稳定。

对于热轮型钢截面，由于其板件的宽厚比较小，一般能满足要求，可不验算；对于组合截面，应对板件的宽厚比进行验算。

①工字形和 H 形截面轴心受压柱。

受压翼缘板悬伸部分的宽厚比 b/t 限值：

$$\frac{b_1}{t} \leqslant (10 + 0.1\lambda) \sqrt{\frac{235}{f_y}}$$

腹板高厚比 h_0/t_w 限值：

$$\frac{b_0}{t_w} \leqslant (25 + 0.5\lambda) \sqrt{\frac{235}{f_y}}$$

式中 λ——柱子两主轴方向长细比的较大值。当 $\lambda < 30$ 时，取 $\lambda = 30$；当 $\lambda > 100$ 时，取 $\lambda = 100$。

f_y——钢材牌号所指屈服点。

②箱形截面轴心受压柱

对于翼缘：

$$\frac{b_0}{t} \leqslant 40 \sqrt{\frac{235}{f_y}}$$

对于腹板：

$$\frac{h_w}{t_w} \leqslant 40 \sqrt{\frac{235}{f_y}}$$

当工字形截面或箱形截面的腹板高厚比 h_w/t_w 不满足各自的要求时，除了加厚腹板，还可在腹板中部按要求设置纵向加劲肋；或者在计算柱强度或稳定性时，采用有效截面的概念进行计算，即计算时腹板截面面积仅考虑两侧宽度各为 $20t_w\sqrt{235/f_y}$ 的部分，但计算构件的稳定系数 ϕ 时仍采用全截面。

2. 格构式轴心受压柱的截面设计。

当轴心受压柱长度较大时，采用格构式截面比较经济。格构式轴心受压构件一般由两个肢件组成。格构柱两肢间距离的确定以两个主轴的等稳定性为准则。其设计步骤如下。

（1）按实轴（y—y 轴）的整体稳定确定柱肢规格。

其方法与实腹式构件确定型钢截面的过程相同，确定柱肢型钢后，应验算实轴方向的整体稳定。

（2）按条件确定分肢间距。

实轴与虚轴稳定承载力相等或接近的条件是使两个方向的长细比相等，即

$$\lambda_{0x}=\lambda_y$$

缀条式柱应预先确定斜缀条的截面面积 A_1，缀板式柱应根据单肢稳定要求假定分肢长细比 λ_1：

$$\lambda_1\leqslant\begin{Bmatrix}40\\0.5\lambda_y\end{Bmatrix}$$

对双肢缀条柱：

$$\lambda_{0x}=\sqrt{\lambda_x^2+27\frac{A}{A_1}}=\lambda_y$$

可得：

$$\lambda_x=\sqrt{\lambda_x^2+27\frac{A}{A_1}}$$

对双肢缀板柱：

$$\lambda_{0x}=\sqrt{\lambda_x^2+\lambda_1^2}=\lambda_y$$

可得：

$$\lambda_x=\sqrt{\lambda_y^2+\lambda_1^2}$$

即可得到对虚轴的回转半径：

$$i_x=\frac{l_{0x}}{\lambda_x}$$

双肢柱可按以下步骤确定肢件形心距 c：

$$i_x=\sqrt{\frac{I_x}{2A_1}},\quad i_x^2=\frac{I_x}{2A_1}=\frac{I_1+2A_1(\frac{c}{2})^2}{2A_1}=i_1^2+(\frac{c}{2})^2$$

则有：

$$c = 2\sqrt{i_x^2 - i_1^2}$$

构件宽度：

$$b \geqslant c + 2x_0$$

构件宽度 b 应保证肢件净距大于 100 ~ 150mm，以便于涂刷。

（三）围护压型钢板的设计

1.压型钢板的截面形式。

建筑用压型钢板是指将厚度为 0.4~1.6mm 的薄钢板经压板机碾压冷弯加工成为波纹形、V 形、U 形、W 形及梯形或类似形状的轻型建筑板材。压型钢板的截面形式（也称为板型）很多，目前国内生产的压板机所能压出的板型多达几十种，不过在实际工程中应用较多的板型却不是很多，也就十几种。

压型钢板板型的表示方法为 YX 波高 - 波距 - 有效覆盖宽度，如 YX75-200-600 表示压型钢板的波高为 75mm，波距为 200mm，板的有效覆盖宽度为 600mm。压型钢板的厚度需另做说明。

压型钢板根据波高的不同分为高波板（波高大于 75mm）、中波板（波高为 30~70mm）和低波板（波高小于 30mm）。屋面板一般选用中波板和高波板，墙面板一般选用低波板。

2.压型钢板的材料。

压型钢板基板的材料主要有 Q215 钢和 Q235 钢。基板材料的选择应综合考虑建筑功能、使用条件，使用年限和结构形式等因素，实际工程中多采用 Q235A 钢。

3.压型钢板的荷载及荷载组合。

压型钢板用作屋面板时，其承受的荷载包括永久荷载和可变荷载两部分。永久荷载包括压型钢板的自重，保温材料自重和支撑龙骨的自重等，可根据实际情况按《荷载规范》的规定确定。可变荷载主要包括屋面活荷载、屋面雪荷载、屋面积灰荷载和施工检修集中荷载等。

计算压型钢板的内力时，主要考虑以下三种荷载组合：

（1）1.2× 永久荷载 + 1.4× max{屋面活荷载，屋面雪荷载}；

（2）1.2× 永久荷载 + 1.4× 施工检修集中荷载；

（3）1.0× 永久荷载 + 1.4× 风吸力荷载。

4.压型钢板的内力计算。

进行压型钢板的内力分析时，其计算简图为多跨连续梁，檩条为压型钢板的支座。在不同荷载作用下压型钢板内力计算可参考《建筑结构静力计算手册》进行。

5. 压型钢板的强度计算。

压型钢板的强度计算可取一个波距或整块压型钢板的有效截面进行。

（1）压型钢板腹板的剪应力应符合下列公式的要求。

当 $h/t<100$ 时：

$$\tau \leqslant \tau_{cr} = \frac{8550}{h/t}$$

$$\tau \leqslant f_v$$

当 $h/t \geqslant 100$ 时：

$$\tau \leqslant \tau_{cr} = \frac{855000}{(h/t)^2}$$

式中 τ——腹板的平均剪应力，N/mm^2；

τ_{cr}——腹板的剪切屈曲临界应力，N/mm^2；

h/t——腹板的高厚比。

（2）压型钢板支座处腹板，应按下式验算其局部受压承载力：

$$R \leqslant R_w$$

$$R_w = \alpha t^2 \sqrt{fE}(0.5 + \sqrt{0.02 l_e/t})\left[2.4 + (\theta/90)^2\right]$$

式中 R——支座反力；

R_w——一块腹板的局部受压承载力设计值；

α——系数，中间支座取 $\alpha=0.12$，端部支座取 $\alpha=0.06$；

t——腹板厚度，mm；

l_c——支座处的支承长度，$10mm<l<200mm$，端部支座可取 $l_c=10mm$；

θ——腹板倾角，$45° \leqslant \theta \leqslant 90°$。

（3）压型钢板同时承受弯矩 M 和支座反力 R 的截面，应满足下列要求：

$$\frac{M}{M_u} \leqslant 1.0$$

$$\frac{R}{R_w} \leqslant 1.0$$

$$\frac{M}{M_u} + \frac{R}{R_w} \leqslant 1.25$$

式中 M_u——截面的弯曲承载力设计值，$M_u = W_{cf}$。

第二节　装配式建筑平面设计

装配式建筑平面设计在满足平面功能的基础上，考虑有利于装配式建筑建造的要求，遵循"少规格、多组合"的原则。建筑平面应进行标准化、模块化设计，建立标准化部件模块、功能模块与空间模块，实现模块多组合应用，提高基本模块、构件和部品重复使用率，有效提升建筑品质、提高建造效率及控制建设成本。

一、装配式建筑平面设计原则

装配式建筑在建造的程序上，分为工厂生产和现场组装两部分。其在建设体系上采用模块化的方法，协调建筑模数体系与标准化部品体系两个层面的问题，确保产业化设计的高度发展。在设计上，装配式建筑具有标准化、模数化、模块化和体系化等几项原则。

1. 标准化设计原则。

标准化设计是指在重复性、统一性的基础上，对事物与概念制定和实施某种秩序规则，使设计具有一致性。国际标准化组织对标准化的定义为，针对现实的或潜在的问题，为制定供有关各方共同重复使用的规定所进行的活动。在装配式住宅设计标准化，强调重复性、秩序性的设计的基础上，装配式住宅将功能放在首位，兼顾住户的个性化生活需要，以精准、舒适为套型设计的目的，将标新立异、与众不同的个性化表现归纳为对住房功能、舒适最大化诉求的共性回馈。关注使用者需求是设计创作的原点，在一定标准下为用户研究房子而非无限发挥个人想象。对住宅功能空间合理化、自由化的实现起到促进作用。相较于传统住宅，装配式住宅设计的标准化，还体现对构件生产的工厂化及施工的装配化的关注。通过住宅平面轴线尺寸统一与户型标准化的设计，优化构件的类型，使装配式住宅更加经济、施工效率更高，为标准构件的系列化、部品选择的多样化提供可能，使装配式住宅的通用性和互换性更强。

2. 模数化原则。

在高层住宅装配化过程中，无论是套型平面设计还是施工技术要求，都需要模数介入。标准化设计也需要部品构件通过模数化的工业手段来协调模数化的关系，使各模块及构件间具有特定的联系，使之规范并自由组合，扩大组件通用性和互换性的可能，使装配式住宅外立面视觉效果达到通用、多样的组合形式，从而节约模板的数量和种类。我国通过制定《建筑模数协调标准》规范了基本数值，以 100mm 为标准规定的基本模数，符号表示为 M。在装配式住宅或装配式住宅的局部尺寸中，它的应用具有简化构件和比例控制两方面的作用，以基本模数的整数或分数形成参数序列，构成模数体系。

3. 模块化原则。

模块化的思想是把复杂的事物简单化。以简单、直观的方式对各种模块进行组合并形成相应的功能。实现的过程需由系统观点出发，通过对部品分解重组获得最佳效果，形成最佳的构成形式，达到产品多样化和个性化的需要，这是一个持续的过程。

表现在装配式高层住宅设计领域中，"模块"是构成装配式住宅整体的一个基本单元，且这种基本单元须具有可更新性、重复性和通用性，可根据功能、属性进行分类，如建筑的规格尺寸、材料功能作用、构件的质量性能等。不同的模块也可经合理的组合形成新的"组合单元"，最后形成不同样式，满足多样化的需求。强调通用性和接口衔接，以接口连接的形式加强模块兼容性和通用性，构成装配式住宅的多种类型。

模块化设计的基本内容包括模块的划分和组合，以少量模块多样组合为基本原则，实现住宅产品的标准化设计和多样化生产。其应用结果是可以产生多种功能空间或一系列相同功能、不同性能的组合。强化特定的功能单元、通用性和可构成性进行空间的组合而构成新的单元，在设计概念上模块化设计能够使产品系列化，形成规律化的空间特征排布。

这有利于设计作品在后期的演化阶段进行二次系列化的开发设计；标准化构件，可以促进产品的高效生产；通过分解组合的方式简化复杂的产品，是把研究的精力投入模块或产品的创新上，缩短研究和生产周期，对比传统住宅自下而上，优先各个零部件进行设计再组装成产品设计的方法。

综上所述，模块化设计以自上而下的方式，优先产品的整体设计，再细分成单元模块进行产品建设。模块化的方法具有模块可替换性以及市场应变力和竞争力强等优点。它以工业化为基础，但不同于工业化从产品的角度考虑部品生产的快捷性和标准化，而是从住宅设计的角度来考虑建筑的快捷性和多样化。

4. 体系化原则。

专用体系是只能适用于某一地区、某一类建筑的构件所建造的体系，它在设计上强调专用性、在技术上强调先进性，对场所和时间也有所限制，缺少互换性和通用性。它以建筑定型为特征，在生产、施工、运输以及组织管理等方面能够自成一体，有一套完整的生产链条。

体系化应用于装配式住宅，要求从单体住宅的标准化设计入手，采用定制的模式，在市场上不会公开销售，部品及附件只能在特定、单一的体系中重复使用。因此，专用体系具有相关构件参数规格较少、使用效率高、生产及加工构件快速影响下的建造速度快的优点。但同时，简化构件种类难以满足使用需求的多样化，流通性弱，市场不稳定，建造量没有保障。在各专用体系之间，构件不能够互换和通用，影响了构件厂的生产及设备的利用率。

通用体系相较于专用体系而言，构件的流通性和市场适应力强，它是基于构配件的通用性，系列配套，成批生产，进行多样化房屋组合的一种体系。通用体系设计易于实现多样化，且构配件的使用量大，便于组织专业化大批量生产。它以构件定型为特征，构配件的规格总数增多，有效地弥补了专用体系的局限性，在将构件和连接技术进行标准化、通用化的基础上，把由一个构件厂生产的构件用于统一建筑之中实现互换。设计人员、生产人员及施工人员可以由通用产品目录根据设计要点选择构件从而组合房屋单体，这样的做法可做到既满足标准化又满足多样化的需求。

二、装配式建筑平面设计要点

建筑设计非常重要的一个环节为平面设计，与传统建筑不同，装配式建筑在做平面设计时，需要注意如下设计要点。

1. 总平面设计需满足规范。装配式建筑的总平面设计应在符合城市总体规划要求，满足国家规范及建设标准要求的同时，配合现场施工方案，充分考虑构件的运输通道、吊装及预制构件的临时堆场的设置。

2. 平面布置以大空间结构形式为宜。平面布置除满足建筑使用功能需求外，应有利于装配式建筑建造的要求。装配式建筑的设计需要整体设计的思想。平面设计不仅应考虑建筑各功能空间使用尺寸，还应考虑建筑全寿命周期的空间适应性，让建筑空间适应使用者不同时期的不同需要，大空间结构形式有助于实现这一目标。同时，大空间的设计有利于减少预制构件的数量和种类，提高生产和施工效率，减少人工，节约造价。

3. 平面形状以规则、均匀为宜。装配式建筑的平面形状、体型及其构件的布置应符合现行国家标准的相关规定，并符合国家工程建设节能减排、绿色环保的要求。

建筑设计的平面形状应保证结构的安全并满足抗震设计的要求。装配式建筑的平面形状及竖向构件布置要求，应严于现浇混凝土结构的建筑。平面设计的规则性有利于结构的安全性，不规则程度越高，对结构材料的消耗量越大，性能要求越高，不利于节材。在建筑设计中要从结构和经济性的角度优化设计方案，尽量减少平面的凸凹变化，避免不必要的不规则平面并均匀布局。

4. 采用标准化、模数化、系列化的设计方法。平面设计应采用标准化、模数化、系列化的设计方法，应遵循"少规格、多组合"的原则，预制构件和建筑产品的重复使用率是项目标准化程度的重要指标，根据对工程项目的初步调查，在同一项目中对复杂或规格较多的构件，同一类型的构件一般控制在三个规格左右并占总数量的较大比重，可控制并体现标准化程度。对于简单的构件，用一个规格构件数量控制。

公共建筑的基本单元主要是指标准的结构空间：居住建筑则是以套型为基本单元进行设计，套型单元的设计通常采用模块化组合的方式。建筑的基本单元、构件、部品重复使用率高、规格少、组合多的要求也决定了装配式建筑必须采用标准化、模数化、系列化的设计方法。下面分别以住宅的基本户型模块设计、核心筒模块设计和户型模块组合设计为例进行解析。

（1）基本户型模块设计：装配式住宅建筑的平面设计应以基本户型为整体，以各种功能为模块进行组合设计。这种平面布局方式充分利用建筑平面功能模块化的设计特点，将装配式住宅主要功能划分为主体居住部分的玄关及客厅模块、居室模块等，以及辅助部分的厨房模块、卫浴模块、阳台模块等，利用优化后的户型模块进行多样化平面组合，最终形成标准居住模块。

（2）核心筒模块设计：装配式住宅建筑的核心筒模块负责主要交通，集中疏散、管井集成等基本功能，主要由楼梯间、（消防）电梯井、合用前室、公共走道、候梯厅、设备管道井（一般包括水管井、强电井、弱电井、空调管井等）、加压送风井等功能组成，在高层办公等公共建筑类型中有时还结合标准层卫生间一起布置。装配式住宅建筑的核心筒模块设计应满足国家及行业内相关规范标准的要求，并进一步根据使用需求进行标准化和模块化设计。在江苏省南通市政务中心综合楼核心筒的设计中，设计者即采用了标准化和模块化的设计策略，紧凑而高效地组织了楼电梯交通、疏散空间、管网井道、公共卫厕等基础功能。

（3）户型模块组合设计：个性化和多样化是建筑设计的永恒命题，但不能把标准化和多样化对立起来，而是应该协调统一当标准化和多样化之间能够巧妙配合时，即可实现标准化前提下的多样化和个性化。可以用标准化的户型模块结合核心筒模块组合出不同的平面形式和建筑形态，创造出多种平面组合类型，为满足规划的多样化和场地适应性要求提供优化的设计方案。

以小户型的模块组合设计为例说明。"单身公寓/二人世界"户型是当前房地产市场上较为常见的类型。"单身公寓/二人世界"户型一般建筑面积控制为40~60m，容纳1~2人，可满足独身者、单身白领、年轻情侣、夫妻二人、老两口等家庭类型的居住需要。这种户型充分考虑了居住者人数较少，仅需一个卧室即可满足居住的现实诉求，并呈现出递进式的空间特征。从进入户门开始，依次经过入户玄关、厨房（含生活阳台）、客厅、卫生间，最后进入卧室，以及与其连接的独立阳台空间。

将以上这种小户型称为"原型"，对户型模块内空间局部进行更新组合设计，即可形成新的户型，可称为"进化型"。所谓"进化型"，是在装配式建筑标准化设计的基础上，适度利用其可变特征，对"原型"的部分隔墙进行局部调整，即可从一室一厅的"单身公寓/二人世界"户型形成二室一厅的"三口之家"新户型。首先，整体空间的承重墙的标准化不变；其次，保证了入户玄关、客厅、厨卫等尺寸和空间格局的标准化不变；再次，卧室部分的总尺寸及开间进深不变；最后，卧室被分隔为一大一小两个部分，基本能够满足三口之家的居住要求，实现了装配式住宅建筑户型模块中可变性与标准化的统一。

三、装配式建筑平面设计方法

下面以装配式住宅为例，阐述一下装配式建筑设计的方法。

1. 数据协调。

平面设计中的开间与进深尺寸应采用统一模数尺寸系列，并尽可能优化出利于组合的尺寸规格。

装配式建筑发展的基础，就是能为使用者提供标准化的服务，在这一环节中最重要的部分就是根据不同使用者的需求，定制出与之相适应的模数和协调原则。由于使用者的需求差异性，以及家庭结构的变化导致需求发生变化等，建筑模块应考虑功能布局多样性与模块之间的互换性和相容性。要注意在两种不同模块之间建立联系，比如，在房间的装修模块和线路模块之间建立一定的模数关系，达到协作生产的目的。

模数化体系在很大程度上加快了西方建筑的工业化转型，尤其以住宅的工业化发展最为明显，瑞典、日本等国家尤为突出。其中，瑞典借助深厚的工业基础，其工业化住宅建造比例已经达到了80%。这些国家在运用模数化体系的过程中，都在不同建造领域制定了相关的标准模数化体系（如户型设计、通用设计等领域），以达到在后期施工过程中各个板块可以更好地协同工作的目的；同时，模块体系的标准化可以降低在建造过程中由于各建筑部分产品尺寸、质量、功能等方面的不契合所带来的浪费，提高建造效率和大规模建造的经济性，促进房屋从粗放型手工建造转化为集约型工业化装配。

2. 单元空间。

工业化建筑与常规现浇结构相比，最本质的区别在于预制构件的制作和准备，如何将建筑物主体结构分解为一系列既满足标准化，又满足多样化的预制构件，是研究人员和设计人员的首要任务和技术难题。目前，将建筑分解为所需构件的方法主要分为平面化拆分和单元化拆分两种。

（1）平面化拆分中的构件单位一般指的是建筑物的墙、楼板等，这些构件统一在工厂制作完成，有时候为了缩短现场组装建筑的时间周期，门窗、墙内的保温层，甚至墙面的装饰都会提前在工厂安装好。单元化拆分则是以建筑物的空间单元为构件的分解方法。空间单元指的是已在工厂安装成型的建筑房间，一般将空间单元在现场组合只需要数个小时的时间，组装好后再完善建筑内部的管线等问题即可。

（2）单元化拆分的方法与平面化拆分相比，在工厂制作和构件运输上效率稍低，同时对储备空间的需求比较高。但单元化拆分的优势在于可以将建筑商品化，给客户带来更直观的体验。

同时，为保证拆分的预制构件安装后与主体受力结构可靠连接，设计基本理念至关重要。目前，比较出名也被我国广大设计人员和研究学者熟知的有日本的 SI 住宅、KSI 住宅、CHS 百年住宅建设系统。

3. 户型模块。

户型模块的建立对于不同领域的设计师（建筑、结构和设备等）有着很重要的意义，他们可以根据各自的需求在模块库中选出对应的户型，提高设计效率。但如何避免各个单位在选择相应户型后与其他单位产生不匹配、不协调的情况，这就需要在建立户型模块的时候考虑各个方面的影响因素，如户型平面划分、建筑受力构件和设备管线的合理布局等，这也是户型模块设计中最复杂的工作环节。但建立精确的户型库可以解决模块化涉及的效率问题，缩短设计周期以及打好坚实的设计基础。

4. 组合平面模块。

模数协调和单元空间、户型模块的设计可理解为户型内设计，它是建筑后期搭建的一系列准备工作。建筑的最终形成要通过找寻各个单元之间的联系从而将它们拼接和整合起来，依据各个户型之间的联系将它们组成为一个建筑单体，这种联系就是户型与户型之间相互匹配的连接构件。户型间设计就是解决这样的连接构件——"接口"的相关问题。

"接口"的类型可以分为重合接口和连接接口两类。重合接口指的是不同户型之间连接部分的构件相同。连接接口则是户型之间连接的构件不同，还需要通过其他构件将其连接在一起。连接接口在剪力墙体系中的设备部分出现较多，而重合接口则在建筑和结构户型中运用较多。其中，在不同领域中重合接口所指代的建筑构件也不同，例如，在建筑领域重合接口一般指内墙、隔墙等，而结构户型中的重合接口一般指的是剪力墙、暗柱等。重合接口相互连接一般需要将重复的构件删掉一个。在删除的过程中需要了解的要点：当户型之间长短不一的构件发生重合时，一般是将短的构件删除，保留长的构件。

5. 标准户型设计。

建筑层是户型模块通过附属构件在水平方向形成的整体。标准层即是通过对不同户型间进行对比分析后，功能更加统一化和完整化的建筑层的表现形式。标准层设计是指将户型通过附属构件相互结合从而组建出建筑层的过程，其目的在于完善户型间的辅助功能部分，对建筑层内的建筑、结构和设备部分进行补充和完善。

标准层的数量一般比建筑中其他类型楼层要多得多，所以标准层的设计完善与否会影响整体建筑的设计质量，而 BIM 技术为标准层设计带来的无碰撞模型的特点，能使建筑层在建筑整体中更好地发挥它的重要性和价值。建筑层除了户型之外，还包括楼梯间、电梯、走廊等实用性空间。虽然户型对使用者来说是最重要的活动空间，但其他空间的作用同样不可忽视，如设备部分的管线、水暖等，都是和走廊、水暖井等空间分不开的，它们都直接影响着使用者的居住体验，因此更完善地处理户型之外的空间，使它们与户型更好地融合，才能展示出更完整的标准层。

另一个比较重要的部分是结构板块设计。结构板块设计是为了解决建筑的受力问题，而通常的解决方法是采用对称结构构件的形式，给使用者稳定的心理暗示。因此，在运用 BIM 进行结构设计的过程中，可以通过直接将户型沿着轴线对称的方式生成整体。但要注意户型之间的接口问题，重合接口要进行删除，缺少的连接接口要进行添加。

较为标准化、系统化的平面模块组合并不意味着建筑的表现形式会单一和乏味，可以在平面组合的基础上，通过不同的排列组合方式，运用不同材料、色彩的变化将立面模块组合的方式多样化，使建筑的外形、体量变得丰富不呆板，更好地和周围的环境相融。

第三节　装配式建筑立面设计

目前，随着大城市不断对高层装配式住宅的推广，改变建筑整体造型和外部装饰的立面设计技术也受到大多数建筑师的青睐。目前，传统建筑设计观念正逐渐被取代，建筑观念更追求绿色节能、彰显个性、艺术审美。在这样的前提下，装配式住宅和立面设计技术应运而生，这种设计技术不仅可以节约资源、绿色节能，还可以在满足住宅舒适度的基础上最大化地体现设计的美感。高层装配式住宅大量应用混凝土预制构件，其建筑立面设计形式与传统住宅的设计存在着很大的区别。高层装配式住宅的立面细部设计受到预制构件模数化、标准化方面的制约，同时，预制构件种类不宜过多。建筑物构架同样是建筑师应该重点考虑的问题，这些都需要建筑师根据高层装配式住宅立面设计的特点进行充分的研究。

装配式建筑的立面设计与标准化预制构件、产品的设计是总体和局部的关系，通过立面设计优化，设计运用模数协调的原则，采用集成技术，减少构件种类，并进行构件多样化组合，达到实现立面个性化、多样化设计效果及节约造价的目的。建筑立面应规整，外墙宜无凹凸，立面开洞统一，在不影响甲方营销要求的情况下，减少装饰构件及不必要的线条，尽量避免复杂的外墙构件。立面形成三段式：底板现浇加强区，基座变化及可变人口造型；中部统一标准，避免不必要的装饰构件；顶部现浇，丰富造型变化。

一、装配式建筑立面设计的原则

1. 建筑高度及层高的确定。

装配式建筑选用不同的结构形式，可建设最大建筑高度不同。装配式建筑的层高要求与现浇混凝土建筑相同，应根据不同建筑类型、使用功能的需求来确定，应满足国家规范标准中对层高、净高的规定。

2. 立面设计的标准化与多样化。

装配式混凝土建筑的立面设计，应采用标准化的设计方法，通过模数协调，依据装配式建筑建造方式的特点及平面组合设计实现建筑立面的个性化和多样化效果。依据装配式建筑建造的要求，装配式混凝土建筑的立面是标准化预制构件和构配件立面形式装配后的集成与统一。立面设计应根据技术策划的要求最大限度地考虑采用预制构件，并依据"少规格、多组合"的设计原则尽量减少立面预制构件的规格种类。立面设计应利用标准化构件的重复、旋转、对称等多种方法组合，以及外墙肌理及色彩的变化，展现多种设计逻辑和造型风格，实现建筑立面既有规律性的统一，又有律性的个性变化。

居住建筑的基本套型或公共建筑的基本单元应在满足项目要求的配置比例前提下尽量统一。通过标准单元的简单复制，有序组合达到高重复率的标准层组合方式，实现立面外墙构件的标准化和类型的最少化。建筑立面应呈现整齐划一、简洁精致、富有装配式建筑特点的韵律效果。

建筑竖向尺寸应符合模数化要求，层高、门窗洞口、立面分格等尺寸应尽可能协调统一。门窗洞口宜上下对齐，成列布置，其平面位置和尺寸应满足结构受力及预制构件设计要求。门窗应采用标准化部件，宜采用预留副框或预埋等方式与墙体可靠连接。外窗宜采用合理的遮阳一体化技术，建筑的围护结构、阳台、空调板等配套构件宜采用工业化、标准化产品。

二、装配式建筑立面设计的方法

1. 立面的基本组合方法。

由于立面对平面的适应、立面造型标准化的要求，需要从设计理念与技术支撑体系的选择两方面来讨论标准化装配体系对建筑立面设计的制约关系。标准化是工业化建造方式的设计基础特征，立面构件样式的简化、生产数量的增多，使预制构件模具重复利用，立面的构成元素较单一。同时，受模块化建筑设计的影响，房屋被分割成几个单元进行标准设计，需优先考虑立面的规整性、模数化及标准化的实现，因此，装配式住宅外墙面的多样化在很大程度上受到限制。装配式建筑立面设计既要体现工厂化生产和装配式施工的典型特征，也要在坚持标准化设计的基础上实现多样化，避免"千篇一律""千楼一面"。要利用标准化、模块化、系列化的户型组合特点，控制好类型与数量，处理好立面设计和预制构件的关系，立面设计是总体，预制构件是局部，立面构成是总体和局部的集成和统一。

实现立面形式的多样化，是装配式建筑设计的重要方面。首先，是组合的多样化，通过标准模块多样化组合，实现了建筑形体和空间的变化。其次，是"层"的变化，立面由预制外墙、预制阳台及空调板、预制女儿墙、预制屋顶及入口构件、外门窗、护栏、遮阳板、空调栏板等要素构成。

装配式建筑的立面受标准化设计、定型化的标准套型和结构体系的制约，固化了外墙的几何尺寸。为减少构件规格，门窗大多均匀一致，可变性较低。但是可以充分发挥装配式建筑的特点，通过标准套餐型的系列化、组合方式的灵活性和预制构件色彩、肌理的多样化寻求出路，结合新材料、新技术实现不同的建筑风格需求，形成装配式建筑立面的个性化。实践中比较成熟的做法有如下几种。

（1）平面组合的多样化。设计应结合装配式建筑的特点，通过系列标准单元进行丰富的组合，产生一种以统一性为基础的复杂性，带来建筑体型的多样化。

（2）建筑群体的多样化组合。在总平面布局上利用建筑群体布置产生围合空间变化，用标准化单体结合环境设计组合出多样化的群体空间，实现建筑与环境的协调。

（3）利用立面构件的光影效果，改善体型的单调感。阳台虽然在建筑立面中占有的体量不是很大，但其造型凸出，光影效果明显，形式多样，阳台组合的形式不同，形成的立面效果也不尽相同。在布置上呈连续、成组和散点式的效果。同时阳台与自身的功能构件的相配可形成不同风格、不同样式、不同质感属性。在参与立面建筑构图的过程中，作为建筑的从属部分，在造型上需协调与建筑主体的空间关系、样式联系，在色彩及材质关系上需处理与主体间的呼应关系。阳台设计的多样化体现在造型与整个建筑形体形成呼应或者是对比关系。与分隔墙配合可围合立面区域，在视觉上呈现通高的开敞感。

可以充分利用空调板、空调百叶等不同功能构件的进深、面宽、空间位置等实现多样化。预制挂板、空调隔板、百叶、外墙部件及栏杆等非结构构件及部件，以更多个性化手段实现多样化目标。不同的组合方式可以形成丰富的光影关系，用"光"实现建筑之美。

2. 立面门窗设计。

装配式建筑立面门窗设计应满足建筑的使用功能、经济美观、采光、通风，防火、节能等现行国家规范标准的要求。门窗对外立面的影响，主要通过洞口尺寸，窗框、玻璃材质等构成门窗的视觉元素。门窗是丰富装配式住宅立面的重要构成元素之一，而门窗形式的标准化，难免单调不能满足使用者的需求。因此在功能要求的基础上，可适当增加构件的规格和样式，如凸窗与平窗的搭配、高窗与普通窗的组合等，创造出多样化的外立面造型。通过门窗组合的变化和排列形式及窗样式的调整，在装配式建筑中也可设计出形态丰富的外立面样式。

（1）门窗洞口的尺寸。门窗洞口尺寸应遵循模数协调的原则，宜采用优先尺寸，并符合国家现行标准的要求。各功能空间对板面的划分、窗的开口大小要求也不同，如楼梯间外墙板的窗洞设置。外墙墙板与楼梯间外墙板的平面划分宜同标高，以免产生错缝带来结构处理的困难。而楼梯平台的标高与建筑层高相差半层，因此，楼梯间外墙板的开口部宜设在墙板标高与休息平台标高中间。窗洞及单元口部位与外墙板上普通门窗对窗墙比的要求不同。卫生间、厨房与卧室的开口需要也不同，因此外墙划分为不同的预制构件，产生不同尺寸的开口方式，最终形成外墙的基本面。

（2）门窗洞口的布置。装配式建筑设计应在确定功能空间的开窗位置、开窗形式的同时，重点考虑结构的安全性、合理性，门窗洞口布置应满足结构受力的要求。装配式混凝土剪力墙结构对建筑设计的要求，门窗洞口位置与形状应方便预制构件的加工与吊装。转角窗的设计对结构抗震不利，且加工及连接比较困难，装配式混凝土剪力墙结构不宜采用转角窗设计。对于框架结构预制外挂墙板上的门窗，要考虑外挂墙板的规格尺寸、安装方便和墙板组合的合理性。

（3）门窗洞口的组合。在外墙开口规格确定的基础上，选择适宜的构件形式，产生立面的装饰效果。例如，选择门窗常用的玻璃材质及木制品、塑钢、铝合金等边框材料，与墙面板常用的混凝土、面砖等材质形成虚实对比，达到视觉上的装饰效果。同时，门窗等开口位置设计也可形成韵律有组织的感觉，也可通过色彩丰富外饰面的效果，化整为零区分大面积的墙，组织各单元。最后，通过搭配空调板、窗套与阳台栏杆等构件，形成错落排列的多样化的立面设计，窗与墙体形成虚实变化。

立面设计以"少规格、多组合"为设计原则，在装配式住宅套型标准化的基础上，通过划分层次来与模数化的设计语言相协调：以窗与墙板来作为关键元素，模拟立面的对比效果，旨在通过外墙板之间及外墙板与门窗的虚实对比，形成简洁大方的立面构成关系。通过组织窗元素在外墙板上的排布、结构化的线条来表现装配式住宅的基本立面肌理。当然，装配式住宅立面的设计还应结合功能构件等，构成立面设计的不同视觉效果：用装饰材料及构造的手段进行修饰，实现立面效果多样化的形式。

3. 外墙装饰材料。

预制外墙板饰面在构件厂一体完成，其质量、效果和耐久性都要大大优于现场作业，省时省力、提高效率。外饰面应采用耐久、不易污染、易维护的材料，可更好地保持建筑的设计风格、视觉效果和人居环境的绿色健康，减少建筑全寿命期内的材料更新替换和维护成本。减少现场施工带来的有害物质排放、粉尘及噪声等问题。外墙表面可选择混凝土、耐候性涂料、面砖和石材等。预制混凝土外墙可处理成彩色混凝土、清水混凝土、露集料混凝土及表面带图案装饰的拓模混凝土等。不同的表面肌理和色彩可满足立面效果设计的多样化要求，涂料饰面整体感强、装饰性好、施工简单、维修方便，较为经济；面砖饰面、石材饰面坚固耐用，具备很好的耐久性和质感，且易于维护。在生产过程中饰面材料与外墙板采用反打工艺一次制作成型，减少现场工序，保证质量，提高饰面材料的使用寿命。

装配式建筑的外围护结构的安全性应符合国家或地方相关标准的规定。采用幕墙（如石材幕墙、金属幕墙、玻璃幕墙、人造板材幕墙等）作为围护结构，幕墙厂家需配合预制构件厂做好结构受力构件上幕墙预埋件的预留预埋。

装配式建筑立面分隔应与构件组合的接缝相协调，做到建筑效果和结构合理性的统一。装配式建筑要充分考虑预制构件工厂的生产条件，结合结构现浇节点及外挂墙板受力点位，综合立面表现的需要，选用合适的建筑装饰材料，设计好墙面分隔，确定外墙合理的墙板组合模式。立面构成要素宜具有一定的建筑功能，如外墙、阳台、空调板、栏杆等，避免大量装饰性构件，尤其是与建筑不同寿命的装饰性构件，影响建筑使用的可持续性，不利于节材节能。

预制外挂墙板通常分为整板和条板。整板大小通常为一个开间的长度尺寸，高度通常为一个层高的尺寸。条板通常分为横向板、整向板等，也可设计成非矩形板或非平面板，在现场拼装成整体。采用预制外挂墙板的立面分隔应结合门窗洞口、阳台、空调板及装饰构件等按设计要求进行划分，预制女儿墙板宜采用与下部墙板结构相同的分块方式和节点做法。

在设计中，将外墙的几何尺寸视为不变部分，并保持预制装配的外墙标准模块的几何尺寸不变来实现标准化，满足工厂生产的规模化需求。而预制构件和部件外表面的色彩、质感、纹理、凹凸、构件组合和前后顺序等是可变的。立面设计可选用装饰混凝土、清水混凝土、涂料、面砖或石材反打、不同色彩的外墙饰面等实现多样化的立面形式。比如上海莘庄镇闵行新城就是采用艺术混凝土饰面一体化预制外墙，预制外墙模底部选用硅胶模，分为粗纹和细纹两种。硅胶模塑造了预制外墙流畅的线条肌理，实现了外立面灵动优雅的艺术效果。

立面装饰材料宜选用耐久性和耐候性好的建筑材料，如面砖反打、石材反打、涂料、真石漆喷涂、混凝土肌理等工程做法。装配式建筑的饰面材料，作为建筑立面的"底色"，主要通过饰面颜色、图案、纹理等方式影响住宅立面。在与其他构件形成虚实对比中，以个性特征进行表现。

考虑外立面分格、饰面颜色与材料质感等细部设计要求，并体现装配式建筑立面造型的特点，装配式剪力墙住宅的预制构配件之间的接缝应对位精确。预制外墙的面砖或石材饰面宜在构件厂采用反打或其他工厂预制工艺完成，不宜采用后贴面砖、后挂石材的工艺和方法。

第二章　装配式钢结构

本章内容包括钢结构的结构体系、应用范围、基本施工方法与施工质量控制。学习要求：掌握钢结构常见的结构体系，熟悉常见结构体系的特点与应用范围，了解钢结构施工方法，了解钢结构施工质量控制要点。重点是钢结构应用范围及施工基本方法；难点是钢结构各类结构体系的特点。

第一节　钢结构的结构体系

钢结构是指用型钢或钢板制成基本构件，根据使用要求，通过焊接或螺栓连接等方式将基本构件按照一定规律组成可承受和传递荷载的结构形式。钢结构在工厂加工、异地安装的施工方法令其具有装配式建筑的属性。推广钢结构建筑，契合了国家倡导的大力发展装配式建筑的要求。

根据受力特点，钢结构建筑的结构体系可分为桁架结构、排架结构、钢架结构、网架结构和多高层结构等。

1. 桁架结构。

桁架是由杆件在杆端用铰连接而成的结构，是格构化的一种梁式结构。桁架主要由上弦杆、下弦杆和腹杆三部分组成，各杆件受力均以单向拉压为主，通过对上下弦杆和腹杆的合理布置，可适应结构内部的弯矩和剪力分布。桁架分为平面桁架和空间桁架。其中，平面桁架根据外形，可分为三角形桁架、平行弦桁架、折弦桁架等。平面桁架常用于房屋建筑的屋盖承重结构，此时称之为屋架。

2. 排架结构。

排架结构是指由梁（或桁架）与柱铰接、柱与基础刚接的结构形式，一般采用钢筋混凝土柱，多用于工业厂房。

3. 钢架结构。

门式钢架的杆件部分或全部采用刚结点连接而成，是钢架结构中最常见的一种结构形式。门式钢架按跨数分为单跨、双跨、多跨、带挑檐或毗屋等；按起坡情形分为单脊单坡、单脊多坡及多脊多坡等，如图 2-1 所示。门式钢架结构开间大，柱网布置灵活，广泛应用于各类工业厂房、仓库、体育馆等公共建筑中。

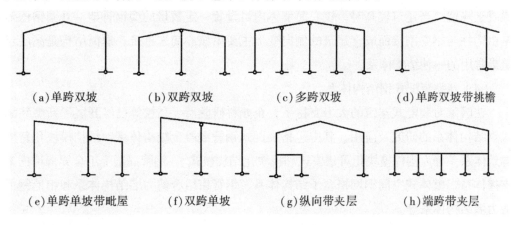

（a）单跨双坡　　　（b）双跨双坡　　　（c）多跨双坡　　　（d）单跨双坡带挑檐

（e）单跨单坡带毗屋　　（f）双跨单坡　　　（g）纵向带夹层　　　（h）端跨带夹层

图 2-1　门式钢架分类

4. 网架结构。

网架结构是指由多根杆件按照一定的网格形式通过结点联结而成的空间结构，具有用钢量省、空间刚度大、整体性好，易于标准化生产和现场拆装的优点，可用于车站、机场、体育场馆影剧院等大跨度公共建筑。

网架结构按本身的构造分为单层网架、双层网架和三层网架。双层网架比较常见；单层网架和三层网架分别适用于跨度很小（不大于 30m）和跨度特别大（大于 100m）的情况，但在国内的工程中应用较少。目前，国内较为流行的一种分类方法是按组成方式不同将网架分为四大类：交叉桁架体系网架、三角锥体系网架、四角锥体系网架、六角锥体系网架。

5. 多高层结构。

（1）框架结构。

框架结构由梁和柱构成承重体系，承受竖向力和侧向力。其基本结构体系一般可分为 3 种：柱 – 支撑体系、纯框架体系、框架 – 支撑体系。其中，框架 – 支撑体系在实际工程中应用较多。框架 – 支撑体系是在建筑的横向用纯钢框架，在纵向布置适当数量的竖向柱间支撑，用来加强纵向刚度，以减少框架的用钢量，横向纯钢框架由于无柱间支撑，更便于生产人流、物流等功能的安排。

（2）框架剪力墙结构。

框架剪力墙结构是在框架结构的基础上加入剪力墙以抵抗侧向力。剪力墙一般为钢筋混凝土，或采用钢筋混凝土组合结构。框架剪力墙结构比框架结构具有更好的抗侧刚度，适用于高层建筑。

（3）框筒结构。

框筒结构一般由钢筋混凝土核心筒与外圈钢框架组合而成。核心筒主要由四片以上的钢筋混凝土墙体围成方形、矩形或多边形筒体，内部设置一定数量的纵横向钢筋混凝土隔墙。当建筑较高时，核心筒墙体内可设置一定数量的型钢骨架。外圈钢框架是由钢柱与钢梁刚接而成。建筑的侧向变形主要由核心筒来抵抗，框筒结构是高层建筑最常用的一种结构体系。

（4）新型装配式钢结构体系。

在国家对装配式建筑的大力支持下，企业科研院所、高校等已经开展了新型装配式钢结构体系的研究及应用，其中包括装配式钢管混凝土结构体系、结构模块化新型建筑体系（分为构件模块化可建模式和模块化结构模式）、钢管混凝土组合异形柱框架支撑体系、整体式空间钢网格盒子结构体系、钢管束组合剪力墙结构体系和箱形钢板剪力墙结构体系等。

第二节　钢结构的应用范围

钢结构与其他结构类型相比，具有强度高、自重轻、韧性好、塑性好、抗震性能优越便于生产加工、施工快速等优点，在建筑工程中应用广泛。

1. 大跨度结构。

结构跨度越大，自重在荷载中所占的比例就越大。减轻结构的自重会带来明显的经济效益。钢结构轻质高强的优势正好适用于大跨度结构，如体育场馆会展中心、候车厅和机场航站楼等。钢结构所采用的结构形式有空间桁架网架、网壳、悬索（包括斜拉体系）、张弦梁、实腹或格构式拱架和框架等。

2. 工业厂房。

吊车起重量较大或者工作较繁重的车间的主要承重骨架多采用钢结构。另外，有强烈辐射热的车间，也经常采用钢结构。其结构形式多为由钢屋架和阶形柱组成的门式钢架或排架，也有采用网架作屋盖的结构形式。

3. 多层、高层以及超高层建筑。

由于钢结构的综合效益指标优良，在多、高层民用建筑中得到了广泛的应用。其结构形式主要有多层框架、框架－支撑结构、框筒结构、巨型框架等。

4. 高耸结构。

高耸结构包括塔架和桅杆结构，如高压输电线路的塔架，广播、通信和电视发射用的塔架和桅杆，火箭（卫星）发射塔架等。埃菲尔铁塔和广州新电视塔就是典型的高耸结构。

5. 可拆卸结构。

钢结构可以用螺栓或其他便于拆装的方式来连接，因此非常适于需要搬迁的结构，如建筑工地、油田和野外作业的生产和生活用房的骨架等。钢筋混凝土结构施工用的模板和支架以及建筑施工用的脚手架等也大量采用钢材制作。

6. 轻型钢结构。

钢结构相对于混凝土结构重量轻，这不仅对大跨结构有利，而且对屋面活荷载特别轻的小跨结构也有优越性。当屋面活荷载特别轻时，小跨结构的自重也成为一个重要因素。冷弯薄壁型钢屋架在一定条件下的用钢量比钢筋混凝土屋架的用钢量还少。轻型钢结构的结构形式有实腹变截面门式钢架、冷弯薄壁型钢结构（包括金属拱形波纹屋盖）以及钢管结构等。

7. 其他构筑物。

此外，皮带通廊栈桥管道支架、锅炉支架等其他钢构筑物，海上采油平台等也大都采用钢结构。

第三节 钢结构基本施工方法

1. 钢结构构件的生产。

钢结构构件是由钢板、角钢槽钢和工字钢等零件或部件通过连接件连接而成的能承受和传递荷载的钢结构基本单元，如钢梁钢柱、支撑等。

（1）钢材的储存。

钢材应选择合适的场地储存，可露天堆放，也可堆放在有顶棚的仓库里。露天堆放时，放置钢材的场地表面应平整，并高于周围地面，保持清洁干净排水通畅，不应靠近会产生有害气体或粉尘的厂矿区。堆放时要尽量使钢材截面的背面向上或向外，以免积雪、积水，两端应有高差，以利排水。堆放在有顶棚的仓库内时，钢材可直接堆放在地坪上，下垫楞木。

钢材的堆放要尽量减少钢材的变形和锈蚀。在仓库堆放时，不得与酸、碱、盐、水泥等对钢材有侵蚀性的材料堆放在一起，防止接触腐蚀。不同品种的钢材应分别堆放，防止混淆。钢材堆码时，要确保码垛稳固，人工作业时的堆码高度不超过 1.2m，机械作业时的堆码高度不超过 1.5m，垛宽不超过 2.5m。堆码时每隔 5~6 层放置楞木，其间距以不引起钢材明显的弯曲变形为宜，楞木要上下对齐，在同一垂直面内；钢材码垛之间应留有一定宽度的通道以便运输。检查通道一般为 0.5m；出入通道视材料大小和运输机械而定，一般为 1.5~2.0m。钢材端部应树立标牌，标牌要标明钢材的规格、钢号、数量和材质验收证明书编号，标牌应定期检查；钢材端部根据其钢号涂以不同颜色的油漆。

钢材在正式入库前必须严格执行检验制度，经检验合格的钢材方可办理入库手续。钢材检验的主要内容如下：钢材的数量、品种与订货合同相符；钢材的质量保证书与钢材上打印的记号相符；核对钢材的规格尺寸；钢材表面的质量检验。

对属于下列情况之一的钢材，应进行抽样复验：国外进口钢材；钢材混批；板厚 ≥ 40mm，且设计有 Z 向性能要求的厚板；建筑结构安全等级为一级，大跨度钢结构中主要受力构件所采用的钢材；设计有复验要求的钢材；怀疑质量有问题的钢材。

（2）生产前准备。

1）详图设计。

一般设计院提供的设计图，不能直接用来加工制作钢结构，而要在考虑加工工艺，如公差配合、加工余量焊接控制等因素后，在原设计图的基础上绘制加工制作图（又称施工详图）。详图设计一般由加工单位负责，在钢结构施工图设计之后进行，设计人员根据施工图提供的构件布置构件截面与内力、主要节点构造及各种有关数据和技术要求、相关图纸和规范的规定，对构件的构造予以完善。根据制造厂的生产条件和现场施工条件，考虑运输要求吊装能力和安装条件，确定构件的分段。最后将构件的整体形式梁柱的布置、构件中各零件的尺寸和要求焊接工艺要求及零件间的连接方法等，详细地体现到图纸上，以便制作和安装人员通过图纸能够清楚地领会设计意图和要求，能够准确地制作和安装构件。

钢结构详图设计可通过计算机辅助实现，目前可用于钢结构详图设计的软件有 CAD、PKPM、Tekla Structures 等。其中，Tekla Structures 因具备交互式建模、自动出图和自动生成各种报表等功能，逐渐成为主流软件。

通过计算机辅助可实现详图设计与加工制作一体化，其发展方向是达到设计、生产的无纸化。随着设计软件的不断发展，以及生产线中数控设备的增多，可将设计产生的电子格式的图纸转换成数控加工设备所需的文件，从而实现钢结构设计与加工自动化。

2）图纸审核。

甲方委托或本单位设计的施工图下达生产车间以后，必须经专业人员认真审核。尽管生产厂家技术管理部门有工艺等相应技术文件下达，但与直接生产要求仍有差距或不尽如人意之处，这些都需要在放大样前期通过审图加以解决，以免实际投产后再发现问题，造成不必要的损失。审图期间发现施工图标注不清的问题及时向设计部门反映，以免模糊不清的标注给生产带来困难。如有的施工图只注明涂防锈漆两遍，没有注明何种防锈漆、何种颜色及漆膜厚度等，便可能因为这种不明确的标注导致返工。

图纸审核的主要内容包括以下项目：设计文件是否齐全（设计文件包括设计图、施工图、图纸说明和设计变更通知单等）；构件的几何尺寸是否标注齐全；相关构件的尺寸是否正确；结点是否清楚，是否符合国家标准；标题栏内构件的数量是否符合工程数量要求；构件之间的连接形式是否合理；加工符号、焊接符号是否齐全；结合本单位的设备和技术条件考虑，能否满足图纸上的技术要求；图纸的标准化是否符合国家规定等。

图纸审查后要做技术交底准备，其内容主要有以下方面：根据构件尺寸考虑原材料对接方案和接头在构件中的位置；考虑总体的加工工艺方案及重要的工装方案；对构件结构的不合理处或施工有困难的地方，要与需方或者设计单位办好变更签证的手续；列出图纸中的关键部位或者有特殊要求的地方，重点说明。

3）备料和核对。

根据图纸材料表计算出各种材质、规格的材料净用量，再加一定数量的损耗，提出材料预算计划。工程预算一般可按实际用量再增加 10% 进行提料和备料。核对来料的规格尺寸和质量，仔细核对材质；材料代用，必须经过设计部门同意并进行相应修改。

4）编制工艺流程。

编制工艺流程的原则：以最快的速度、最少的劳动量和最低的费用进行操作，并能可靠地加工出符合图纸设计要求的产品。具体措施：关键零件的加工方法精度要求、检查方法和检查工具；主要构件的工艺流程、工序质量标准、工艺措施（如组装次序、焊接方法等）；采用的加工设备和工艺设备。编制工艺流程表（或工艺过程卡）的基本内容包括零件名称、件号、材料牌号规格、件数、工序名称和内容、所用设备和工艺装备名称及编号、工时定额等。关键零件还要标注加工尺寸和公差，重要工序要画出工序图。

5）组织技术交底。

上岗操作人员应进行培训和考核，特殊工种应进行资格确认，充分做好各项工序的技术交底工作。技术交底按工程的实施阶段可分为两个层次。

第一个层次是开工前的技术交底会，参加的人员主要有图纸设计单位、工程建设单位、工程监理单位及制作单位的有关部门和有关人员。技术交底的主要内容：工程概况；工程结构件的类型和数量；图纸中关键部位的说明和要求；设计图纸的结点情况介绍；对钢材、辅料的要求和原材料对接的质量要求；工程验收的技术标准说明；对交货期限、交货方式的说明；构件包装和运输要求；涂层质量要求；其他需要说明的技术要求。

第二个层次是在投料加工前进行的本工厂施工人员交底会。参加人员主要包括制作单位的技术、质量负责人，技术部门和质检部门的技术人员、质检人员，生产部门的负责人施工员及相关工序的代表人员等。此类技术交底主要内容除上述 10 条外，还应增加工艺方案、工艺规程施工要点、主要工序的控制方法、检查方法等与实际施工相关的内容。

6）钢结构制作的安全工作。

钢结构生产效率很高，工件在空间大量、频繁地移动，各个工序中大量采用的机械设备都必须进行必要的防护。因此，生产过程中的安全措施极为重要，特别是在制作大型、超大型钢结构时，更要十分重视安全事故的防范工作。进入施工现场的操作者和生产管理人员均应穿戴好劳动防护用品，按规程要求操作。对操作人员进行安全教育，特殊工种必须持证上岗。为了便于钢结构的制作和操作者的操作活动，构件宜在一定高度上测量。装配组装胎架焊接胎架及各种搁置架等，均应与地面离开 0.4~1.2m。构件的堆放搁置应十分稳固，必要时应设置支撑或定位。构件堆垛不得超过两层。索具吊具要定时检查，不得超过额定荷载。正常磨损的钢丝绳应按规定更换。所有钢结构制作中各种胎具的制造和安装均应进行强度计算，不能仅凭经验估算。生产过程中使用的氧气、乙炔、丙烷、电源等必须有安全防护措施，并定期检测密封性和接地情况。对施工现场的危险源应做出相应的标志、信号、警戒等，操作人员必须严格遵守各岗位的安全操作规程，以避免意外伤害。构件起吊应听从一个人的指挥。构件移动时，移动区域内不得有人滞留或通过。所有制作场地的安全通道必须畅通。

（3）放样。

放样是指按照施工图上的几何尺寸，以 1∶1 比例在样板台上放出实样以求出真实形状和尺寸，然后根据实样的形状和尺寸制成样板、样杆，作为下料、弯制、铣、刨制孔等加工的依据。放样是整个钢结构制作工艺中的第一道工序，也是非常关键的一道工序，对于一些较复杂的钢结构，这道工序是钢结构工程成败的关键。

进行一般钢结构的放样操作时，作业人员应对项目的施工图非常熟悉，如果发现有不妥之处要及时通知设计部研究解决。确认施工图纸无误后，可以采用小扁钢或者铁皮做样板和样杆，并应在样板和样杆上用油漆写明加工号、构件编号、规格，同时标注好孔直径、工作线、弯曲线等各种加工标识。此外，需要注意的是，放样要计算出现场焊接收缩量和切割、铣端等需要的加工余量。自动切割的预留余量是 3mm，手动切割为 4mm。铣端余量，剪切后加工的一般每边加 3~4mm，气割则为 4~5mm。焊接的收缩量则要根据构件的结构特点由加工工艺来决定。

放样时以 1∶1 的比例在样板台上弹出大样。当大样尺寸过大时，可分段弹出。对一些三角形构件，如果只对其节点有要求，则可以缩小比例弹出样子，但应注意其精度。放样弹出的十字基准线，两线必须垂直。然后根据十字线逐一画出其他各个点及线，并在节点旁注上尺寸，以备复查和检查。

（4）号料。

号料就是根据样板在钢材上画出构件的实样，在材料上画出切割、铣、刨、弯曲、钻孔等加工位置，打冲孔，为钢材的切割下料做准备。号料前必须了解原材料的材质及规格，检查原材料的质量。不同规格、不同材质的零件应分别号料，并根据先大后小的原则依次号料。钢材如有较大的弯曲、凹凸不平时，应先进行矫正，尽量使宽度和长度相等的零件一起号料，需要拼接的同一种构件必须一起号料。钢板长度不够需要焊接拼接时，在接缝处必须注意焊缝的大小及形状，在焊接和矫正后再画线。当次号料的剩余材料应进行余料标识，包括余料编号、规格、材质等，以便再次使用。

号料的注意事项和要求如下：根据料单检查清点样板和样杆，点清号料数量，号料应使用经过检查合格的样板与样杆，不得直接使用钢尺；准备号料的工具，包括石笔、样冲、圆规画针、凿子等；检查号料的钢材规格和质量；不同规格、不同钢号的零件应分别号料，并依据先大后小的原则依次号料，对于需要拼接的同一构件，必须同时号料，以便拼接；号料时，同时画出检查线、中心线、弯曲线，并注明接头处的字母焊缝代号；号孔应使用与孔径相等的圆形规孔，并打上样冲，做出标记，便于钻孔后检查孔位是否正确；弯曲构件号料时，应标出检查线，用于检查构件在加工、装焊后的曲率是否正确；号料过程中，应随时在样板、样杆上记下已号料的数量；号料完毕，应在样板、样杆上注明并记下实际数量。

号料时，为充分利用钢材，减少余料，可以使用套料技术。将材料等级和厚度相同的零件置于同一张钢板的边框内进行合理排列的过程称为套料。传统的手工套料，就是将零件的图形按一定比例缩小，剪成纸样，然后在同样比例的钢板边框内进行合理排列，最后据此在实际钢板上进行号料。随着计算机技术的发展，逐渐开发出以自动套料软件为载体的数控套料方法，此类软件集图纸转化、自动排版、材料预算和余料管理等功能于一体，能从材料利用率、切割效率产品成本等多个方面提高生产效益，符合可持续发展需求，日趋成为行业主流。

（5）切割。

钢板切割方法有剪切、冲裁锯切、气割等。施工中采用哪种方法切割应根据具体要求和实际条件来定。切割后的钢板不得有分层，断面上不得有裂纹，应清除切口处的毛刺、熔渣和飞溅物。目前，常用的切割方法有机械切割、气割、等离子切割三种，其使用设备、特点及适用范围见表2-1。

表 2-1　常用切割方法的特点及其适用范围

类别	使用设备	特点及适用范围
机械切割	剪板机型钢冲剪机	切割速度快、切口整齐效率高，适用于薄钢板、压型钢板、冷弯檩条的切割
	无齿锯	切割速度快，可切制不同形状的各类型钢、钢管和钢板；切口不光洁，噪声大；适用于锯切精度要求较低的构件或下料留有余量最后尚需精加工的构件
	砂轮锯	切口光滑、毛刺较薄易清除；噪声大，粉尘多；适用于切制薄壁型钢及小型钢管、切割材料的厚度不宜超过 4 mm
	锯床	切割精度高、适用于切割各类型钢及梁、柱等型钢构件
气制	自动切割机	切制精度高速度快，数控气制时可省去放样，画线等工序而直接切割，适用于钢板切割
	手工切割机	设备简单、操作方便、费用低、切口精度较差，能够切割各种厚度的钢材
等离子切割	等离子切割机	切割温度高、冲刷力大，切割边质量好，变形小，可以切割任何高熔点金属，特别是不锈钢、铝铜及其合金等

在我国的钢结构制造企业中，一般情况下，厚度在 12~16mm 以下钢板的直线型切割常采用剪切的方式；气割多用于带曲线的零件及厚板的切割；各类型钢及钢管等的下料通常采用锯割，但是对于一些中小型角钢和圆钢等也常采用剪切或气割的方法；等离子切割主要用于熔点较高的不锈钢材料及有色金属，如铜、铝等材料的切割。

剪切下料大多采用剪板机。剪板机分为脚踏式人力剪板机、机械剪板机、液压摆式剪板机等。目前，我国的钢结构制作企业普遍采用的是液压摆式剪板机，它能剪切各种厚度的钢板材料。

气割下料原则上采用自动气割机。目前，我国普遍采用的是数控多头火焰直条气割机，这种气割机能切割各种厚度的钢材，并能切割带有曲线的零件，目前使用最为广泛；在气割时，也可以使用半自动气割机和手工气割。半自动气割机是能够移动的小车式气割机，气割表面比较光洁，一般情况下可不再进行切割表面的精加工。手工气割的设备主要是割炬。这三种气割方法互相配合使用，是我国钢结构制造企业比较常用的气割方法。

在用传统方式进行切割下料时，切割工人已经习惯于简单地按照矩形零件的尺寸和数目顺序切割，对于切割剩下的边角余料，经常暂时堆放在一旁，日积月累就会导致剩余钢材堆积如山，锈蚀损失不计其数。由于下料的数目多，矩形件的优化排料可能性太多，优化套排计算非常复杂，再加上目前切割效率高，切割工人来不及考虑和计算优化套排，为了赶生产进度，只好放弃钢材利用率，从而导致钢材浪费更加严重。还有对无穷长卷材的切割下料，也是按照传统的顺序下料方法，进行简单的横切纵剪，很难考虑或是根本就没有考虑优化套排的问题，造成钢材极大的浪费。

在信息化时代，数控切割以其自动化、高效率、高质量和高利用率的优点，受到了中大型钢结构生产企业的青睐。所谓数控切割，是指用于控制机床或设备的工件指令（或程序），是以数字形式给定的一种新的控制方式。将这种指令提供给数控自动切割机的控制装置时，切割机就能按照给定的程序自动进行切割。数控切割由数控系统和机械构架两大部分组成。与传统手动和半自动切割相比，数控切割通过数控系统即控制器提供的切割技术、切割工艺和自动控制技术，能有效控制和提高切割质量及切割效率。数控套料软件通过计算机绘图、零件优化套料和数控编程，有效地提高了钢材利用率，提高了切割生产准备的工作效率。但数控切割由于切割效率更高，套料编程更加复杂，如果没有使用或没有使用好优化套料编程软件，钢材浪费就会更加严重，导致切得越快、切得越多，浪费越多。数控系统是数控切割机的心脏，如果没有使用好数控系统，或数控系统不具备应有的切割工艺和切割经验，导致切割质量问题，也会降低切割效率，造成钢材的浪费。新时代的钢结构生产从业人员，应有针对性地接受套料编程系统的培训，以顺应时代发展的需求。

（6）矫正。

钢板和型材，由于受轧制时压延不均，轧制后冷却收缩不均及运输、贮存过程中各种因素影响，常常产生波浪形、局部凹凸和各种扭曲变形。钢材变形会影响号料、切割及其他加工工序的正常进行，降低加工精度，在焊接时还会产生附加应力或因构件失稳而影响构件的强度。这就需要通过钢材矫正消除材料的这类缺陷。钢材矫正一般用多轴辊矫平机矫正钢板的变形，用型材矫直机矫正型材的变形。对于钢板指的是矫平，对于型材指的是矫直。

1）钢板的矫正（矫平）。

常用的多轴辊矫平机由上下两列工作轴辊组成，一般有5~11个工作辊。下列是主动轴辊，由轴承固定在机体上，不能做任何调节，由电动机通过减速器带动它们旋转；上列为从动轴辊，可通过手动螺杆或电动调节装置来调节上下辊列间的垂直间隙，以适应各种不同厚度钢板的矫平作业。钢板随轴辊的转动而啮入，并在上下辊列间承受方向相反的多次交变的小曲率弯曲，因弯曲应力超过材料的屈服极限而产生塑性变形，使那些较短的纤维伸长，使整张钢板矫平。增加矫平机的轴辊数目，可以提高钢板的矫平质量。

在钢板矫平时需要注意以下几点：钢板越厚，矫正越容易；薄板易产生变形，矫正比较困难；钢板越薄，要求矫平机的轴辊数越多。矫平机的轴辊数一般为奇数。厚度在3mm以上的钢板通常在五辊或七辊矫平机上矫正；厚度在3mm以下的钢板，必须在九辊、十一辊或更多轴辊的矫平机上矫正；钢板在矫平机上往往不是一次就能矫平，而需要重复数次，直至符合要求；钢板切割成构件后，由于构件边缘在气割时受高温或机械剪切时受挤压而产生变形，需要进行二次矫平。

2）型钢的矫正（矫直）。

型钢主要用型材矫直机（撑床）进行矫正。机床的工作部分是由两个支撑和一个推撑组成。支撑没有动力传动，两个支撑间的间距可以根据需要进行调节。推撑安装在一个能做水平往复运动的滑块上，由电动机通过减速器带动其做水平往复运动。矫正型材时，将型材的变形段靠在两个支撑之间，使其受推撑作用力后产生反方向变形，从而将变形段矫直。

3）火焰矫正。

在建筑钢构件的制造过程中，焊接是其主要的加工方法。由于这类钢构件的焊缝数量多、焊接填充量大，焊接变形问题难以避免。因此，在大多数建筑钢构件制造厂，火焰矫正是一道必不可少的工序。钢构件的火焰矫正是使用火焰对构件进行局部加热，使其产生压缩塑性变形，通过塑性变形部分的冷却收缩来消除变形。

火焰矫正的常见方法有三角形加热、点状加热、线状加热三种。但是需要共同注意的一点是温度的控制，因此针对不同的变形也有不同的火焰矫正方式（见表2-2）。

表2-2 不同变形类别的火焰矫正方式

变形类别	火焰矫正方式
波浪变形	点状加热
角变形	线状加热
弯曲变形	线状加热、三角形加热

（7）边缘加工。

在钢结构构件制造过程中，为消除切割造成的边缘硬化而刨边，为保证焊缝质量而刨或铣坡口，为保证装配的准确及局部承压的完善而将钢板刨直或铣平，均称为边缘加工。边缘加工有铲边、刨边、铣边、碳弧气刨和坡口机加工等多种方法。

1）铲边。

对加工质量要求不高、工作量不大的边缘进行加工，可以采用铲边的方式。铲边有手工铲边和机械铲边两种。手工铲边的工具有手锤和手铲等；机械铲边的工具有风动铲锤和铲头等。一般铲边的构件，其铲线尺寸与施工图样尺寸要求不得相差1mm。铲边后的棱角垂直误差不得超过弦长的1/3000，且不得大于2mm。

2）刨边。

刨边是通过安装于带钢两侧的两组刨刀，对通过其间的带钢边缘进行刨削加工。其优点是设备结构简单、运行可靠，可加工直口和坡口；缺点是对于不同板厚、加工余量和坡口形状需配置多把刨刀，形成刨刀组，刨刀调整烦琐，使用寿命较短。

用刨刀对工件的平面、沟槽或成形表面进行刨削的直线运动机床称为刨床。使用刨床加工，刀具较简单，但生产率较低（加工长而窄的平面除外），因而主要用于单件、小批量生产及机修车间。根据结构和性能，刨床主要分为牛头刨床、龙门刨床、单臂刨床及专门化刨床（如刨削大钢板边缘部分的刨边机、刨削冲头和复杂形状工件的刨模机）等。

牛头刨床因滑枕和刀架形似牛头而得名，刨刀装在滑枕的刀架上做纵向往复运动，多用于切削各种平面和沟槽。

龙门刨床因有一个由顶梁和立柱组成的龙门式框架结构而得名，工作台带着工件通过龙框架做直线往复运动，多用于加工大平面（尤其是长而窄的平面），也用来加工沟槽或同时加工数个中小零件的平面。大型龙门刨床往往附有铣头和磨头等部件，这样就可以使工件在一次安装后完成刨、铣及磨平等工作。

单臂刨床具有单立柱和悬臂，工作台沿床身导轨做纵向往复运动，多用于加工宽度较大而又不需要在整个宽度上加工的工件。

3）铣边。

铣边最主要的作用是能够使拼板时的对接缝密闭。因埋弧焊焊接电流较大，为避免烧穿，一般要求拼出的板缝要小于或等于 0.5mm。

但气割出来的板边或钢厂轧出的板边直接拼出来的对接缝往往无法满足埋弧焊对板缝间隙的要求，这时就需要再通过铣边来达到要求。另外，也可通过铣边来加工某些需开坡口厚板的角度。

铣边使用的设备是铣边机。作为刨边机的替代产品，铣边机具有功效高、精度高、能耗低等优点。铣边机尤其适用于钢板各种形状坡口的加工，可加工的钢板厚度一般为 5~40mm，坡口角度可在 15°~50°之间任意调节。

4）碳弧气刨。

碳弧气刨是利用碳极电弧的高温，把金属的局部加热到液体状态，同时用压缩空气的气流把液体金属吹掉，从而达到对金属进行切割的一种加工方法。

碳弧气刨的主要应用范围：焊缝挑焊根工作中；利用碳弧气刨开坡口，尤其是 U 形坡口；返修焊件时，可使用碳弧气刨消除焊接缺陷；清除铸件表面的毛边、飞刺、冒口和铸件中的缺陷；切割不锈钢中、薄板；刨削焊缝表面的余高。

5）坡口机加工。

坡口一般可用气割加工或机械加工，在特殊情况下采用手动气割的方法，但必须进行事后处理（如打磨等）。目前，坡口加工专用机已经普及，有形钢坡口及弧形坡口的专用机械，其效率高、精度高。焊接质量与坡口加工的精度有直接关系，如果坡口表面粗糙，有尖锐且深的缺口，就容易在焊接时产生不熔部位，会产生焊接缝隙。又如，坡口表面黏附油污，焊接时就会产生气孔和裂缝，因此要重视坡口质量。

（8）制孔。

钢结构构件制孔优先采用钻孔，当确认某些材料质量、厚度和孔径在冲孔后不会引起脆性时，允许采用冲孔。钻孔是在钻床等机械上进行，可以钻任何厚度的钢结构构件。钻孔的优点是螺栓孔孔壁损伤较小，质量较好。高强度螺栓孔应采用钻孔的方式制孔。

钻孔时一般使用平钻头，若平钻头钻不透孔，可用尖钻头。当板叠较厚、材料强度较高或直径较大时，则应使用可以降低切削力的群钻钻头，以便排屑和减少钻头的磨损。长孔可用两端钻孔中间气割的办法加工，但孔的长度必须大于孔直径的 2 倍。

钢结构构件加工制造中，冲孔一般只用于冲制非圆孔及薄板孔，冲孔的孔径必须大于板厚，厚度在 5mm 以下的所有普通钢结构构件允许冲孔，次要结构厚度小于 12mm 的允许冲孔。在所冲孔上，不得随后施焊（槽形），除非确认材料在冲切后仍保留有相当大的韧性，才可焊接施工。一般情况下，需要在所冲的孔上再扩孔时，则冲孔必须比指定的直径小 3mm。

钢结构构件加工要求精度较高板叠层数较多、同类孔较多时，可采用钻模制孔或预钻较小孔径、在组装时扩孔的方法。当板叠小于 5 层时，预钻小孔的直径小于公称直径一级（3mm）；当板叠大于 5 层时，小于公称直径二级（6mm）。

（9）钢结构的组装。

钢结构构件的组装是遵照施工图的要求，把已加工完成的各类零件或半成品构件，用装配的手段组合成为独立的成品，这种装配方法通常称为组装。钢构件的组装方法较多，有地样法、仿形复制装配法、立装、卧装及胎膜组装法等。

1）地样法：用 1：1 的比例在装配平台上放出构件实样，然后根据零件在实样上的位置，分别组装起来成为构件。此装配方法适用于桁架、构架等小批量结构组装，对大批量的零部件组装不适用。

2）仿形复制装配法：先用地样法组装成单面（片）的结构，然后点焊牢固，将其翻身，作为复制胎模，在其上面装配另一单面的结构，往返两次组装。此装配方法适用于横断面互为对称的桁架结构组装。

3）立装：根据构件的特点和零件的稳定位置，选择自上而下或自下而上的装配。此法适用于放置平稳、高度不大的结构或者大直径的圆筒。

4）卧装：将构件卧置进行装配。此装配方法适用于断面不大但长度较长的细长构件。

5）胎模组装法：将构件的零件用胎模定位在其装配位置上的组装方法。此装配方法适用于批量大、精度高的产品。它的特点是装配质量高、工作效率高。

钢结构组装的方法有很多，但在实际生产中，我国钢结构制造企业较常采用地样法和胎膜组装法。对于焊接 H 形钢和箱形梁，目前国内普遍采用组立机进行组装。

在钢结构构件的组装过程中，拼装必须按工艺要求的次序进行，当有隐蔽焊缝时，必须先予施焊，经检验合格方可覆盖。为减少变形，尽量采用小件组焊，经矫正后再大件组装。

钢结构组装的零件、部件必须是检验合格的产品，零件、部件连接接触面和沿焊缝边缘 30~50mm 范围内的铁锈、毛刺、污垢冰雪、油迹等应清除干净。板材、型材的拼接应在组装前进行，构件的组装应在部件组装、焊接、矫正后进行，以便减少构件的残余应力，保证产品的制作质量。

（10）钢结构除锈。

钢结构构件的表面应平直、无损伤，表面不得有裂纹、油污、颗粒状或片状老锈。为严格施工及确保建筑寿命与质量，钢结构除锈工作至关重要。钢材除锈的方法有多种，常用的有机械除锈、抛丸喷砂除锈和化学法除锈等。

1）机械除锈：主要是利用电动刷、电动砂轮等电动工具来清理钢结构表面的锈。采用工具可以提高除锈的效率，除锈效果也比较好，使用方便，一些较深的锈斑也能除去，但是在操作过程中要注意不要用力过猛以致打磨过度。

2）抛丸喷砂除锈：利用机械设备的高速运转把一定粒度的钢丸靠抛头的离心力抛出，被抛出的钢丸与构件猛烈碰撞打击，从而去除钢材表面锈蚀的一种方法。该法采用抛丸除锈机来完成。它使用的钢丸品种有铸铁丸和钢丝切丸两种。铸铁丸是利用熔化的铁水在喷射并急速冷却形成的粒度为 0.8~5mm 的铁丸，表面很圆整，成本相对便宜但耐用性稍差。在抛丸过程中，经反复撞击的铁丸会被粉碎当作粉尘排出。

钢丝切丸是用废旧钢丝绳的钢丝切成 2mm 的小段而成，其表面带有尖角，除锈效果相对高且不易破碎，使用寿命较长，但价格相对较高。后者的抛丸表面更粗糙一些。喷砂除锈是利用高压空气带出喷料（石榴石砂、铜矿砂、石英砂、金刚砂、铁砂、海砂）喷射到构件表面，从而除锈的一种方法。这种方法效率高、除锈彻底，是比较先进的除锈工艺。

除锈过程完全靠人工操作，除锈后的构件表面粗糙度小，不易达到摩擦系数的要求。需要注意的是，海砂在使用前应去除其盐分。

3）化学法除锈：利用酸与金属氧化物发生化学反应，从而除掉金属表面的锈蚀产物的一种除锈方法，即通常所说的酸洗除锈。除锈过程:将特制的钢铁除锈剂通过浸泡、涂刷、喷雾等方法渗入锈层内，溶解顽固的氧化物、沉积物、渣垢等，除锈完成后将处理过的钢材用清水冲洗干净即可。

（11）钢结构的涂装。

为了克服钢结构容易腐蚀、防火性能差的缺点，需在钢结构构件表面进行涂装保护，以延长钢结构的使用寿命、增加安全性能。钢结构的涂装分为防腐涂装和防火涂装。钢结构的涂装应在钢结构构件制作安装验收合格后进行，涂刷前应采取适当的方法将需要涂装部位的铁锈焊缝药皮焊接飞溅物、油污、尘土等杂物清除干净。

1）防腐涂装。

钢结构防腐漆宜选用醇酸树脂、氯化橡胶、环氧树脂、有机硅等品种。一般钢结构施工有明确规定，应严格按照施工图要求选购防腐漆。防腐漆应配套使用，涂膜应由底漆、中间漆和面漆构成。底漆应具有较好的防锈性能和较强的附着力；中间漆除具有一定的底漆性能外，还兼有一定的面漆性能；面漆直接与腐蚀环境接触，应具有较强的防腐蚀能力和耐候、抗老化能力。常用防腐漆见表2-3。

表2-3 常用防腐漆

名称	型号	性能	适用范围	配套要求
红丹油性防锈漆	Y53-1	防锈能力强，漆膜坚韧，施工性能好，但干燥较慢	适用于室内外钢结构表面防锈打底用，但不能用于有色金属铝、锌等表面，因红丹能与铝、锌起电化学作用	与油性磁漆，酚醛磁漆和醇酸磁漆配套使用，不能与过氯乙烯漆配套
铁红油性防锈漆	Y53-2	附着力强，防锈性能次于红丹油性防锈漆，耐磨性差	适用于防锈要求不高的钢结构表面	与酚醛磁漆、醇酸磁漆配套使用
红丹酚醛防锈漆	F53-1	防锈性能好，漆膜坚固，附着力强，干燥较快	同红丹油性防锈漆	与酚醛磁漆、醇酸磁漆配套使用
铁红酚醛防锈漆	F53-3	附着力强，漆膜较软，耐磨性差，防锈性能低于红丹酚醛防锈漆	适用于防锈要求不甚高的钢结构表面防锈打底	与酚醛磁漆配套使用
红丹醇酸防锈漆	C53-1	防锈性能好，漆膜坚固，附着力强，干燥较快	同红丹油性防锈漆	与醇酸磁漆、酚醛磁漆、酯胶磁漆配套使用
铁红醇酸底漆	006-1	具有良好的附着力和防锈能力，在一般气候条件下，耐久性好，但在湿热性气候和潮湿条件下，耐久性较差	适用于一般钢结构表面防锈打底	与醇酸磁漆、硝基磁漆和过氯乙烯漆等配套使用
各色硼钡酚醛防锈漆	FS53-9	具有复合的抗大气腐蚀性能，干燥快，施工方便，正逐步代替一部分红丹防锈漆	适用于室内外钢结构表面防锈打底	与酚醛磁漆、醇酸磁漆配套使用
乙烯磷化底漆	X06-1	对钢材表面的附着力极强，漆料中的磷酸盐可使钢材表面形成钝化膜，延长有机涂层的寿命	适用于钢结构表面防锈打底，可省去磷化或钝化处理，不能代替底漆使用；只能与一些底漆品种（如过氯乙烯底漆等）配套使用，增加这些涂层的附着力	不能与碱性涂料配套使用
铁红过氧乙烯底漆	C06-4	有一定的防锈性及耐化学性，但对钢材的附着力不太好，若与乙烯磷化底漆配套使用，能耐海洋性和湿热气候	适用于沿海地区和湿热条件下的钢结构表面防锈打底	与乙烯烯化底漆和过氧乙烯防腐津配套使用
铁红环氧酯底漆	H06-2	漆膜坚韧耐久，附着力强，耐化学腐蚀，绝缘性好，如与磷化底漆配套使用，可提高漆膜的防潮、防盐雾及防锈性能	适用于沿海地区和湿热条件下的钢结构表面防锈打底	与磷化底漆和环氧磁漆、环氧防腐漆配套使用

2）防火涂装。

防火涂料是以无机黏合剂与膨胀珍珠岩、耐高温硅酸盐材料等吸热、隔热及增强材料合成的一种防火材料，喷涂于钢结构构件表面，形成可靠的耐火隔热保护层，以提高钢结构构件的耐火性能。防火涂料可按四种方式进行分类。

①按火灾防护对象分类。

普通钢结构防火涂料：用于普通工业与民用建（构）筑物钢结构表面的防火涂料。

特种钢结构防火涂料：用于特殊建（构）筑物（如石油化工设施、变配电站等）钢结构表面的防火涂料。

②按使用场所分类。

室内钢结构防火涂料：用于建筑物室内或隐蔽工程的钢结构表面的防火涂料。

室外钢结构防火涂料：用于建筑物室外或露天工程的钢结构表面的防火涂料。

③按分散介质分类。

水基性钢结构防火涂料：以水作为分散介质的钢结构防火涂料。

溶剂性钢结构防火涂料：以有机溶剂作为分散介质的钢结构防火涂料。

④按防火机理分类。

膨胀型钢结构防火涂料：涂层在高温时膨胀发泡，形成耐火隔热保护层的钢结构防火涂料。

非膨胀型钢结构防火涂料：涂层在高温时不膨胀发泡，其自身成为耐火隔热保护层的钢结构防火涂料。

（12）钢结构构件的预拼装。

由于受运输、安装设备能力的限制，或者为了保证安装的顺利进行，在工厂里将多个成品构件按设计要求的空间设置试装成整体，以检验各部分之间的连接状况，称为预拼装。预拼装一般分平面预拼装和立体预拼装两种形式。拼装的构件应处于自由状态，不得强行固定。预拼装检验合格后，应在构件上标注上下定位中心线、标高基准线、交线中心点等必要标记，必要时焊上临时撑件和定位器等。其允许偏差应符合相应的规定。

预拼装方法分为平装法、立拼拼装法和模具拼装法。

1）平装法。

平装法操作方便，不需要稳定加固措施，不需要搭设脚手架，由于焊缝焊接大多为平焊缝，焊接操作简易，对焊工的技术要求不高，焊缝质量易于保证，且校正及起拱方便、准确。平装法适用于拼装跨度较小、构件相对刚度较大的钢结构，如长度18m 以内钢柱、跨度 6m 以内天窗架及跨度 21m 以内的钢屋架的拼装。

2）立拼拼装法。

立拼拼装法可一次拼装多个构件，块体占地面积小，不用铺设或搭设专用拼装操作平台或枕木墩，节省材料和工时；由于拼装过程无须翻身工序，质量易于保证，不用增设专供块体翻身、倒运、就位、堆放的起重设备，也缩短了工期；块体拼装连接件或节点的拼接焊缝可两边对称施焊，可防止预制构件连接件或钢构件因节点焊接变形使整个块体产生侧弯。但立拼拼装时需搭设一定数量的稳定支架，块体校正、起拱较难，钢构件的连接节点及预制构件的连接件的焊接立缝较多，也增加了焊接操作的难度。

3）模具拼装法。

模具是指符合工件几何形状或轮廓的模型（内模或外模）。用模具来拼装组焊钢结构，具有产品质量好、生产效率高等许多优点。对成批的板材结构、型钢结构，应当考虑采用模具进行组装。桁架结构的装配模往往是以两点连直线的方法制成，其结构简单、使用效果好。

计算机应用蓬勃发展，尤其是 BIM 应用以来，计算机模拟预拼装技术应运而生，为解决预拼装问题提供了新的途径。自动化预拼装工序一般如下：由全站仪测量或 3D 扫描仪测量等测量技术得到构件孔位的三维坐标；将此三维坐标进行编号整理，建立局部坐标系下构件实测模型；由设计图纸建立结构整体坐标系下理论位置模型（孔位理论坐标）；将构件实测模型导入计算机程序，由程序自动进行试拼装计算，得到实测构件模型与结构理论模型的孔位偏差，即试拼装偏差；对结果进行分析整理，根据工程实际情况进行位置调整或构件加工。

2. 钢结构构件的吊装。

（1）起重机械。

在钢结构工程施工中，应合理选择吊装起重机械。起重机械类型应综合考虑结构的跨度、高度、构件质量和吊装工程量，施工现场条件，本企业和本地区现有起重设备状况、工期要求、施工成本要求等诸多因素后进行选择。常见的起重机械有汽车式起重机、履带式起重机和塔式起重机等。

工程中根据具体情况选用合适的起重机械。所选起重机的三个工作参数，即起重量、起重高度和工作幅度（回转半径），均必须满足结构吊装要求。

1）汽车式起重机。

汽车式起重机是利用轮胎式底盘行走的动臂旋转起重机。它是把起重机构安装在加重型轮胎和轮轴组成的特制底盘上的一种全回转式起重机。其优点是轮距较宽、稳定性好、车身短、转弯半径小，可在 360°范围内工作。但其行驶时对路面要求较高，行驶速度较一般汽车慢，且不适于在松软泥泞的地面上工作，通常用于施工地点位于市区或工程量较小的钢结构工程中。

2）履带式起重机。

履带式起重机是将起重作业部分安装在履带底盘上，行走依靠履带装置的流动性起重机。履带式起重机接地面积大、对地面压力较小、稳定性好、可在松软泥泞地面作业，且其牵引系数高爬坡度大，可在崎岖不平的场地上行驶。履带式起重机适用于比较固定的、地面条件较差的工作地点和吊装工程量较大的普通单层钢结构。

3）塔式起重机。

塔式起重机分为固定式塔式起重机、移动式塔式起重机、自升式塔式起重机等。其主要特点如下：工作高度高，起身高度大，可以分层分段作业；水平覆盖面广；具有多种工作速度、多种作业性能，生产效率高；驾驶室高度与起重臂高度相同，视野开阔；构造简单，维修保养方便。塔式起重机是钢结构工程中使用较广泛的起重机械，特别适用于吊装高层或超高层钢结构。

（2）吊具、吊索和机具。

行业内习惯把用于起重吊运作业的刚性取物装置称为吊具，把系结物品的挠性工具称为索具或吊索，把在工程中使用的由电动机或人力通过传动装置驱动带有钢丝绳的卷筒或环链来实现载荷移动的机械设备称为机具。

1）吊具。

①吊钩：起重机械上重要取物装置之一。

②卸扣：由本体和横销两大部分组成，根据本体的形状又可分为U形卸扣和弓形卸扣。卸扣可为端部配件直接吊装物品或构成挠性索具连接件。

③索具套环：钢丝绳索扣（索眼）与端部配件连接时，为防止钢丝绳扣弯曲半径过小而造成钢丝绳弯折损坏，应镶嵌相应规格的索具套环。

④钢丝绳绳卡：钢丝绳绳卡也称为钢丝绳夹、线盘夹线盘、钢丝卡子、钢丝绳轧头，主要用于钢丝绳的临时连接和钢丝绳穿绕的固定。

⑤钢板类夹钳：为了防止钢板锐利的边角与钢丝绳直接接触，损坏钢丝绳，甚至割断钢丝绳，在钢板吊运场合多采用各种类型钢板类夹钳来完成吊装作业。

⑥吊横梁：吊横梁也称为吊梁、平衡梁和铁扁担，主要用于水平吊装中避免吊物受力点不合理造成损坏或过大的弯曲变形给吊装造成困难等情况。吊横梁根据吊点不同可分为固定吊点型和可变吊点型，根据主体形状不同可分为一字形和工字形等。

2）吊索。

①钢丝绳：一般由数十根高强度碳素钢丝先绕捻成股，再由股围绕特制绳芯绕捻而成。钢丝绳具有强度高、耐磨损、抗冲击等优点且有类似绳索的挠性，是起重作业中使用最广泛的工具之一。

②白棕绳：以剑麻为原料捻制而成。其抗拉力和抗扭力较强，耐磨损、耐摩擦、弹性好，在突然受到冲击载荷时也不易断裂。白棕绳主要用作受力不大的缆风绳、溜绳等，也有的用于起吊轻小物件。

3）机具。

①手拉葫芦：手拉葫芦又称起重葫芦、吊葫芦。其使用安全可靠、维护简单、操

作简便，是比较常用的起重工具之一。手拉葫芦工作级别，按其使用工况分为 Z 级（重载，频繁使用）和 Q 级（轻载，不经常使用）。

②卷扬机：在工程中使用的由电动机通过传动装置驱动带有钢丝绳的卷筒来实现载荷移动的机械设备。卷扬机按速度可分为高速、快速、快速溜放、慢速、慢速溜放和调速六类，按卷筒数量可分为单卷筒和双卷筒两类。

③千斤顶：用比较小的力就能把重物升高降低或移动的简单机具。其结构简单，使用方便，承载能力为 1~300t。千斤顶分为机械式和液压式两种。机械式千斤顶又分为齿条式和螺旋式两种。机械式千斤顶起重量小，操作费力，适用范围较小；液压式千斤顶结构紧凑，工作平稳，有自锁作用，故被广泛使用。

（3）钢结构构件的验收、运输、堆放。

1）钢结构构件的验收。

钢结构构件加工制作完成后，钢结构构件出厂时，应提供下列资料。

①产品合格证及技术文件。

②施工图和设计变更文件。

③制作中技术问题处理的协议文件。

④钢材、连接材料、涂装材料的质量证明或试验报告。

⑤焊接工艺评定报告。

⑥高强度螺栓摩擦面抗滑移系数试验报告焊缝无损检验报告及涂层检测资料。

⑦主要构件检验记录。

⑧预拼装记录。由于受运输、吊装条件的限制及设计的复杂性，有时构件要分两段或若干段出厂，为了保证工地安装的顺利进行，根据需要可在出厂前进行预拼装。

⑨构件发运和包装清单。

2）钢结构构件的运输。

发运的构件，单件超过 3t 的，宜在易见部位用油漆标上质量及重心位置的标志，以免在装卸车和起吊过程中损坏构件；节点板、高强度螺栓连接面等重要部分要有适当的保护措施，零星部件等要按同一类别用螺栓和铁丝紧固成束或包装发运。

大型或重型构件的运输应根据行车路线、运输车辆的性能、码头状况、运输船只来编制运输方案。在运输方案中，构件的运输顺序要着重考虑吊装工程的堆放条件、工期要求等因素。

运输构件时，应根据构件的长度、质量、断面形状选用车辆；构件在运输车辆上的支点、两端伸长的长度及绑扎方法均应保证构件不产生永久变形、不损伤涂层。构件起吊必须按设计吊点起吊，不得随意更改。公路运输装运的高度极限为 4.5m；如需通过隧道，则高度极限为 4m；构件伸出车身长度不得超过 2m。

3）钢结构构件的堆放。

构件一般要堆放在工厂或施工现场的堆放场。构件堆放场地应平整坚实，无水坑、冰层，地面干燥，有较好的排水设施，同时有供车辆进出的出入口。

构件应按种类、型号、安装顺序划分区域，竖标志牌。构件底层垫块要有足够的支承面，不允许垫块有大的沉降量，堆放的高度应有计算依据——以最下面的构件不产生永久变形为准，不得随意堆高。钢结构产品不得直接置于地上，要垫高 200mm。在堆放中，发现有不合格的变形构件，则要严格检查，进行矫正，然后再堆放。不得把不合格的变形构件堆放在合格的构件中，否则会大大地影响安装进度。

对于已堆放好的构件，要派专人汇总资料，建立完善的进出场动态管理制度，严禁乱翻、乱移。同时对已堆放好的构件进行适当保护，避免风吹雨打、日晒夜露。不同类型的钢构件一般不堆放在一起。同一工程的钢构件应分类堆放在同一区域，便于装车发运。

（4）钢结构构件的安装。

1）钢柱安装。

①安装前检查。在进行钢柱安装前，应按设计要求对建筑物的定位轴线、基础轴线和标高、地脚螺栓位置等进行检查，并办理交接验收。

②钢柱起吊。钢柱的吊装利用钢柱上端吊耳进行起吊，起吊时钢柱的根部要垫实，根部不离地，通过吊钩起升与变幅及吊臂回转，逐步将钢柱扶直，待钢柱基本停止晃动后再继续提升，将钢柱吊装到位；不允许吊钩斜着直接起吊构件。

③首节钢柱的安装。首节钢柱安装于混凝土基础上，钢柱安装前先在每根地脚螺栓上拧上螺母，螺母面的标高应为钢柱底板的底面标高。将柱及柱底板吊装就位后，在复测底板水平度和柱子垂直度时，通过微调螺母的方式调整标高，直至符合要求为止。

④上部钢柱的安装。上部钢柱吊装前，先在柱身上绑好爬梯，柱顶拴好缆风绳，吊升到位后，首先将柱身中心线与下节柱的中心线对齐，四面兼顾，再利用安装连接板进行钢柱对接，拧紧连接螺栓，四面拉好缆风绳并解钩。

⑤钢柱的矫正。首先通过水准仪将标高点引测至柱身，将钢柱标高调校到规范规定的范围后，再进行钢柱垂直度校正。钢柱校正时应综合考虑轴线垂直度、标高、焊缝间隙等因素，全面兼顾，每个分项的偏差值都要符合设计及规范要求。

2）钢梁安装。

①钢框架梁安装采用两点吊，就位后先用冲钉将螺栓孔眼卡紧，穿入安装螺栓（其数量不得少于螺栓总数的 1/3）。安装连接螺栓时，严禁在情况不明的情况下任意扩孔，连接板必须平整。部分需焊接的平台梁在安装时，要根据焊缝收缩量预留焊缝变形量。每当一节梁吊装完毕，即必须对已吊装的梁再次进行误差校正，校正时必须与钢柱的校正配合进行。当梁校正完毕后，用大六角高强度螺栓临时固定；对整个框架校正及

焊接完毕后，最终紧固高强度螺栓。框架梁安装可采取一吊多根的方式，梁间距应考虑操作安全。

②屋面梁的特点是跨度大（构件长），侧向刚度很小，为了确保质量、安全，提高生产效率，降低劳动强度，根据现场条件和起重设备能力，最大限度地扩大地面拼装工作量，将地面组装好的屋面梁吊起就位，并与柱连接。可选用单机两点、三点起吊或用铁扁担以减小索具产生的对梁的压力。

③钢吊车梁可采用专用吊耳吊装或用钢丝绳绑扎吊装。钢吊车梁的校正主要包括标高调整纵横轴线（直线度轨距）调整和垂直度调整。钢吊车梁的矫正应在一跨（两排吊车梁）全部吊装完毕后进行。

3）压型钢板安装。

①压型钢板铺设的重点是边、角的处理。四周边缘搭接宽度按设计尺寸，并应认真作业以保证质量。边、角处理前，应认真、仔细地制作边角样板，然后再下料切角。

②压型钢板如有弯曲、微损，应用木槌、扳手修复，严重破损、镀锌层严重脱落的则应废弃。

③铺放前应对钢梁进行清理，要求无油污铁锈、干燥、清洁。放板应按预先画好的位置进行，严格做到边铺板边点焊固定，两板沟肋要对准、平直。

④压型钢板作为永久性支承模板，应十分重视两板搭接处的质量，搭接长度不少于 5cm，以保证其牢固度。

⑤安装前检查边模板是否平直，有无波浪形变形，垂直偏差是否在 50mm 以内，对不符合要求的要进行校正。

4）网架结构安装。

①高空散装法：运输到现场的运输单元体（平面桁架或锥体）或散件，用起重机械吊升到高空对位拼装成整体结构的方法。该法适用于螺栓球或高强度螺栓连接节点的网架结构。高空散装法有全支架法（满堂脚手架）和悬挑法两种。全支架法多用于散件拼装；而悬挑法则多用于小拼单元在高空总拼情况，或者球面网壳三角形网格的拼装。

②分条分块法：分条分块法是高空散装法的组合扩大。为适应起重机械的起重能力和减少高空拼装工作量，将屋盖划分为若干个单元，在地面拼装成条状或块状组合单元体后，用起重机械或设在双肢柱顶的起重设备（钢带提升机、升板机等）垂直吊升或提升到设计位置上，拼装成整体网架结构的安装方法。

③高空滑移法：分条的网架单元在事先设置的滑轨上单条滑移到设计位置拼接成整体的安装方法。此条状单元可以在地面拼成后用起重机吊至支架上，在设备能力不足或其他因素存在时，也可用小拼单元甚至散件在高空拼装平台上拼成条状单元。高空支架一般设在建筑物一端。滑移时网架的条状单元由一端滑向另一端。

④整体吊升法：将网架结构在地上错位拼装成整体，然后用起重机吊升超过设计标高，空中移位后落位固定。此法不需要搭设高的拼装架，高空作业少，易于保证接头焊接质量，但需要起重能力大的设备，吊装技术也复杂。此法以吊装焊接球节点网架为宜，尤其适用于三向网架的吊装。

⑤整体顶升法：可以利用原有结构柱作为顶升支架，也可另设专门的支架或用枕木垛垫高。整体顶升法的千斤顶安置在网架的下面，在顶升过程中应采取导向措施，以免发生网架偏移。整体顶升法适用于点支承网架，在顶升过程中只能垂直上升，不能或不允许平移或转动。

3. 钢结构构件的连接。

钢结构是由若干构件组合而成的。连接的作用就是通过一定的方式将板材或型钢组合成构件，或将若干个构件组合成整体结构，以保证其共同工作。因此，连接在钢结构中处于重要的枢纽地位，连接的方式及其质量优劣直接影响着钢结构的工作性能。钢结构的连接必须符合安全可靠、传力明确构造简单、制造方便和节约钢材的原则。连接接头应有足够的强度，要有适宜实施连接的足够空间。

钢结构的连接方法可分为焊接连接、螺栓连接和铆钉连接等。铆钉连接由于构造复杂，费钢费工，现已很少采用，此处不再赘述。

（1）焊接连接。

焊接连接是目前最主要的连接方式。其优点主要如下：不需要在钢材上打孔钻眼，既省工省时，又不使材料的截面积受到减损，可以使材料得到充分利用；任何形状的构件都可以直接连接，一般不需要辅助零件；连接构造简单，传力路线短，适用面广；气密性和水密性都较好，结构刚性也较大，结构的整体性好。但是，焊接连接也存在缺点：由于高温作用在焊缝附近形成热影响区，钢材的金相组织和机械性能发生变化，材质变脆；焊接残余应力使结构发生脆性破坏的可能性增大，并降低压杆的稳定承载力，同时残余变形还会使构件尺寸和形状发生变化，矫正费工；焊接结构具有连续性，局部裂缝一经产生便很容易扩展到整体。

因此，设计、制造和安装时应尽量采取措施，避免或减少焊接连接的不利影响，同时必须按照对焊缝质量的规定进行检查和验收。

焊缝质量检验一般可用外观检查及内部无损检验两种。前者检查外观缺陷和几何尺寸，后者检查内部缺陷。内部无损检验目前广泛采用超声波探伤。该方法使用灵活、经济，对内部缺陷反应灵敏，但不易识别缺陷性质。内部无损检验有时还可用磁粉检验。

该方法以荧光检验等较简单的方法作为辅助。此外，还可采用 X 射线或 γ 射线透明或拍片来进行内部无损检验。

焊缝按其检验方法和质量要求分为一级、二级和三级。三级焊缝只要求对全部焊缝做外观检查且符合三级质量标准；设计要求全焊透的一级、二级焊缝则除外观检查外，还要求用超声波探伤进行内部缺陷的检验，超声波探伤不能对缺陷做出判断时，还应采用射线探伤检验，并应符合国家相应质量标准的要求。

目前，应用最多的焊接连接方法有手工电弧焊和自动（或半自动）埋弧焊，此外还有气体保护焊和电渣压力焊等。

1）手工电弧焊。

手工电弧焊是一种常见的焊接方法，通电后，在涂有药皮的焊条和焊件间产生电弧，电弧产生热量溶化焊条和母材形成焊缝。手工电弧焊的优点是设备简单，操作灵活方便，适于任意空间位置的焊接，特别适于焊接短焊缝；但由于需要焊接工人手工操作施焊，生产效率低，劳动强度大，焊接质量取决于焊工的精神状态与技术水平，质量波动大。手工电弧焊选用的焊条应与焊件钢材相适应。

2）自动（或半自动）埋弧焊。

埋弧焊是电弧在焊剂层下燃烧的一种电弧焊方法。焊丝送进和电弧移动有专门机构控制的，称自动埋弧焊；焊丝送进有专门机构控制而电弧移动靠工人操作的，称为半自动埋弧焊。

埋弧焊由于具有生产效率高、焊接质量好、机械化程度高、劳动条件好、节约金属及电能等诸多优点，符合目前工业化生产的需求，是目前钢结构生产企业运用最广泛的焊接方法，特别是在中厚板、长焊缝的焊接时有明显的优越性。

3）气体保护焊。

气体保护焊也属于电弧焊的一种。其原理是利用惰性气体或二氧化碳气体作为保护介质，在电弧周围造成局部的保护层，使被熔化的钢材不与空气接触。气体保护焊的焊缝熔化区没有熔渣，焊工能够清楚地看到焊缝成型的过程。由于保护气体是喷射的，有助于熔滴的过渡；又由于热量集中，焊接速度快，焊件熔深大，因此形成的焊缝强度比手工电弧焊高，塑性和抗腐蚀性好，适用于全位置的焊接，但不适用于在风较大的地方施焊。

4）电渣压力焊。

电渣压力焊是一种高效熔化焊方法。它利用电流通过高温液体熔渣产生的电阻热作为热源，将被焊的工件（钢板、铸件，锻件）和填充金属（焊丝、熔嘴、板极）熔化，而熔化金属以熔滴状通过渣池，汇集于渣池下部形成金属熔池。由于填充金属的不断送进和熔化，金属熔池不断上升，熔池下部金属逐渐远离热源，逐渐凝固形成焊缝。电渣压力焊特别适用于大厚度焊件的焊接和焊缝处于垂直位置的焊接。

（2）螺栓连接。

螺栓连接分为普通螺栓连接和高强度螺栓连接两种。

1）普通螺栓连接。

根据螺栓的加工精度，普通螺栓又分为 A、B、C 三级。C 级螺栓由未经加工的圆钢压制而成。由于螺栓表面粗糙，一般采用在单个零件上一次冲成或不用钻模钻成的孔。螺栓孔的直径比螺栓杆的直径大 1.5~3mm。对于采用 C 级螺栓的连接，由于螺杆与栓孔之间有较大的间隙，受剪力作用时，将会产生较大的剪切滑移，连接变形大，但安装方便，且能有效地传递拉力，故一般可用于沿螺栓杆轴受拉的连接中，以及次要结构的抗剪连接或安装时的临时固定。A、B 级精制螺栓是由毛坯在车床上经过切削加工精制而成。其表面光滑，尺寸准确，螺杆直径与螺栓孔径相同，但螺杆直径仅允许负公差，螺栓孔直径仅允许正公差，对成孔质量要求高。由于 A、B 级螺栓有较高的精度，因而受剪性能好，但其制作和安装复杂，价格较高，已很少在钢结构中采用。

2）高强度螺栓连接。

高强度螺栓性能等级有 8.8 级和 10.9 级，分大六角头型和扭剪型两种。安装时通过特别的扳手，以较大的扭矩上紧螺帽，使螺杆产生很大的预拉力。高强度螺栓的预拉力把被连接的部件夹紧，使部件的接触面间产生很大的摩擦力，外力通过摩擦力来传递。

高强度螺栓连接按设计和受力要求可分为摩擦型和承压型两种。摩擦型连接依靠连接板件间的摩擦力来承受荷载。螺栓孔壁不承压，螺杆不受剪，连接变形小，连接紧密，耐疲劳，易于安装，在动力荷载作用下不易松动，特别适用于随动荷载的结构。

承压型连接在连接板间的摩擦力被克服，节点板发生相对滑移后依靠孔壁承压和螺栓受剪来承受荷载。承压型连接的承载力高于摩擦型，连接紧凑，但剪切变形大，不能用于承受动力荷载的结构中。

第四节　钢结构施工质量控制

施工质量控制是一个全过程的系统控制过程，根据工程实体形成的时间段，钢结构工程的质量控制应从原材料进场加工预制、安装焊接尺寸检查等几个方面着手，特别是要做好施工前预控及施工过程中质量巡检等工作。在施工监理工作中，对人员、机械、材料、方法、环境 5 个主要影响因素进行全面控制。

一、钢结构工程施工前的质量控制要点

1. 核查施工图和施工方案。

认真审核施工图纸，对钢柱的轴线尺寸和钢梁标高等与基础轴线尺寸进行核对，

理解设计意图，掌握设计要求，参加图纸会审和设计交底会议，会同各方把设计差错消除在施工之前；认真审阅施工单位编制的施工技术方案，由专业监理工程师进行初审、总监理工程师批准，审批程序要合规。

2.核查加工预制和安装检测用的计量器具。

核查加工预制和安装检测用的计量器具是否进行了检定，状态是否良好；检查承包单位专职测量人员的岗位证书及测量设备检定证书；复核控制桩的校核成果、保护措施及平面控制网、高程控制网和临时水准点的测量成果。

3.核查资质文件。

核查钢结构质量和技术管理人员资质，以及质量和安全保证体系是否健全。对质量管理体系、技术管理体系和质量保证体系应审核以下内容：质量管理、技术管理和质量保证的组织机构；质量管理、技术管理制度；专职管理人员和特种作业人员的资格证、上岗证。

4.材料进场的质量检查。

钢结构用钢材及焊接填充材料的选用应符合设计图的要求，并应有钢厂和焊接材料厂出具的质量证明书或检验报告；其化学成分、力学性能和其他质量要求必须符合国家现行标准规定。当采用其他钢材和焊接材料替代设计选用的材料时，必须经原设计单位同意。

当钢材表面有锈蚀、麻点或划痕等缺陷时，其深度不得大于钢材厚度允许负偏差的 1/2，且不应大于 0.5mm；同时检查钢材表面的平整度、弯曲度和扭曲度等是否符合规范要求；所有的连接件均应进行标记，焊材按规定进行烘干。

二、钢结构施工过程中的质量控制要点

1.钢结构安装控制要点。

（1）钢结构构件在安装前应对其表面进行清洁，保证安装构件表面干净，结构主要表面不应有疤痕、泥沙等污垢。钢结构安装前要求施工单位做好工序交接的同时，还要求施工单位对基础做好下列工作：基础表面应有清晰的中心线和标高标记，基础顶面凿毛；基础施工单位应提交基础测量记录，包括基础位置及方位测量记录。

（2）钢柱安装前应对地脚螺栓等进行尺寸复核，有影响安装的情况时，应进行技术处理。在安装前，地脚螺栓应涂抹油脂保护。

（3）钢柱在安装前应对基础尺寸进行复核，主要核对轴线、标高线是否正确，以便对各层钢梁进行引线。安装柱时，每节柱的定位轴线应从地面控制轴线直接引上，不得从下层柱的轴线引上。各层的钢梁标高可按相对标高或设计标高进行控制。

（4）钢柱、钢梁、斜撑等钢结构构件从预制场地向安装位置倒运时，必须采取相应的措施，进行支垫或加垫（盖）软布、木材（下垫上盖）。

（5）钢柱在安装前应将中心线及标高基准点等标记做好，以便安装过程中进行检测和控制。

（6）钢梁吊装前应由技术人员对钢柱上的节点位置、数量再次确认，避免造成失误。钢梁安装后的主要检查项目是钢梁的中心位置、垂直度和侧向弯曲矢高。

（7）钢结构主体形成后应对主要立面尺寸进行全部检查，对所检查的每个立面，除两列角柱外，应至少选取一列中间柱。对于整体垂直度，可采用激光经纬仪、全站仪测量。

2. 钢结构焊接工程质量控制要点。

（1）施工单位对其首次采用的钢材、焊接材料焊接方法、焊后热处理等，应进行焊接工艺评定，并应根据评定报告确定焊接工艺。

（2）焊接材料对钢结构焊接工程的质量有重大影响，因此进场的焊接材料必须符合设计文件和国家现行标准的要求。

（3）钢结构焊接必须由持证的技术工人进行施焊。

（4）钢结构的焊接质量要求：焊缝表面不得有裂纹焊瘤等缺陷；一级、二级焊缝的焊接质量必须遵照设计、规范要求，并按设计及规范要求进行无损检测；一级、二级焊缝不得有表面气孔夹渣、弧坑裂纹、电弧擦伤等缺陷，且一级焊缝不得有咬边、未焊满、根部收缩等缺陷。

（5）焊缝质量不合格时，应查明原因并进行返修，同一部位返修次数不应超过两次。当超次返修时，应编制返修工艺措施。

（6）钢结构的焊缝等级、焊接形式、焊缝的焊接部位坡口形式和外观尺寸必须符合设计和焊接技术规程的要求。

3. 钢结构防腐工程质量控制要点。

钢结构除锈应符合设计及规范要求，在防腐前应进行除锈和隐蔽工程报验，监理工程师要对钢结构的表面质量和除锈效果进行检查和确认。

（1）钢结构防腐涂料、稀释剂和固化剂等材料的品种、规格、性能、颜色等应符合现行国家产品标准和设计要求。

（2）钢结构在涂装时的环境温度和相对湿度应符合涂料产品说明书的要求。

（3）钢结构除锈后应在4h内及时进行防腐施工，以免钢材二次生锈。不能及时涂装时，钢材表面不应出现未经处理的焊渣焊疤、灰尘、油污、水和毛刺等。

（4）防腐涂料的涂装遍数和涂层厚度应符合设计要求。

（5）钢结构各构件防腐涂装完成后，钢结构构件的标志、标记和编号应清晰完整，以便施工单位识别和安装。

4. 钢结构防火工程质量控制要点。

（1）防火涂料施工前应由各专业、工种办理交接手续，在钢结构防腐、管道安装、设备安装等完成后再进行防火涂料涂刷。

（2）防火涂料施工前钢结构的防腐涂装应已按设计要求涂刷完成。

（3）防火涂料施工前，应由施工单位技术人员对工人进行技术交底。

（4）对于防火涂料涂层的厚度检查，检查数量为涂装构件数的10%且不少于3件；当采用厚涂型防火涂料进行涂装时，检查的结果厚度要保证80%及以上面积符合设计或规范的要求，且最薄处厚度不应低于要求的85%。

（5）钢结构的防火涂料施工往往与各专业施工相交叉，对已施工完成的部位要有成品保护措施，如出现破损情况，应及时进行修补。防火涂料的表面色应按设计要求进行涂刷。

5. 钢结构成品控制。

钢结构成品或半成品在钢结构预制场地的堆放要求：根据组装的顺序分别存放，存放构件的场地应平整，并应设置垫木或垫块；箱装零部件、连接用紧固标准件宜在库内存放；对易变形的细长钢柱、钢梁、斜撑等构件应采取多点支垫措施。

6. 钢结构隐蔽工程验收。

隐蔽工程是指在施工过程中，上一道工序的工作成果将被下一道工序的工作成果覆盖，完工以后无法检查的那一部分工程。隐蔽工程验收记录是工程交工验收所必需的技术资料的重要内容之一，主要包括以下方面：对焊后封闭部位的焊缝的检查；刨光顶紧面的质量检查；高强度螺栓连接面质量的检查；构件除锈质量的检查；柱底板垫块设置的检查；钢柱与杯口基础安装连接二次灌浆的质量检查；埋件与地脚螺栓连接的检查；屋面彩板固定支架安装质量的检查；网架高强度螺栓拧入螺栓球长度的检查；网架支座的检查；网架支座地脚螺栓与过渡板连接的检查等。

第三章　装配式混凝土结构

本章内容包括装配式混凝土结构的结构体系与应用范围装配式混凝土结构生产，装配式混凝土结构吊装与安装、装配式混凝土结构灌浆与现浇、装配式混凝土结构质量控制。学习要求：掌握吊装与安装及灌浆与现浇的操作步骤，熟悉生产和质量控制流程，了解结构体系与应用范围。本章重点是施工基本方法，难点是节点构造与连接要求。

第一节　装配式混凝土结构的结构体系与应用范围

目前常见的结构体系是装配整体式混凝土结构。它由预制混凝土构件通过可靠的方式进行连接，并与现场后浇混凝土、水泥基灌浆料形成整体的装配式混凝土结构。装配整体式混凝土结构的安全性、适应性、耐久性应该基本达到与现浇混凝土结构等同的效果。其结构体系与应用范围主要有以下五个方面。

1. 外挂墙板体系。

外墙、叠合楼板、阳台、楼梯、叠合梁为预制部件。该结构体系的特点：竖向受力结构采用现浇，外墙挂板不参与受力，预制比例一般为 10%~50%，施工难度较低，成本较低常配合大钢模施工。该结构体系适用于高层和超高层的保障房、商品房办公建筑。

2. 装配式框架体系。

装配式框架体系是指柱、叠合梁、外墙、叠合楼板、阳台等均为预制部件。该结构体系的特点：工业化程度高，预制比例可达 80%，内部空间自由度好，室内梁柱外露，施工难度较高，成本较高。该结构体系适用于高度 50m 以下（地震烈度 7 度）的公寓、办公楼、酒店学校、工业厂房建筑等。

3. 装配式剪力墙体系。

剪力墙、叠合楼板、楼梯、内隔墙等为预制部件。该结构体系的特点：工业化程度高，房间空间完整，无梁柱外露，施工难度大，成本较高，可选择局部或全部预制，空间灵活度一般。该结构体系适用于高层、超高层的商品房、保障房等。

4. 装配式框架剪力墙体系。

柱（柱模板）、剪力墙、叠合楼板、阳台、楼梯、内隔墙等为预制部件。该结构体系的特点：工业化程度高，施工难度高，成本较高，室内柱外露，内部空间自由度较好。该结构体系适用于高层、超高层的商品房、保障房等。

5. 叠合剪力墙体系。

叠合剪力墙、叠合楼板、阳台、楼梯、内隔墙为预制部件。该结构体系的特点如下：工业化程度高，施工速度快，连接简单，构件质量轻，精度要求较低等，叠合剪力墙的核心部分是在现场绑扎钢筋、现浇混凝土，里外的预制薄板既为模板又为结构受力构件。该结构体系适用于高层、超高层的商品房、保障房等。

第二节　装配式混凝土结构生产

预制混凝土构件（Precast Concrete）简称 PC 构件，是指在工厂或现场预先生产制作的混凝土构件。预制混凝土构件一般宜在工厂生产，主要原因是工厂的生产环境较好，有利于提高生产效率和保证产品质量。预制构件在工厂里生产，可以进行流水线作业，各分部分项工程交叉进行，构件质量、工程时间、工程造价受天气和季节影响小，普遍质量问题在生产中可以得到有效控制，材料成本浪费减少，质量有保障，经济效益提高。

预制构件运输费用在构件生产成本方面占有很大比例。其原因在于：预制构件结构形式多样、尺寸较大，不易运输，车辆运输要求较高；运输路线需根据工厂和施工场地选择，若运输路程较长，会产生较多的运输费用；同时，道路运输允许尺寸和单个构件的吊装重量制约着预制构件的尺寸。所以，因外形复杂或尺寸过大而导致运输成本过高或难以运输的构件，可以选择现场生产。

1. 预制混凝土构件种类。

预制混凝土构件种类主要包括预制柱、叠合梁、叠合板、墙板、楼梯、阳台、空调板、飘窗板等。

（1）预制柱。

预制柱在工厂内预制完成，为了结构连接的需要，常在端部留置插筋。

（2）叠合梁。

框架梁的横截面一般为矩形或 T 形，当楼盖结构为预制板装配式时，为减少结构所占的高度，增加建筑净空，框架梁截面常为十字形或花篮形。在装配整体式框架结构中，常将预制梁做成 T 形截面，在预制板安装就位后，再现浇部分混凝土，即形成所谓的叠合梁。

叠合梁的叠合层混凝土厚度不宜小于 100mm，混凝土强度等级不宜低于 C30。预制梁的箍筋应全部伸入叠合层，且各肢伸入叠合层的直线段长度不宜小于 l0d（d 为箍筋直径）。预制梁的顶面应做成凹凸差不小于 6mm 的粗糙面。

（3）叠合板。

叠合板是由预制板和现浇钢筋混凝土层叠合而成的装配整体式楼板。叠合板根据受力情况分为单向叠合板和双向叠合板。叠合板底板（预制部分）厚度不宜小于 60mm，表面应做成凹凸差不小于 4mm 的粗糙面，粗糙面的面积不小于结合面的80%；叠合层（现浇部分）厚度不应小于 60mm，厚度有 70mm、80mm、90mm 三种，常规做法为 70mm。

（4）预制墙板。

预制混凝土墙板分为预制混凝土剪力墙内墙板、预制混凝土剪力墙外墙板、预制混凝土双面叠合剪力墙墙板、预制混凝土外墙挂板等。

预制混凝土剪力墙内墙板，板侧与后浇混凝土的结合面应设置凹凸深度不小于6mm 的粗糙面，或设置键槽。

预制混凝土剪力墙外墙板通常做成夹心保温墙板，内叶板与外叶板之间铺设保温材料。内叶板与外叶板依靠拉结件连接。

预制混凝土双面叠合剪力墙墙板从厚度方向划分为 3 层，内外两侧预制，通过桁架钢筋连接，中间是空腔，现场浇筑自密实混凝土。现场安装后，上下构件的竖向钢筋和左右构件的水平钢筋在空腔内布置、搭接，然后浇筑混凝土形成实心墙体。双面叠合剪力墙可根据使用需要增加保温层。

预制混凝土外墙挂板是装配在钢结构或混凝土结构上的非承重外墙围护挂板或装饰板。预制混凝土外墙挂板与主体结构连接采用预埋件、安装用连接件，装饰面包括砖饰面、石材饰面、涂料饰面、装饰混凝土饰面等。

（5）预制楼梯。

预制钢筋混凝土板式楼梯，梯段板支座处为销键连接，规格有双跑楼梯和剪刀楼梯。

（6）预制阳台。

预制阳台通常包括叠合板式阳台、全预制板式阳台和全预制梁式阳台。

（7）其他构件。

除主体构件外，预制构件还包括空调板、女儿墙、飘窗等，其中女儿墙可做成夹心保温式和非保温式。

2. 预埋件。

预埋件是指预先安装在隐蔽工程内的构件,起保温、减重、吊装、连接、定位、锚固、通水电气互动、便于作业、防雷防水、装饰等作用。常用预埋件按用途可分为结构连接件、支模吊装件、填充物、水电暖通等功能件和其他功能件。

结构连接件:连接构件与构件(钢筋与钢筋)或起到锚固作用的预埋件,主要包括灌浆套筒、钢筋锚板、保温连接件等。

3. 预制构件生产工艺。

根据生产过程中组织构件成型和养护的不同特点,预制构件生产工艺分为平模机组流水工艺、平模传送流水工艺、固定平模工艺、立模工艺、长线台座工艺等。

(1)平模机组流水工艺:根据生产工艺的要求将整个车间划分为若干工段,每个工段配备相应的工人和机具设备,构件的成型、养护、脱模等生产过程分别在有关的工段循序完成。这种工艺的特点是主要机械设备相对固定,模板借助吊车的吊运,在移动过程中完成构件的成型。

(2)平模传送流水工艺:模板自身装有行走轮或借助辊道传送,不需吊车即可移动,在沿生产线行走过程中完成各道工序,然后将已成型的构件连同钢模送进养护窑。

(3)固定平模工艺:模板固定不动,构件的成型、养护、脱模等生产过程都在同一个位置上完成。

(4)立模工艺:模板垂直使用,并具有多种功能;模板是箱体,腔内可通入蒸汽,侧模装有振动设备,从模板上方分层灌筑混凝土后,即可分层振动成型。

(5)长线台座工艺:适用于露天生产厚度较小的构件和先张法预应力钢筋混凝土构件,如空心楼板、槽形板、T 形板、双 T 板、工形板、小桩小柱等。

平模生产线主要用于生产桁架钢筋混凝土叠合板、预制混凝土剪力墙板等。平模生产最大的优越性在于夹心保温层的施工和水电预埋可以在布设钢筋时一并进行。立模生产线采用成组立模工艺。与平模工艺相比,立模工艺可节约生产用地、提高生产效率,而且构件的两个表面同样平整,通常用于生产外形比较简单而又要求两面平整的构件,如内墙板楼梯段等。

预制混凝土构件生产工艺流程包括生产准备、模具制作和拼装、钢筋加工绑扎埋设水电管线与预埋件、浇筑混凝土、养护、脱模与起吊、质量检查等。

4. 生产准备。

预制构件生产前需要做的准备工作有熟悉设计图纸及预制计划要求、人员配置、模板设计施工场地的平整与布置等。

(1)熟悉设计图纸及预制计划要求。技术人员及项目部主要负责人应根据预制计划单中预制任务的紧急情况对模板数量、钢筋加工强度及预制顺序进行安排;及时熟悉施工图纸,了解使用单位的预制意图,了解预制构件的钢筋、模板的尺寸和形式,了解商品混凝土浇筑工程量及基本的浇筑方式，以求在施工中达到优质、高效及经济的目的。

（2）人员配置。预制构件品种多样结构不一，人员配置应根据施工人员的工作量及施工水平合理安排。针对施工技术要求、预制构件任务紧急情况及施工人员任务急缓程度，适当调配施工人员参与钢筋模板及商品混凝土浇筑。

（3）模板设计。预制构件的模板设计直接影响着预制构件的外观质量。针对预制构件的种类和要求，主要制作有定型模、活动模、预留孔模板等，使用材料根据预制构件尺寸类型、数量情况可使用钢模板、胶合板、槽钢、角钢、方钢管等材料，以便用于周转，达到节约材料、减少人工的目的。

由于预制构件类型多样、结构多变、数量不一，致使模板通用性互换性差。为减少模板投入量，将结构一致、尺寸不一的预制构件划分为若干流水段，按照每一流水段模板的材料可重复利用原则，将预制构件按从大件至小件的顺序进行施工，使模板的公用部分可周转使用。

（4）施工场地的平整与布置。为达到预制构件使用条件实现运输方便统一归类以及不影响预制构件生产的连续性等要求，场地的平整及预制构件场地布置规划尤为重要。生产车间高度应充分考虑生产预制构件高度、模具高度及起吊设备升限、构件质量等因素，避免出现预制构件生产过程中发生设备超载、构件超高不能正常吊运等问题。

此外，预制构件生产前，应编制构件设计制作图和构件生产方案，并根据生产工艺要求，确定模具设计和加工方案。

1）构件设计制作图应包括以下内容：单个预制构件模板图、配筋图；预埋吊件及其连接件构造图；保温、密封和饰面等细部构造图；系统构件拼装图；全装修、机电设备综合图。

2）构件生产方案应包括生产计划及生产工艺、模具计划及组装方案、技术质量控制措施、物流管理计划、成品保护措施。

3）模具设计应包括以下内容：满足混凝土浇筑、振捣脱模、翻转、养护、起吊时的强度、刚度和稳定性要求，并便于清理和涂刷脱模剂；预埋管线、预留孔洞、插筋吊件、固定件等，满足安装和使用功能要求；模具应采用移动式或固定式钢底模，侧模宜采用型钢或铝合金型材，也可根据具体要求采用其他材料。

5. 模具模台清理。

作业内容：清理内、外框模具，用铁铲铲除表面的混凝土渣，露出模具底色，注意清理干净模具端头；清理固定夹具、橡胶块、剪力键等夹具表面直至干净无混凝土渣，注意定位端孔等难清理的地方；用铁铲铲除黏结在台车面上的混凝土渣，重点注意模具布置区和固定螺栓干净无遗漏。

注意事项：清理模具时注意保护模具，防止模具变形脱落；如果发现模具变形量超过 3mm，需进行校正，无法校正的变形模具应及时更换；将清理干净的模具分组分类，整齐码放，保证现场的清洁及安全。

6.模具组装、涂脱模剂。

（1）模具要求。

模具一般采用钢模具，循环使用次数可达上千次。对异形且周转次数较少的预制构件，可采用木模具、高强塑料模具。模具应满足以下要求：

1）具有足够的承载力、刚度和稳定性，保证构件在生产时能可靠承受浇筑混凝土的重量侧压力及工作荷载。

2）支、拆方便，且应便于钢筋安装和混凝土浇筑、养护。

3）模的部件与部件之间应连接牢固，预制构件上的预埋件应有可靠固定措施。

模具组装应按照组装顺序进行，对于特殊构件，钢筋应先入模后组装。组装前，模板接触面平整度、板面弯曲、拼装缝隙几何尺寸等应满足相关设计要求。组装应连接牢固、缝隙严密。组装完成后，模具的尺寸允许偏差及检验方法应符合规定。考虑到模具在混凝土浇筑振捣过程中会有一定程度的胀模现象，因此，模具净尺寸宜比构件尺寸缩小 1~2mm。

（2）作业内容。

1）作业前检查台车面表面干净，定位螺栓位置准确。

2）活动挡边放置区涂水性脱模剂，校准模具位置，安装压铁进行紧固。

3）窗角模具四角放置橡胶块，保证橡胶块与横竖模具齐平。

4）在台车面喷涂脱模剂，应涂抹均匀无积液。

（3）注意事项。

1）模具放置区涂抹脱模剂的长度大于或等于模具长度，宽度比模具宽度至少大 50mm。

2）模具安装时再次检验模具是否变形，弯曲度保持在 3mm 以内。

3）模具摆放与台车面垂直，所有压铁需要进行二次压紧。

4）与构件接触面涂水性脱模剂，墙板水油比为 3：1。

（4）钢筋绑扎。

钢筋骨架、钢筋网必须严格按照构件加工图及下料单要求制作。首件钢筋制作，必须通知技术、质检及相关部门检查验收，制作过程中应当定期定量检查，对于不符合设计要求及超过允许偏差的一律不得使用，按废料处理。

1）作业内容。

①按照图纸的要求进行领料、备料，保证钢筋规格正确，无严重锈蚀。

②裁剪钢筋网片，安置筋图裁剪，拼接网片，门窗钢筋保护层厚度满足要求。

③墙板及门窗四周的加强筋与网片绑扎，窗角布置抗裂钢筋。

④拼接的网片需绑扎在一起，抗裂钢筋绑扎在加强筋结合处。

⑤每平方米布置 4 个保护层垫块，保证保护层厚度。

2）注意事项。

①网片与网片搭接需重合 300mm 以上或一格网格以上。

②所有钢筋必须保证 20~25mm 混凝土保护层，任何端头不能接触台车面。

③扎丝绑扎方向一致朝上，加强筋需进行满扎。

④绑扎完清理台车，按图纸检查是否漏扎、错扎。

（5）预埋件埋设。

预埋件应根据构件加工图埋设，预埋偏差应满足允许偏差要求。涉及机电工程预留预埋的，要求机电专业人员提供深化设计图纸，再由工厂技术人员根据预制构件的拆分情况进行排版，然后反馈给现场机电专业人员，按规范校对审核，最终由工厂技术人员出具加工图进行制造。

1）吊钉：将波胶清理干净，然后装入吊钉，并穿入加强筋，在外模企口边、波胶上部放入橡胶块。

2）套筒：将两个套筒放在爬架套筒焊接工装中焊成爬架套筒，并将套筒口用胶带密封，将爬架套筒与底面钢筋网扎在一起。

3）线盒：领取正确的 86 线盒将直接头装上，将扎丝穿过定位块底部，紧固定位块，最后将线盒扣在定位块上，用扎丝紧固。

4）波纹管：使用透明胶带密封波纹管，保证不漏浆到波纹管内部，不沾染螺杆和螺纹。

注意事项：吊钉必须垂直于边模并做加强处理，与上下网片绑扎在一起，且数目应符合图纸要求，确保无遗漏；线盒预埋方向正确、不倾斜、不旋转，且连接牢固；定位销轴与套筒的型号和数量应根据图纸进行确认，用卷尺对位置尺寸进行确认；内挡和外挡边模有安装套筒时，对其数量和位置尺寸进行确认；套筒的距离测量要以中心线为准。

（6）检验工装、隐蔽工程验收。

浇筑构件之前，应检验生产所用的各种工装夹具，并对隐蔽工程进行逐项检验，形成相关检验记录。

检验工装要求：保证各种工装夹具洁净，且按照分类在固定位置放置。

隐蔽工程验收要求：确保预埋件的规格、数量、定位准确无误，偏差均在允许范围内。

（7）布料浇捣。

浇捣前，操作人员首先核对布料的 PC 件编号，根据编号确定混凝土用量后向搅拌站报料。每日报料 3 次，第一次报料适当加量 10%，而且坍落度要适当放大。

布料依照先远后近、先窄后宽的要求进行。布料时遵循布料原则，布料口与外边模不小于50mm的距离，以免混凝土外泄。布料要做到一次到位，做到饱满均匀。

布料后，以"混凝土料不堆高、边角处布料到位、模具边混凝土料不外流"为标准进行耙料，并将模具外围泻落的混凝土料铲回模具内。

振动台振动时间一般控制在5~10s，表面达到平坦无气泡状态即可。

注意事项：混凝土应均匀连续浇筑，投料高度不宜大于500mm；混凝土浇筑时应保证模具、门窗框、预埋件、连接件不发生变形或者移位，如有偏差应采取措施及时纠正；混凝土从出机到浇筑的时间（间歇时间）不宜超过40min。

（8）布置保温板、拉结件。

对于夹芯墙板，浇捣外叶板混凝土后，需铺设保温板，放置拉结件，再进行内叶板的制作。保温板事先按照保温板排版图进行裁切，拉结件按构件加工图确定数量和位置。

（9）后处理。

混凝土浇捣后应进行后处理，内容包括检查清理墙槽工装放置、抹面、拉毛等。

1）检查清理：混凝土浇捣平面必须与边模平高，构件表面不可有露出钢筋；检查预埋件是否有移位和倾斜，将其校正到标准位置；检查表面是否有石子或马凳筋等凸起物件。

2）墙槽工装放置：用手将墙槽工装压入混凝土内，用力均匀；同时用抹子抹平挤压凸出的混凝土。若墙槽工装上浮，则上压重物保证压入深度。

3）抹面：用抹子将构件表面混凝土抹平，使表面平整均匀。

4）拉毛：用塑料扫帚从构件表面一侧边缘开始，按从上到下、从左至右的方向进行细拉毛，要求覆盖全表面，不可有遗漏，然后再反向拉毛一次。

注意事项：抹面时保证整个构件表面平整均匀，与构件挡边平齐；抹面要求光滑无明显抹子痕迹，平整度+3mm。

（10）养护。

混凝土养护可采用覆盖浇水及塑料薄膜覆盖的自然养护、化学保护膜养护和蒸汽养护。梁、柱等体积较大的预制构件，宜采用自然养护；楼板、墙板等较薄的预制构件或冬期生产的预制构件，宜采用蒸汽养护。

构件采用加热养护时，应制定相应的养护制度，预养时间宜为1~3h，升温速率应为10℃/h~20℃/h，降温速率不应大于10℃/h。梁、柱等较厚的预制构件的养护温度为40℃，楼板、墙板等较薄的构件的养护最高温度为60℃，养护时间为8~12h。

（11）拆模。

养护完成后，将边模及窗户模具拆除。

1）拆内模：用橡胶锤适当敲击内边模，使其与构件松动脱离，再用撬棍撬开，然后清理拆卸后的混凝土渣。

2）拆套筒、门窗洞堵浆螺杆：用电动扳手按垂直方向逆时针松开堵浆螺杆，并将其放入周转箱内；检查套筒螺纹是否堵塞，确保无遗漏。

3）拆预埋孔治具、压铁：用电动扳手拧下全丝螺杆，取出盖板，清理后随车流转使用。

4）拆上当边模具：将上边模上的波胶螺栓、垫片取下，再用锤子、铁锹将波胶撬出。在拆除上当边模具窗洞及门洞挡边模具时，应保证 PC 件表面棱角及台车不损伤、不变形。

（12）吊装脱模。

预制构件脱模起吊时的混凝土强度应经过计算确定。当设计无要求时，构件脱模时的混凝土强度不应小于 15MPa。

1）脱模前准备：脱模前应用回弹仪测试强度，脱模强度应满足设计要求，且不得小于 15MPa；安装吊环及吊爪时，两头起吊的构件选用拉锁吊具，3~4 头起吊的构件选用横梁式吊具。

2）起吊脱模：翻转台车，吊具顺着翻转的方向上提，大约到 85° 时停止翻转，起吊脱模。整个起吊过程中，要防止吊钉脱落，保证人员和周围物件的安全。

（13）成品检验入库。

构件脱模后，应进行表面检测修补，检测内容主要包括检查定位套筒的螺纹是否完整及构件的棱角是否存在崩角等缺陷。

1）表面修补：构件表面的非受力裂缝及不影响结构性能的裂纹，钢筋、预埋件或连接件锚固的局部破损，可用修补浆料进行表面修补。

2）构件贴码存放：将构件起吊到高于存放架高度，并移动到拟放置位置，缓慢吊入。调整插销宽度，再使用铁锤将插销敲紧。构件进入存放架时，要调整构件平衡，不能摇摆。

3）构件转运：当线边货架装满时，将线边整体运输架周转至成品库存区域。

第三节　装配式混凝土结构吊装与安装

1. 预制构件的运输。

装配式混凝土预制构件的运输方案分为立式运输方案和平层叠放式运输方案。采用立式运输方案时，装车前先安装吊装架，将预制构件放置在吊装架上；然后将预制构件和吊装架采用软隔离固定在一起，保证预制构件在运输过程中不出现损坏。对于内外墙板和预制外墙模（PCF）板等竖向构件，多采用立式运输方案。

采用平层叠放式运输方案时，将预制构件平放在运输车上，逐件往上叠放在一起进行运输。放置时构件底部设置通长木条，并用紧绳与运输车固定。叠合板、阳台板楼梯、装饰板等水平构件多采用平层叠放式运输方案。叠合楼板堆码标准 6 层 / 叠，不影响质量安全可 8 层 / 叠，堆码时按产品的尺寸大小堆叠;预应力板堆码 8~10 层 / 叠;叠合梁堆码 2~3 层 / 叠（最上层的高度不能超过挡边一层），考虑是否有加强筋向梁下端弯曲。

预制构件的出厂运输应在混凝土强度达到设计强度的 100% 后进行，并制订运输计划及方案，超高、超宽、特殊形状的大型构件的运输和码放应采取专门质量安全保证措施。预制构件的运输车辆宜选用低平板车，且应有可靠的稳定构件措施。为满足构件尺寸和载重的要求，装车运输时应符合下列规定：装卸构件时应考虑车体平衡；运输时应采取绑扎固定措施，防止构件移动或倾倒；运输竖向薄壁构件时应根据需要设置临时支架；对构件边角部或与紧固装置接触处的混凝土，宜采用垫衬加以保护。

2. 预制构件的现场堆放。

预制构件运至施工现场后，由塔吊或汽车吊有序吊至专用堆放场地，堆放时应按吊装顺序交错有序堆放，板与板留出一定间隔。预制构件堆放时必须在构件上加设枕木，场地上的构件应有防倾覆措施，预制构件的码放应预埋吊件向上、标志向外；垫木或垫块在构件下的位置宜与脱模、吊装时的起吊位置一致。

墙板等竖向构件采用竖放，用槽钢制作满足刚度要求的支架，墙板搁支点应设在墙板底部两端处，堆放场地需平整结实。搁支点可采用柔性材料，堆放好以后要临时固定，场地要做好临时围挡措施。

水平构件采用重叠堆放时，每层构件间的垫木或垫块应在同一垂直线上。堆垛层数应根据构件自身荷载、地坪、垫木或垫块的承载能力及堆垛的稳定性确定。

（1）鸭嘴吊具：吊装墙体和楼梯等预制构件的专用吊装工具，是配合预埋的吊钉进行吊装的。

（2）插筋定位模具：为保证钢筋预留位置准确，可在浇筑前自制插筋定位模具，确保上一层预制墙体内的套筒与下一层的预留插筋能够顺利对孔。

（3）靠尺：靠尺主要用于测量竖向构件安装的垂直度。

（4）起吊架：在吊装预制墙板时，为防止单点起吊引起构件变形，通常采用起吊扁担起吊；为了避免预制楼板吊装时因受力集中造成叠合板开裂，预制楼板吊装宜采用专用吊架。

（5）临时斜支撑：用于预制墙板、预制柱的临时固定及垂直度的调整，一般分长杆和短杆两个部分。

（6）独立支撑：用于叠合楼板安装时的支撑体系。

3. 预制柱的吊装。

吊装流程：基层清理→测量放线→构件对位安装→安装临时斜撑→预制柱校正。

技术控制要点如下。

（1）基层清理：安装预制柱的结合面需清理干净，基面应干燥。

（2）测量放线：根据构件定位图，放出楼层控制线，经复查无误后，再根据控制线在楼面上用墨斗弹出预制柱的定位线，并在柱下放置调节垫片精确调整构件标高垂直度。

（3）构件对位安装：柱起吊就位时，应缓慢进行，当柱一端提升500mm时，暂停提升，经检查柱身绑点、吊钩、吊索等处安全可靠后，再继续提升。柱脚离楼面柱头钢筋上方300~500mm后，工人辅助将柱脚缓缓就位，并使柱身定位线与楼面定位线对齐。

（4）安装临时斜支撑：柱吊装到位后及时将斜支撑固定在柱及楼板预埋件上，最少需要在柱子的两面设置斜支撑，然后对柱子的垂直度进行复核，同时通过可调节长度的斜支撑进行垂直度调整，直至垂直度满足要求。

（5）预制柱校正：调整短支撑调节柱位置，调整长支撑调整柱的垂直度，用撬棍拨动预制柱，用铅锤、靠尺校正柱体的位置和垂直度，并可用经纬仪进行检查。经检查预制柱水平定位、标高及垂直度调整准确无误并紧固斜向支撑后方可摘勾。

4. 预制梁的吊装。

吊装流程：测量放线（梁搁柱头边线）→设置梁底支撑→起吊就位安放→微调定位。

技术控制要点如下。

（1）测量放线：用水平仪测量并修正柱顶与梁底标高，确保标高一致，在柱上弹出梁边控制线；在柱身弹出结构1m线，据此调节预埋牛腿板高度。

（2）设置梁底支撑：预制梁吊装前，在梁位置下方需先架设好支撑架。梁底支撑采用立杆支撑+可调顶托+100mm×100mm木方，预制叠合梁的标高通过支撑体系的顶丝来调节。

（3）起吊就位安放：梁起吊时，用吊索勾住扁担梁的吊环，吊索应有足够的长度保证吊索和扁担梁之间的角度不小于60°。需要注意主梁吊装顺序，同一个支座的梁，梁底标高低的先吊，次梁吊装必须待两向主梁吊装完成后才能吊装。待预制楼板吊装完成后，叠合资梁与预制主梁之间的凹槽采用灌浆料填实。

（4）微调定位：当预制梁初步就位后，两侧借助柱上的梁定位线将梁精确校正。梁的标高通过支撑体系的顶丝来调节，在调平的同时需将下部可调支撑上紧，这时方可松去吊钩。

5. 预制剪力墙板的吊装。

吊装流程：测量放线→起吊就位安放→安装临时斜撑→墙板校核。

技术控制要点如下。

（1）测量放线：根据楼层主控制线，在顶板上施放竖向构件墙身50线或30线、构件边缘及墙端实线、构件门窗洞口线，并对楼层高程进行复核，在墙底安放高程调节垫片。此时，可采用钢筋定位钢板对套筒钢筋进行相对位置和绝对位置的校核及验收。

（2）起吊就位安放：预制构件按施工方案吊装顺序预先编号，严格按编号顺序起吊。吊装前安排操作熟练的吊装工人负责墙体的挂钩起吊。挂完钩后，指挥吊车将预制墙体垂直吊离货架500mm高，确保起吊过程中的墙体足够水平方可进行吊装。竖向构件吊装至操作面上空4m左右位置时，利用缆风绳初步控制构件走向至操作工人可触摸到的构件高度。待预制墙体距离楼层面1m左右时，吊装人员可手扶引导墙体落位，利用反光镜观察钢筋与套筒位置后缓慢下落，直至构件完全落下，同时解除缆风绳，通过手扶或撬棍对预制墙体进行微调。

（3）安装临时斜撑：墙体下落至稳定后，便可进行固定斜撑的安装。每块墙板的临时斜撑数量不宜少于2道。墙板的上部斜支撑，其支撑点到底部的距离不宜小于高度的2/3，且不应小于高度的1/2。

（4）墙板校核：构件安装就位后，可通过临时斜撑对构件的位置和垂直度进行调整，并通过靠尺或线锤等予以检验复核，确保墙板垂直度能够满足相关规范的要求。另外，通过水平标高控制线或水平仪对墙板水平标高予以校正，通过测量时放出的墙板位置线、控制轴线校正墙板位置，并利用小型千斤顶对偏差进行微调。

6. 预制叠合楼板的吊装。

吊装流程：测量放线→设置板底支撑→起吊就位安放→微调定位。

技术控制要点如下。

（1）测量放线：在每条吊装完成的梁或墙口上测量并弹出相应预制板四周控制线，并在构件上标明每个构件所属的吊装顺序和编号，便于工人辨认。

（2）设置板底支撑：预制板吊装前，在板位置下方需先架设好支撑架，架设后调节木方顶面至板底设计标高。第一道支撑需在楼板边附近0.2~0.5m范围内设置。叠合楼板支撑体系安装应垂直，三角支架应卡牢。支撑最大间距不得超过1.8m，当跨度大于4m时应在房间中间位置适当起拱。

（3）起吊就位安放：预制叠合板起吊点位置应合理布置，起吊就位垂直平稳，每块楼板需设4个起吊点，吊点位置一般位于叠合楼板中格构梁上弦与腹筋交接处或叠合板本身设计有吊环处，具体的吊点位置需设计人员确定。吊装应按顺序进行，待叠合楼板下落至操作工人可用手接触的高度时，再按照叠合楼板安装位置线进行安装，根据叠合楼板安装位置线校核叠合楼板的板带间距。当一跨板吊装结束后，要根据标高控制线利用独立支撑对板标高及位置进行精确调整。

（4）微调定位：叠合楼板安装完成后，根据叠合楼板的安装位置线校核叠合楼板的板带间距。利用独立支撑对叠合楼板的板底标高进行调整。

7. 预制楼梯的吊装。

吊装流程：测量放线→起吊就位安放→微调定位→与现浇部位连接。

技术控制要点如下。

（1）测量放线：楼梯周边梁板浇筑完成后，测量并弹出相应楼梯构件端部和侧边的控制线。

（2）起吊就位安放：楼梯起吊前应进行试吊，检查吊点位置是否准确、吊索受力是否均匀等，试吊高度不应超过 1m。楼梯吊至梁上方 300~500mm 后，调整楼梯位置使板边线基本与控制线吻合。

（3）微调就位：根据已放出的楼梯控制线，用撬棍或其他工具将构件根据控制线精确就位，先保证楼梯两侧准确就位，再使用水平尺和捯链调节水平。

（4）与现浇部位连接：楼梯吊装完毕后应当立即组织验收，对楼梯外观质量、标高、定位进行检查；验收合格后应及时进行灌浆及嵌缝。通常梯段与结构梁间的缝隙需要进行嵌缝处理时采用挤塑聚苯板填充。梯段上端属于固定铰支，采用 C40 细石混凝土作为灌浆料，用 M10 水泥砂浆封堵收平；梯段下端属于滑动铰支，需将预埋螺栓的螺母固定好，上面再用 M10 水泥砂浆封堵收平。灌浆前需要对基层进行清扫，基层表面不得有杂物，灌浆宜采用分层浇筑的方式，每层厚度不宜大于 100mm，灌浆过程中需要观察有无浆料渗漏现象，出现渗漏应及时封堵。灌浆完成 30min 内需要进行保湿或覆膜养护。

8. 预制阳台板、空调板的吊装。

吊装流程：测量放线→设置板底支撑→起吊就位安放→复核。

技术控制要点如下。

（1）测量放线：安装预制阳台板和空调板前测量并弹出相应周边（板梁、柱）的控制线。

（2）设置板底支撑：预制阳台板、空调板板底支撑采用钢管脚手架、可调顶托、木托，吊装前校对支撑高度是否有偏差，并做出相应调整。预制阳台板、空调板等悬挑构件支撑拆除时，除达到混凝土结构设计强度外，还应确保该构件能承受上层阳台通过支撑传递下来的荷载。

（3）起吊就位安放：预制阳台板、空调板吊装采用四点吊装。在预制阳台板、空调板吊装的过程中，预制构件吊至支撑位置上方 100mm 处停顿，调整位置，使锚固钢筋与已完成结构预留筋错开，然后进行安装就位，安装时动作要慢，构件边线与控制线闭合。预制阳台板空调板预留的锚固钢筋应伸入现浇结构内，与现浇结构连成整体。

（4）复核：预制阳台板、空调板属于悬挑板，其校核方法大致与叠合楼板相同，主要控制其标高和两个水平方向的位置即可满足安装要求。

第四节　装配式混凝土结构灌浆与现浇

装配式建筑预制构件从工厂运送到工地时都是分离的构件，需要在工地现场将这些构件有效地连接起来，从而保证建筑的完整性并满足抗震要求。装配式混凝土结构主要有套筒灌浆连接和浆锚搭接连接、后浇混凝土连接、叠合连接3种连接方式。

一、套筒灌浆连接和浆锚搭接连接

预制构件钢筋连接是装配式混凝土结构安全的关键，可靠的连接方法才能使预制构件连接成为整体，满足结构安全的要求。为了减少现场混凝土湿作业量，预制构件的连接节点采用预埋在构件内的形式居多。在多层结构装配式混凝土建筑中，预制构件可以采用的钢筋连接方法较多，如约束钢筋浆锚搭接法、波纹管浆锚搭接法、套筒灌浆连接法、预埋钢件干式连接法。大型、高层混凝土结构及有抗震设防要求的高层建筑采用干式连接无法得到足够牢固的刚性结构，而预埋在构件体内的节点又无法直接连接，因此采用灌浆连接——包括套筒灌浆连接和浆锚搭接连接等方法。灌浆连接是装配式混凝土该类型结构中受力钢筋的主要连接方法。

1. 套筒灌浆连接。

套筒灌浆连接又称钢筋套筒灌浆连接，是指在预制混凝土构件中预埋的金属套筒中插入钢筋并灌注水泥基灌浆料的钢筋连接方式。该工艺适用于剪力墙、框架柱框架梁纵筋的连接，是装配整体结构的关键技术。

该工艺通过水泥基灌浆料的传力作用将钢筋对接连接所用的金属套筒。套筒通常采用铸造工艺或机械加工艺制造，简称灌浆套筒，包括全灌浆套筒和半灌浆套筒两种形式。前者两端钢筋均采用灌浆方式连接；后者一端钢筋采用灌浆方式连接，另一端钢筋采用非灌浆方式连接（通常采用螺纹连接）。灌浆料是按规定比例加水搅拌后，具有规定流动性、早强、高强及硬化后微膨胀等性能的浆体。

钢筋套筒灌浆连接接头的抗拉强度应不小于连接钢筋抗拉强度标准值，且破坏时应断于接头外钢筋。当装配式混凝土结构采用符合本规程规定的套筒灌浆连接接头时，全部构件纵向受力钢筋可在同一截面上连接。

采用套筒灌浆连接的混凝土构件，接头连接钢筋的直径规格应不大于灌浆套筒规定的连接钢筋直径规格，且不宜小于灌浆套筒规定的连接钢筋直径规格一级以上。

钢筋套筒灌浆连接施工工艺流程包括塞缝、封堵下排灌浆孔、拌制灌浆料、浆料检测、注浆、封堵上排出浆孔、试块留置。

（1）塞缝：预制墙板校正完成后，使用坐浆料将墙板其他三面（外侧已贴橡塑棉条）与楼面间的缝隙填嵌密实。

（2）封堵下排灌浆孔：除插灌浆嘴的灌浆孔外，其他灌浆孔使用橡皮塞封堵密实。

（3）拌制灌浆料：按照水灰比要求，加入适量的灌浆料、水，使用搅拌器搅拌均匀。搅拌完成后应静置 3~5min，待气泡排出后方可进行施工。

（4）浆料检测：检测拌和后的浆液流动度，左手按住流动性测量模，用水勺舀 0.5L 调配好的灌浆料倒入测量模中，倒满模子为止，缓慢提起模子，约 0.5min 后，若测量出灌浆平摊后最大直径为 280~320mm，则流动性合格。每个工作班组进行一次测试。

（5）注浆：将拌和好后的浆液倒入灌浆泵，启动灌浆泵，待灌浆泵嘴流出浆液成线状时，将灌浆嘴插入预制墙板灌浆孔内，开始注浆。

（6）封堵上排出浆孔：间隔一段时间后，上排出浆孔会逐个漏出浆液，待浆液成线状流出时，通知监理人员进行检查，合格后使用橡皮塞封堵出浆孔。出浆孔封堵后要求与原墙面平整，并应及时清理墙面上的余浆。

（7）试块留置：每个施工段留置一组灌浆料试块（将调配好的灌浆料倒入三联试模中，用于制作试块，并与灌浆相同条件养护）。

2.浆锚搭接连接。

钢筋浆锚搭接连接是指在预制混凝土构件中采用特殊工艺制成的孔道中插入需搭接的钢筋，并灌注水泥基灌浆料而实现的钢筋搭接连接方式。浆锚搭接连接是一种将需搭接的钢筋拉开一定距离的搭接方式，也被称为间接搭接或间接锚固。

目前主要采用的是在预制构件中有螺旋箍筋约束的孔道中搭接的技术，称为钢筋约束浆锚搭接连接。另外，当前比较成熟的工艺还有金属波纹管浆锚搭接连接技术。

钢筋套筒灌浆连接及浆锚搭接连接接头的预留钢筋应采用专用模具进行定位，并应符合下列规定：定位钢筋中心位置存在细微偏差时，宜采用钢套管方式进行微调；定位钢筋中心位置存在严重偏差影响预制构件安装时，应按设计单位确认的技术方案处理；应采用可靠的固定措施控制连接钢筋的外露长度，以满足设计要求。

二、后浇混凝土连接

后浇混凝土连接是装配式混凝土结构中非常重要的连接方式，基本上所有的装配式混凝土结构建筑都有后浇混凝土。在预制构件结合处留出后浇区，构件吊装安放完毕后现场浇筑混凝土进行连接。

1. 后浇混凝土钢筋连接是后浇混凝土连接节点中最重要的环节。后浇混凝土钢筋可采用现浇结构钢筋的连接方式，主要包括机械螺纹套筒连接、钢筋搭接、钢筋焊接等。

为了提高混凝土抗剪能力，预制混凝土构件与后浇混凝土、灌浆料、坐浆材料的结合面应设置为粗糙面或键槽，并应符合下列规定：预制板与后浇混凝土叠合层之间的结合面应设置粗糙面；预制梁端面应设置键槽且宜设置粗糙面。

2. 键槽的尺寸和数量应按规定计算确定；键槽的深度不宜小于 30mm，宽度不宜小于深度的 3 倍且不宜大于深度的 10 倍；键槽可贯通截面，当不贯通时槽口距离截面边缘不宜小于 50mm；键槽间距宜等于键槽宽度；键槽端部斜面倾角不宜大于 30°。

3. 预制剪力墙的顶部和底部与后浇混凝土的结合面应设置粗糙面；侧面与后浇混凝土的结合面应设置粗糙面，也可设置键槽；键槽深度不宜小于 20mm，宽度不宜小于深度的 3 倍且不宜大于深度的 10 倍，键槽间距宜等于键槽宽度，键槽端部斜面倾角不宜大于 30°。

4. 预制柱的底部应设置键槽且宜设置粗糙面，键槽应均匀布置，键槽深度不宜小于 30mm，键槽端部斜面倾角不宜大于 30°，柱顶应设置粗糙面。

5. 粗糙面的面积不宜小于结合面的 80%，预制板的粗糙面凹凸深度不应小于 4mm，预制梁端、预制柱端、预制墙端的粗糙面凹凸深度不应小于 6mm。常见粗糙面的处理方法有留槽露骨料、拉毛、凿毛。

三、叠合连接

叠合连接是预制板（梁）与现浇混凝土叠合的连接方式。叠合构件包括楼板、梁和悬挑板等。叠合构件下层为预制构件，上层为现浇层。

叠合板设计应满足以下要求：叠合板的预制板厚度不宜小于 60mm，后浇混凝土叠合层厚度不应小于 60mm；跨度大于 3m 的叠合板，宜采用桁架钢筋混凝土叠合板；跨度大于 6m 的叠合板，宜采用预应力混凝土预制板。

叠合板后浇层最小厚度的规定考虑了楼板整体性要求及管线预埋、面筋铺设、施工误差等因素。预制板最小厚度的规定考虑了脱模、吊装、运输、施工等因素。设置桁架钢筋或板肋等，增加了预制板刚度时，可以考虑将其厚度适当减小。

当板跨度较大时，为了增加预制板的整体刚度和水平界面抗剪性能，可在预制板内设置桁架钢筋。钢筋桁架的下弦钢筋可视情况作为楼板下部的受力钢筋使用。

叠合板安装流程包括安装准备、测量放线、支撑体系支设、叠合板板缝模板支设、板边角模支设、叠合板吊装就位、机电管线铺设、叠合板上部钢筋绑扎、混凝土浇筑、质量标准。

1. 安装准备。

（1）根据施工图纸，检查叠合板构件类型，确定安装位置，并对叠合板吊装顺序进行编号。

（2）施工现场将对吊装叠合板外伸钢筋有影响的暗柱箍筋水平梯子筋、水平定位筋及梁上铁全部取出，待叠合板吊装就位后再恢复原状。

2. 测量放线。

（1）按照叠合板独立支撑体系布置图在楼板上放出独立支撑点位图。

（2）按照装配式结构深化图纸在墙体上弹出叠合板边线和中心线，并在剪力墙面上弹出 1m 水平线，墙顶弹出板安放位置线，并做出明显标志，以控制叠合板安装标高和平面位置，同时对控制线进行复核。

3. 支撑体系支设。

（1）叠合板下支撑系统由铝合金工字梁、托座、装配式住宅独立钢支柱和稳定三脚架组成。

（2）独立钢支撑、工字梁托架分别按照平面布置方案放置，调到设计标高后拉小白线并用水平尺配合调平，放置主龙骨。工字梁采用可调节木梁 U 形托座进行安装就位。

（3）根据叠合楼板规格，板下设置相应个数的支承点，间距以支撑体系布置图为准。安装楼板前调整支撑标高至设计标高。

4. 叠合板板缝模板支设。

（1）叠合板之间设有后浇带形式的接缝，宽度一般为 300mm；板缝模板采用木胶合板，模板长度不大于 1.5m，以保证工人搬运、安装方便。

（2）为防止板缝露浆，在模板表面板缝范围内设 3mm 厚三合板衬板。

（3）模板支撑体系采用单排碗扣架，用钢管连接成整体。

5. 板边角模支设。

角模采用 12mm 木胶合板，背楞采用 50mm×100mm 方木，用 14# 通丝螺杆对拉固定。

6. 叠合板吊装就位。

（1）叠合板起吊时，要减小在非预应力方向因自重产生的弯矩，吊装时为便于板就位采用 3m 麻绳做牵引绳。

（2）吊装时吊点位置以深化设计图或进场预制构件标记的吊点位置为准，不得随意改变吊点位置；吊点数量：长、宽均小于 4m 的预制叠合板为 4 个吊点，吊点位于叠合板 4 个角部；尺寸大于 4m 的叠合板为 6~8 个吊点，吊点对称分布，确保构件吊装时受力均匀、吊装平稳。

（3）起吊时要先试吊，先吊起距地 50cm 停止，检查钢丝绳、吊钩的受力情况，使叠合板保持水平，然后吊至作业层上空。起吊时吊索水平夹角不小于 60°，叠合板构件钢丝绳长度不小于3m。

（4）就位时叠合板要从上垂直向下安装，在作业层上空30cm处稍作停顿，施工人员手扶楼板调整方向，将板的边线与墙上的安放位置线对准，注意避免叠合板上的预留钢筋与墙体钢筋碰撞，放下时要稳停慢放，严禁快速猛放，以免冲击力过大造成板面震折裂缝。5级风以上时应停止吊装。

（5）调整板位置时，要垫小木块，不要直接使用撬棍，以免损坏板边角；要保证搁置长度，其允许偏差不大于5mm。撬棍端部用棉布包裹，以免对叠合板造成损坏。

（6）叠合板安装完后进行标高校核，调节板下的可调支撑。

7. 机电管线铺设。

叠合板部位的机电线盒和管线根据深化设计图要求，布设机电管线。水电预埋工与钢筋工属于两个班组，一般与板上钢筋绑扎同步进行。

8. 叠合板上部钢筋绑扎。

待机电管线铺设完毕清理干净后，根据叠合板上方钢筋间距控制线进行钢筋绑扎，保证钢筋搭接和间距符合设计要求。同时利用叠合板桁架钢筋作为上铁钢筋的马凳，确保上铁钢筋的保护层厚度。

9. 混凝土浇筑。

（1）对叠合板面进行认真清扫，并在混凝土浇筑前进行湿润处理。

（2）叠合板混凝土浇筑时，为了保证叠合板及支撑受力均匀，混凝土采取从中间向两边浇筑，连续施工，一次完成；同时使用振动棒振捣，确保混凝土振捣密实。

（3）根据楼板标高控制线，控制板厚；浇筑时采用2m刮杠将混凝土刮平，随即进行混凝土收面及收面后拉毛处理。

（4）混凝土浇筑完毕后立即进行预制装配式养护，养护时间不得少于7d。

10. 质量标准。

（1）叠合板安装完毕后，构件安装尺寸允许偏差应符合规范要求。

（2）检查数量：按楼层、施工段划分检验批。在同一检验批内，应全数检查。

第五节　装配式混凝土结构施工质量控制

预制构件是装配式混凝土建筑的主要构件，在生产过程中，混凝土配合比、水泥质量、砂石料规格施工工艺、蒸养工序、过程控制、运输方式等因素的影响，导致预制构件成型后产生各种各样的质量通病。本小节主要阐述装配式混凝土结构常见的质量通病及其控制措施，同时参考相关地方标准简单阐述装配式混凝土结构验收中应注意的事项。

一、装配式混凝土结构常见质量通病与控制

1. 蜂窝。

"蜂窝"是指混凝土结构局部出现疏松现象，砂浆少、石子多，气泡或石子之间形成类似蜂窝状的窟窿。

产生"蜂窝"现象的原因：混凝土配合比不当或砂、石、水泥、水计量不准，造成砂浆少、石子多；砂石级配不好，导致砂子少、石子多；混凝土搅拌时间不够搅拌不均匀，和易性差；模具缝隙未堵严，造成浇筑振捣时漏浆；一次性浇筑混凝土或分层不清；混凝土振捣时间短，混凝土不密实。

预控措施：严格控制混凝土配合比，做到计量准确、混凝土拌和均匀坍落度适合；控制混凝土搅拌时间，最短不得少于规范规定的时间；模具拼缝严密；混凝土浇筑应分层下料（预制构件端面高度大于300mm时，应分层浇筑，每层混凝土浇筑高度不得超过300mm），分层振捣，直至气泡排除为止；混凝土浇筑过程中应随时检查模具有无漏浆变形，若有，应及时采取补救措施；振捣设备应根据不同的混凝土品种、工作性能和预制构件的规格形状等因素确定，振捣前应制定合理的振捣成型操作规程。

2. 烂根。

"烂根"是指预制构件浇筑时，混凝土浆顺模具缝隙从模具底部流出或模具边角位置脱模剂堆积等原因，导致底部混凝土面出现的质量问题。

产生"烂根"现象的原因：模具拼接缝隙较大模具固定螺栓或拉杆未拧紧；模具底部封堵材料的材质不理想或封堵不到位造成密封不严，引起混凝土漏浆；混凝土离析；脱模剂涂刷不均匀。

预控措施：模具拼缝严密；模具侧模与侧模间、侧模与底模间应张贴密封条，保证缝隙不漏浆；密封条材质应满足生产要求；优化混凝土配合比。浇筑过程中注意振捣方法、振捣时间，避免过度振捣；脱模剂应涂刷均匀，无漏刷堆积现象。

3. 露筋。

露筋是指混凝土内部钢筋裸露在构件表面。

产生露筋现象的原因：在浇筑混凝土时，钢筋保护层垫块移位、垫块太少或漏放，致使钢筋紧贴模具而外露；结构构件截面小，钢筋过密，石子卡在钢筋上，使水泥砂浆不能充满钢筋周围，造成露筋；混凝土配合比不当，产生离析，靠模具部位缺浆或模具漏浆；混凝土保护层太小、保护层处混凝土漏振或振捣不实，振捣棒撞击钢筋或踩踏钢筋导致钢筋移位，从而造成露筋；脱模过早，拆模时缺棱、掉角，导致露筋。

预控措施：钢筋保护层垫块厚度、位置应准确，垫足垫块并固定好，加强检查；钢筋稠密区域，按规定选择适当的石子粒径，最大粒径不得超过结构截面最小尺寸的1/3；保证混凝土配合比准确和混凝土良好的和易性；模板应认真填堵缝隙；混凝土振捣严禁撞击钢筋，操作时避免踩踏钢筋，如有踩弯或脱扣等应及时调整；正确掌握脱模时间，防止过早拆模而碰坏棱角。

4. 色差。

混凝土在施工及养护过程中存在不足，造成构件表面色差过大，影响构件外观质量。尤其是清水构件，因其直接采用混凝土的自然色作为饰面，混凝土表面质量直接影响着构件的整体外观质量。

产生色差现象的原因如下。

（1）搅拌时间不足，水泥与砂石料拌和不均匀，造成色差影响。

（2）在施工中，使用工具不当（如振动棒接触模板振捣，会在混凝土构件表面形成振动棒印）而影响构件外观效果。

（3）混凝土振捣不当造成混凝土离析出现水线状，形成类似裂缝状，影响外观。

（4）混凝土的不均匀性或浇筑过程中出现较长时间的间断，造成混凝土接槎位置形成青白颜色的色差、不均性。

（5）模板表面不光洁，未将模板清理干净。

（6）模板漏浆。在混凝土浇筑过程中，在密封不严的部位出现漏浆、漏水，造成水泥的流失，或在混凝土养护过程中水分蒸发，形成麻面、翻砂。

（7）脱模剂涂刷不均匀。

（8）养护不稳定。混凝土浇筑完成后进入养护阶段，养护时各部分湿度、温度等差异太大，造成混凝土凝固不同步，产生接槎色差。

（9）局部缺陷修复。

5. 钢筋绑扎与钢筋成品吊装、安装问题。

（1）常见问题。

1）钢筋骨架外形尺寸不准。

2）钢筋的间距、排距位置不准，偏差大，受力钢筋混凝土保护层厚度不符合要求，有的偏大，有的紧贴模板。

3）钢筋绑扣松动或漏绑严重。

4）箍筋不垂直主筋，间距不匀，绑扎不牢，不贴主筋，箍筋接头位置未错开。

5）所使用钢筋规格或数量等不符合图纸要求。

6）钢筋的弯钩朝向不符合要求或未将边缘钢筋勾住。

7）钢筋骨架吊装时受力不均，倾斜严重，导致入模钢筋骨架变形严重。

8）悬挑构件绑扎主筋位置错误。

（2）产生问题的原因。

1）绑扎操作不严格，未按图纸尺寸绑扎。

2）用于绑扎的铁丝太硬或粗细不适当，绑扣形式为同一方向，或将钢筋骨架吊装至模板内的过程中骨架变形。

3）事先没有考虑好施工顺序，忽略了预埋件安装顺序，致使预埋铁件等无法安装，加之操作工人野蛮施工，导致发生骨架变形、间距不相等等问题。

4）生产人员随意踩踏敲击已绑扎成型的钢筋骨架，使绑扎点松弛，纵筋偏位。

5）操作人员交底不认真或素质低，操作时无责任心，造成操作错误。

（3）预控措施。

1）钢筋绑扎前先认真熟悉图纸，检查配料表与图纸及设计是否有出入，仔细检查成品尺寸是否与下料表相符。核对无误后方可进行绑扎。

2）钢筋绑扎前，尤其是对悬挑构件，技术人员要对操作人员进行专门交底，对第一个构件做出样板，进行样板交底。绑扎时严格按设计要求安放主筋位置，确保上层负弯矩钢筋的位置和外露长度符合图纸要求，架好马凳，保持其高度，在浇筑混凝土时应采取措施，防止上层钢筋被踩踏，影响其受力。

3）保护层垫块厚度应准确，垫块间距应适宜，否则会导致较薄构件板底面出现裂缝，楼梯底模（立式生产）露筋。

4）钢筋绑扎时，两根钢筋的相交点必须全部绑扎牢固，防止缺扣、松扣。对于双层钢筋，两层钢筋之间必须加钢筋马凳，以确保上部钢筋的位置。绑扎时铁丝应绑成八字形。钢筋弯钩方向不对的，应将弯钩方向不对的钢筋拆掉，调准方向，重新绑牢，切忌不拆掉钢筋而硬将其拧转。

5）构件上的预埋件、预留洞及PVC线管等在生产中应及时安装（制定相应的生产工序），不得任意切断、移动、踩踏钢筋。有双层钢筋的，尽可能在上层钢筋绑扎前将有关预埋件布置好，绑扎钢筋时禁止碰动预埋件洞口模板及电线盒等。

6）钢筋骨架即将入模时，应力求平稳。钢筋骨架用"扁担"起吊，吊点应根据骨架外形预先确定，骨架各钢筋交点要绑扎牢固，必要时焊接牢固。

7）加强对操作人员的管理，禁止野蛮施工。

6.预制构件预埋件问题。

这类问题具体是指预制构件中的线盒、线管、吊点、预埋铁件等预埋件中心线位置埋设高度等超过规范允许偏差值。预埋件问题在构件生产中发生频次较高，造成返工修补，影响生产进度，更严重的会影响工程后期施工及使用。

存在的问题如下：

（1）线盒、预埋铁件、吊母、吊环、防腐木砖等中心线位置超过规范允许偏差值。

（2）外购或自制预埋件质量不符合图纸及规范要求。

（3）预埋件规格使用错误，安装数量不符合图纸要求。

（4）预埋件未做镀锌处理或未涂刷防锈漆。

（5）墙板灌浆套筒规格使用错误，导致构件重新生产。

（6）预埋件埋设高度超差严重，影响工程后期安装及使用。成品检查验收中经常出现预埋线盒上浮、内陷问题。

（7）墙板未预留斜支撑固定吊母，导致安装时直接在预制墙板上打孔用膨胀螺栓固定。

（8）浇筑振捣过程中，对套筒、注浆管或者预埋线盒线管造成堵塞、脱落。

以上问题轻则影响外观和构件安装，重则影响结构受力。其产生的原因如下：外购预埋件或自制预埋件未经验收合格便直接使用；模具制作时遗漏预埋件定位孔，定位孔中心线位置偏移超差或预埋件定位模具高度超差。定位工装使用一定次数后出现变形，导致线盒内陷（上浮）等质量通病；在构件生产过程，生产人员及专检人员未对照设计图纸检查，导致预埋件规格使用错误、数量缺失埋设高度超差或中心线位置偏移超差等问题发生；操作工人生产时不够细心，预埋件没有固定好；混凝土浇筑过程中预埋件被振捣棒碰撞；抹面时没有认真采取纠正措施。

预控措施：预埋件应按设计材质、大小形状制作，外购预埋件或自制预埋件必须经专检人员验收合格后方可使用；预制构件制作模具应满足构件预埋件的安装定位要求，其精度应满足技术规范要求；混凝土浇筑前，生产人员及质检人员共同对预埋件规格、位置、数量及安装质量进行仔细检查，验收合格后方可浇筑。检查验收发现位置误差超出要求、数量不符合图纸要求等问题，必须重新施作；预埋件安装时，应采取可靠的固定保护措施及封堵措施，确保其不移位、不变形，防止振捣时堵塞及脱落。易移位或混凝土浇筑中有移位趋势的，必须重新加固。如发现预埋件在混凝土浇筑中移位，应停止浇筑，查明原因，妥善处理，并注意一定要在混凝土凝结前重新固定好预埋件；如果遇到预留件与其他线管、钢筋或预埋件等发生冲突时，要及时上报，严禁自行移位处理或其他改变设计的行为出现；解决抹灰面线盒内陷（上浮）质量问题，除了保证工装应牢固固定、保持平面尺寸，还必须定期校正工装变形，及时调整，更为关键的是要在抹面时进行人工检查和调整。而模板面线盒内陷（上浮）质量问题的最好控制办法是在底模上打孔固定，且振捣时避免直接振捣该部位，以防上浮、扭偏；加强过程检验，切实落实"三检"制度。浇筑混凝土过程中避免振动棒直接碰触钢筋、模板预埋件等。在浇筑混凝土完成后，认真检查每个预埋件的位置，发现问题，及时进行纠正。

7. 预制构件面层平整不合格问题。

这类问题具体是指混凝土表面凹凸不平、拼缝处有错台等。

产生此类问题的原因有以下几种：

（1）模板表面不平整，存在明显凹凸现象；模板拼缝位置有错台；模板加固不牢，混凝土浇筑过程中支撑松动胀模造成表面不平整。

（2）混凝土浇筑后未找平压光，造成表面粗糙不平。

（3）收面操作人员技能偏低。

预控措施：选用表面平整度较好的模板，利用 2m 平整度尺对模板进行检查，平整度超过 3mm（视地标及工程要求为准）的，通过校正达到要求后方可使用；模具拼装合缝严密、平顺、不漏水、漏浆；模板支立完成后，模板缝间的密封条外露部分用小刀割平；模板支撑要牢固，适当放慢浇筑速度，减小振动对模板的冲击；收面操作人员应选择经验丰富的操作人员，人数视生产量而定，避免出现生产量大、人员少的现象。

8. 预制构件粗糙面问题。

这类问题具体是指混凝土预制构件粗糙面粗糙程度或粗糙面积不符合图纸要求。产生此类问题的原因如下。第一，人为原因，操作工人对粗糙面的粗糙度及粗糙面位置认识不清；操作人员责任心不强；采用化学方法时，需做粗糙面的面层未涂刷缓凝剂或构件脱模后未及时对粗糙面处理。第二，机械原因，机械未调试合适或机械故障，导致粗糙面拉毛深度不足或出现白板现象。第三，技术方面原因，技术交底未明确粗糙面的粗糙度或未交底等原因。第四，缓凝剂自身原因，缓凝剂质量较差，无法满足粗糙面要求。

预控措施：加强落实三级交底制度（公司级、车间级、班组级），并严格执行交底内容，技术交底内容应具有指导性、针对性、可行性；车间级技术交底内容更应全面，具有指导性、可操作性；无论采用机械、化学还是人工方式进行粗糙面处理，构件批量生产前，首先制作样板，粗糙面效果达到要求后方可批量生产；缓凝剂应选择市场口碑好、质量效果好的产品。进厂后小批量按照要求进行操作，若质量效果较差应禁止使用。

9. 预制构件标识问题。

这类问题具体是指混凝土预制构件无标识或标识不全等。产生此类问题的原因主要是施工人员责任心不强、意识差。

预控措施：预制构件脱模起吊后，及时对构件进行检验，并使用喷码设备在构件上标记标识，标识应清楚、位置统一，检验合格后入成品库区，不合格品进入待修区；构件标识应包括生产厂家、工程名称、构件型号生产日期、装配方向、吊装位置、合格状态监理等。

二、装配式混凝土结构验收注意事项

预制构件应在混凝土浇筑之前进行隐蔽工程验收，在预制构件出厂前进行成品质量验收。

1. 混凝土浇筑之前进行隐蔽工程验收。

在混凝土浇筑之前，应按照相关规定和设计要求进行预制构件的隐蔽工程验收，其检查项目包括下列内容：钢筋的牌号、规格数量、位置、间距等；纵向受力钢筋的连接方式、接头位置、接头质量、接头面积百分率、搭接长度等；箍筋、横向钢筋的牌号规格、数量、位置、间距，箍筋弯钩的弯折角度及平直段长度；预埋件、吊环、插筋的规格、数量、位置等；灌浆套筒、预留孔洞的规格数量位置等；钢筋的混凝土保护层厚度；夹心外墙板的保温层位置、厚度，拉结件的规格数量位置等；预埋管线、线盒的规格、数量、位置及固定措施。

检查数量：全数检查验收。

检查方法：观察、尺量等。

在混凝土浇筑之前，应按要求对预制构件的钢筋、预应力筋及各种预埋部件进行隐蔽工程检查验收。验收记录是证明满足结构性能的关键质量控制证据，必要时，可留存预制构件生产过程中的照片或影像记录资料，以便日后查证。

2. 预制构件出厂前进行成品质量验收。

预制构件出厂前进行成品质量验收，其检查项目包括下列内容：预制构件的外观质量；预制构件的外形尺寸；预制构件的钢筋、连接套筒、预埋件预留空洞等；预制构件出厂前构件的外装饰和门窗框。

预制构件出厂前还需对其外观质量、尺寸偏差等进行全数检查验收。

第四章　装配式混凝土建筑施工

装配式住宅建筑是通过预制部件装配而成，通过各个预制品在施工现场的组合，形成最终的建筑结构。装配式混凝土住宅建筑施工，便是通过钢筋混凝土作为预制部件的主要构件，并且在施工现场继续运用该材料，进行预制部件的组装，整体建筑结构大部分都由钢筋混凝土完成。本章主要对装配式混凝土建筑施工的技术进行详细的讲解。

第一节　基础材料施工与制作

一、基础材料施工

钢筋混凝土基础的施工以条形基础、独立基础、筏板基础的施工做法为例进行解读，具体操作细节如下。

1. 条形基础施工。

施工流程：模板的加工及配装→基础浇筑→基础养护。

（1）模板的加工及拼装。

基础模板一般由侧板、斜撑、平撑组成。经验指导：基础模板安装时，先在基槽底弹出基础边线，再把侧板对准边线垂直竖立，校正调平无误后，用斜撑和平撑钉牢。如基础较大，可先立基础两端的两侧板，校正后在侧板上口拉通线，依照通线再立中间的侧板。当侧板高度大于基础台阶高度时，可在侧板内侧按台阶高度弹准线，并每隔2m左右准线上钉圆顶，作为浇捣混凝土的标志。每隔一定距离左侧板上口钉上搭头木，防止模板变形。

（2）基础浇筑。

基础浇筑分段分层连续进行，一般不留施工缝。当条形基础长度较大时，应考虑在适当的部位留置贯通后浇带，以免出现温度收缩裂缝，便于进行施工分段流水作业；对超厚的条形基础，应考虑较低水泥水化热和浇筑入模的湿度措施，以免出现过大温度收缩应力，导致基础底板裂缝。

（3）基础养护。

基础浇筑完毕，表面应覆盖和洒水养护不少于14d，必要时应用保温养护措施，并防止浸泡地基。

（4）条形基础施工的注意事项。

1）地基开挖如有地下水，应用人工降低地下水位至基坑底50cm以下部位，保持在无水的情况下进行土方开挖和基础结构施工。

2）侧模在混凝土强度保证其表面积棱角不因拆除模板而受损坏后可拆除，底模的拆除根据早拆体系中的规定进行。

2. 独立基础施工。

施工流程：清理及垫层浇筑→独立基础钢筋绑扎→模板安装→清理→混凝土浇筑→混凝土振捣→混凝土找平→混凝土养护。

（1）清理及垫层浇筑。

地基验槽完成后，清除表面浮土及扰动土，不留积水，立即进行垫层混凝土施工。垫层混凝土必须振捣密实，表面平整，严禁晾晒基土。

（2）独立基础钢筋绑扎。

垫层浇灌完成后，混凝土达到1.2MPa后，表面弹线进行钢筋绑扎，钢筋绑扎不允许漏扣，柱插筋弯钩部分必须与底板筋成45°绑扎，连接点处必须全部绑扎，距底板5cm处绑扎第一个箍筋，距基础顶5cm处绑扎最后一个箍筋，作为标高控制筋及定位筋。柱插筋最上部再绑扎一道定位筋，上下箍筋及定位箍筋绑扎完成后将柱插筋调整到位，并用井字木架临时固定，然后绑扎剩余箍筋，保证柱插筋不变形走样，两道定位筋在基础混凝土浇筑完成后，必须进行更换。

（3）模板安装。

钢筋绑扎及相关施工完成后立即进行模板安装，模板采用小钢模或木模，利用架子管或木方加固。锥形基础坡度小于30°时，采用斜模板支护，利用螺栓与底板钢筋拉紧，防止上浮，模板上设透气和振捣孔：坡度不大于30°时，利用钢丝网（间距30cm）防止混凝土下坠，上口设井字控制钢筋位置。不得用重物冲击模板，不准在吊帮的模板上搭设脚手架，保证模板的牢固和严密。

（4）清理。

清理模板内的木屑、泥土等杂物，木模浇水湿润，堵严板缝和孔洞。

（5）混凝土浇筑。

混凝土浇筑应分层连续进行，间歇时间不超过混凝土初凝时间，一般不超过 2h，为保证钢筋位置正确，先浇 5~10cm 混凝土固定钢筋。

（6）混凝土振捣。

混凝土振捣：采用插入式振捣器，插入的间距不大于振捣器作用部分长度的 1.25 倍。上层振捣棒插入下层 3~5cm。尽量避免碰撞预埋件、预埋螺栓，防止预埋件移位。

（7）混凝土找平。

混凝土浇筑后，表面比较大的混凝土，使用平板振捣器振一遍，然后用刮杆刮平，再用木抹子搓平。收面前必须校核混凝土表面标高，不符合要求处立即整改。

（8）混凝土养护。

已浇筑完的混凝土，应在 12h 内覆盖和浇水。一般常温养护不得少于 7d，特种混凝土养护不得少于 14d。养护设专人检查落实，防止养护不及时，使混凝土表面产生裂缝。

（9）独立基础施工要点总结。

1）顶板的弯起钢筋、负弯矩钢筋绑扎好后，应做保护，不准在上面踩踏行走。浇筑混凝土时派钢筋工专门负责修理，保证负弯矩筋位置的正确性。

2）混凝土泵送时，注意不要将混凝土泵车料内剩余混凝土降低到 20cm，以免吸入空气。

3）控制坍落度，在搅拌站及现场专人管理，每隔 2~3h 测试一次。

二、筏板基础施工

施工流程：模板加工及拼装→钢筋制作和绑扎→混凝土浇筑、振捣及养护。

1.模板加工及拼装。

（1）模板通常采用定型组合钢模板、U 形环连接。垫层面清理干净后，先分段拼装，模板拼装前先刷好隔离剂（隔离剂主要用机油）。

外围侧模板的主要规格为 1500mm×300mm、1200mm×300mm、900mm×300mm、600mm×300mm。模板支撑在下部的混凝土垫层上，水平支撑用钢管及圆木短柱、木楔等支在四周基坑侧壁上。

基础梁上部比筏板面高出 50mm 的侧模用 100mm 宽组合钢模板拼装，用钢丝拧紧，中间用垫块或钢筋头支撑，以保证梁的截面尺寸。模板边的顺直拉线校正，轴线、截面尺寸根据垫层上的弹线检查校正。模板加固检验完成后，用水准仪定标高，在模板面上弹出混凝土上表面平线，作为控制混凝土标高的依据。

（2）模的顺序为先拆模板的支撑管、木楔等，松连接件，再拆模板，清理，分类归堆。拆模前混凝土要达到一定强度，以保证拆模时不损坏棱角。

2. 钢筋制作和绑扎。

（1）对于受力钢筋，HPB300 钢筋末端（包括用作分布钢筋的光圆钢筋）做 180° 弯钩，弯弧内直径不小于 2.5d，弯后的平直段长度不小于 3d。对于螺纹钢筋，当设计要求做 90° 或 135° 弯钩时，弯弧内直径不小于 5d。对于非焊接封闭筋，末端做 135° 弯钩，弯弧内直径除不小于 2.5d 外，还不应小于箍筋内受力纵筋直径，弯后的平直段长度不小于 10d。

（2）钢筋绑扎施工前，在基坑内搭设高约 4m 的简易暖棚，以遮挡雨雪及保持基坑气温，避免垫层混凝土在钢筋绑扎期间遭受冻害。立柱用 φ50 钢管，间距为 3.0m，顶部纵横向平杆均为 φ50 钢管，组成的管网孔尺寸为 1.5m×1.5m，其上铺木板、方钢管等，在木板上覆彩条布，然后满铺草帘。棚内照明用普通白炽灯泡，设两排，间距 5m。

（3）基础梁及筏板筋的绑扎流程：弹线→纵向梁筋绑扎、就位→筏板纵向下层筋布置→横向梁筋绑扎、就位→筏板横向下层筋布置→筏板下层网片绑扎→支撑马凳筋布置→筏板横向上层筋布置→筏板纵向上层筋布置→筏板上层网片绑扎。

3. 混凝土浇筑、振捣及养护。

（1）浇筑的顺序按照先后顺序进行，如建筑面积较大，应划分施工段，分段浇筑。

（2）搅拌时采用石子→水泥→砂或砂→水泥→石子的投料顺序，搅拌时间不少于 90s，保证拌合物搅拌均匀。

（3）混凝土振捣采用插入式振捣棒。振捣时振动棒要快插慢拔，插点均匀排列，逐点移动，按序进行，以防漏振。插点间距约 40cm。振捣至混凝土表面出浆，不再泛气泡时即可。

（4）浇筑混凝土连续进行，若非正常原因造成浇筑暂停，当停歇时间超过水泥初凝时间时，接槎处按施工缝处理。施工缝应留直槎，继续浇筑混凝土前对施工缝处理方法如下：先剔除接槎处的浮动石子，再摊少量高强度等级的水泥砂浆均匀撒开，然后浇筑混凝土，振捣密实。

4. 筏板基础施工要点总结。

（1）开挖基坑应注意保持基坑底土的原状结构，尽量不要扰动。当采用机械开挖基坑时，在基坑地面设计标高以上保留 200~400mm 厚土层，采用人工挖除并清理干净。如果不能立即进行下道工序施工，应保留 100~200mm 厚土层，在下道工序施工前挖除，以防地基土被扰动。在基坑验槽后，应立即浇筑混凝土垫层。

（2）基础浇筑完毕，表面应覆盖和洒水养护，并防止浸泡地基。待混凝土强度达到设计强度的 25% 以上时，即可拆除梁的侧模。

（3）当混凝土基础达到设计强度的 30% 时，应进行基坑回填。基坑回填应在四周同时进行，并按基底排水方向由高到低分层进行。

三、基础施工常见质量问题

1.基础筏板梁浇筑后存在龟裂缝。

（1）施工现场基础筏板梁浇筑后存在龟裂缝。

（2）基础筏板出现龟裂缝的原因很多，主要有以下几点。

1）底板太长，一次浇捣施工可能开裂，裂缝垂直于长向，裂缝之间距离大体相等，距离在20~30m之间，裂缝现在应该已经稳定了。该类裂缝属于温度变形裂缝，是施工不当。

2）梁裂缝在跨中，板裂缝在板中部，向四角呈放射状。形成原因如下：设计时，地下水浮力考虑偏低，梁板承载力不够；施工中钢筋放少了、板厚不足或混凝土强度不足，属于偷工减料；在底板未达到混凝土强度时停止降水，在底板强度不足时承受过大地下水荷载造成开裂，属于施工技术不当。

3）裂缝没有任何规则，属于混凝土本身原因，干缩过大，属于选材不当。

（3）解决方法

属强度不足的，采用粘钢加固；强度没问题的，注浆堵漏加固。

1）表面处理法包括表面涂抹和表面贴补法。表面涂抹适用范围是浆材难以灌入得细而浅的裂缝，深度未达到钢筋表面的发丝裂缝，不漏水的缝，不伸缩的裂缝以及不再活动的裂缝。表面贴补（土工膜或其他防水片）法适用于大面积漏水（蜂窝麻面等或不易确定具体漏水位置、变形缝）的防渗堵漏。

2）填充法。用修补材料直接填充裂缝，一般用来修补较宽的裂缝（>0.3mm），作业简单，费用低。宽度小于0.3mm、深度较浅的裂缝，或是裂缝中有充填物，用灌浆法很难达到效果的裂缝，以及小规模裂缝的简易处理可采取开V形槽，然后做填充处理。

3）灌浆法。此法应用范围广，从细微裂缝到大裂缝均可适用，处理效果好。

4）结构补强法。超荷载产生的裂缝、裂缝长时间不处理导致的混凝土耐久性降低、火灾造成的裂缝等影响结构强度，可采取结构补强法，包括断面补强法、锚固补强法、预应力补强法等。混凝土裂缝处理效果的检查包括修补材料试验、钻心取样试验、压水试验、压气试验等。

2.普通钢筋混凝土预制桩的桩身断裂。

（1）施工现场中钢筋混凝土预制桩的桩身断裂。

（2）产生原因如下。

1）桩身在施工中出现较大弯曲，在反复的集中荷载作用下，当桩身不能承受抗弯强度时，就产生断裂。桩身产生弯曲的原因：一节桩的细长比过大，沉入时，又遇到较硬的土层；桩制作时，桩身弯曲超过规定，桩尖偏离桩的纵轴线较大，沉入时桩身发生倾斜或弯曲；桩入土后，遇到大块坚硬障碍物，把桩尖挤向一侧；稳桩时不垂直，打入地下一定深度后，再用走桩架的方法校正，使桩身产生弯曲；采用"植桩法"时，钻孔垂直偏差过大。桩虽然是垂直立稳放入，但在沉桩过程中，桩又慢慢顺钻孔倾斜沉下而产生弯曲。

2）桩在反复长时间打击中，桩身受到拉、压应力，当拉应力值大于混凝土抗拉强度时，桩身某处即产生横向裂缝，表面混凝土剥落，如拉应力过大，混凝土发生破碎，桩即断裂。

3）制作桩的水泥强度等级不符合要求，砂、石中含泥量大或石子中有大量碎屑，使桩身局部强度不够，施工时在该处断裂。桩在堆放、起吊、运输过程中，也能产生裂纹或断裂。

4）桩身混凝土强度等级未达到设计强度即进行运输与施打。

5）在桩沉入过程中，某部位桩尖土软硬不均匀，造成突然倾斜。

（3）解决方法。当施工中出现断裂桩时，应及时会同设计人员研究处理办法。

根据工程地质条件、上部荷载及桩所处的结构部位，可以采取补桩的方法。条基补一根桩时，可在轴线内、外补；补两根桩时，可在断桩的两侧补。柱基群桩时，补桩可在承台外对称补或承台内补。

3. 钻孔灌注桩出现塌孔现场。

（1）产生原因如下。

1）在有砂卵石、卵石或流塑淤泥质土夹层中成孔，这些土层不能直立而塌落。

2）局部有上层滞水渗漏作用，使该层土坍塌。

3）成孔后没有及时浇筑混凝土。

4）出现饱和砂或干砂的情况下也易塌孔。

（2）解决方法。

1）在砂卵石、卵石或流塑淤泥质土夹层等地基土处进行桩基施工时，尽可能不采用干作业钻孔灌注桩方案，而应采用人工挖孔并加强护壁的施工方法或湿作业施工法。

2）在遇有上层滞水可能造成的塌孔时，可采用以下两种办法处理：在有上层滞水的区域内采用电渗井降水；正式钻孔前一星期左右，在有上层滞水区域内，先钻若干个孔，深度透过隔水层到砂层，在孔内填进级配卵石，让上层滞水渗漏到下面的砂卵石层，然后再进行钻孔灌注桩施工。

3）为核对地质资料、检验设备、施工工艺以及设计要求是否适宜，钻孔桩在正式施工前，宜进行"试成孔"，以便提前做出相应的保证正常施工的措施。

4）先钻至塌孔以下 1~2m，用豆石混凝土或低强度等级混凝土填至塌孔以上 1m，待混凝土初凝后，使填的混凝土起到护圈作用，防止继续坍塌，再钻至设计标高。也可采用 3∶7 灰土夯实代替混凝土。

5）钻孔底部如有砂卵石、卵石造成的塌孔，可采用钻探的办法，保证有效桩长满足设计要求。

6）采用中心压灌水泥浆护壁工法，可解决滞水所造成的塌孔问题。

四、装配式建筑常用构件种类

装配式建筑按照所使用材料的类型不同，可将其分为装配式混凝土建筑和装配式钢结构建筑两大类。下面就从装配式混凝土建筑和装配式钢结构建筑这两个角度出发，对每种建筑所使用的常用构件进行介绍。

（一）装配式混凝土建筑常用构件种类

1. 墙板。

（1）按材料分类。

1）振动砖墙板。一般采用普通烧结黏土砖或多孔黏土砖制作而成，灰缝填以砂浆，采用振捣器振实，面层厚度分为140mm和210mm两种，分别用于承重内墙板和外墙板。

2）粉煤灰矿渣混凝土墙板。粉煤灰矿渣混凝土墙板的原材料全部或大部分均采用工业废料制成，有利于贯彻环保的要求。

3）钢筋混凝土墙板。钢筋混凝土墙板多用于承重内墙板，南方多为空心墙板，北方多为实心墙板。

4）轻骨料混凝土墙板。轻骨料混凝土墙板以粉煤灰陶粒、页岩陶粒、浮石、膨胀矿渣珠、膨胀珍珠岩等轻骨料配制而成的混凝土，制作单一材料的外墙板。质量密度小于1900kg/m³，以满足外墙围护功能的要求。

5）复合材料墙板。

6）加气混凝土板材。加气混凝土板材是由水泥（或部分用水淬矿渣、生石灰代替）和含硅材料（如砂、粉煤灰、尾矿粉等）经过磨细并加入发气剂（如铝粉）和其他材料按比例配合，再经料浆浇注、发气成型、静停硬化、坯体切割与蒸汽养护（蒸压或蒸养）等厂序制成的一种轻质多孔建筑材料，配筋后可制成加气混凝土条板，用于外墙板、隔墙板。

（2）板材用途和规格。

板材用途：框架挂板或隔墙板。

板材规格：长度为2700~6000mm，按300mm变动；宽度为600mm；厚度为100~250mm，按25mm变动。

2. 楼板、屋面板。

装配式大板建筑的楼板，主要采取横墙承重布置，大部分设计成按房间大小的整间大楼板，有预应力和非预应力之分，类型有实心板、空心板、轻质材料填芯板。

楼板有整间一块带阳台或半间一块带阳台。屋面板较多的做法是带挑檐。

3. 烟道及风道。

装配式大板建筑的烟道与通风道，一般都做成预制钢筋混凝土构件。构件高度为一个楼层，壁厚为 30mm。上下层构件在楼板处相接，交接处坐浆要密实。

最下部放在基础上。最上一层，应在屋面上现砌出烟口，并用预制钢筋混凝土板压顶。

4. 女儿墙。

装配式大板建筑中的女儿墙有砌筑和预制两种做法。预制女儿墙一般是在轻骨料混凝土墙板的侧面做出销键，预留套环，板底有凹槽与下层墙板结合。板的厚度可与主体墙板一致。女儿墙板内侧设凹槽预埋木砖，供与屋面防水卷材交接。

5. 楼梯。

楼梯均采用预制装配式。楼梯段与休息板之间，休息板与楼梯间墙板之间均采用可靠的连接。

常用的做法是在楼梯间墙板上预留洞、槽或挑出牛腿以及焊接托座，保证休息板的横梁有足够的支承长度。

（二）装配式钢结构建筑的常用构件种类

1.H 型钢。

H 型钢是一种新型经济建筑用钢。H 型钢截面形状经济合理，力学性能好，轧制时截面上各点延伸较均匀、内应力小，与普通工字钢比较，具有截面模数大、重量轻、节省金属的优点，可使建筑结构减轻 30%~40%；又因其腿内外侧平行，腿端是直角，拼装组合成构件，可节约焊接、铆接工作量达 25%。常用于要求承载能力大、截面稳定性好的大型建筑（如厂房、高层建筑等），以及桥梁、船舶、起重运输机械、设备基础、支架、基础桩等。

（1)H 型钢的特点。

1）翼缘宽，侧向刚度大。

2）抗弯能力强，比工字钢大 0%~5%。

3）翼缘两表面相互平行，使得连接、加工、安装简便。

4）与焊接工字钢相比，成本低，精度高，残余应力小，无须昂贵的焊接材料和焊缝检测，节约钢结构制作成本的 30% 左右。

5）相同截面负荷下，热轧 H 型钢结构比传统钢结构重量减轻 15%~20%。

6）与混凝土结构相比，热轧 H 型钢结构可增大 6% 的使用面积，而结构自重减轻 20%~30%，减少结构设计内力。

7)H型钢可加工成T型钢，蜂窝梁可经组合形成各种截面形式，极大地满足了工程设计与制作需求。

（2)H型钢与工字钢的区别。

1）工字钢，不论是普通型还是轻型的，由于截面尺寸均相对较高、较窄，故对截面两个主轴的惯性矩相差较大。因此，一般仅能直接用于在其腹板平面内受弯的构件或将其组成格构式受力构件。对轴心受压构件或在垂直于腹板平面还有弯曲的构件均不宜采用，这就使其在应用范围上有着很大的局限。

2)H型钢属于高效经济截面型材（其他还有冷弯薄壁型钢、压型钢板等），截面形状合理，能使钢材更好地发挥效能，提高承载能力。不同于普通工字钢的是H型钢的翼缘进行了加宽，且内、外表面通常是平行的，这样可便于用高强螺栓和其他构件连接。其尺寸构成系列合理，型号齐全，便于设计选用。

3)H型钢的翼缘都是等厚度的，有轧制截面，也有由3块板焊接组成的组合截面。工字钢都是轧制截面，由于生产工艺差，翼缘内边有1∶10坡度。H型钢的轧制不同于普通工字钢仅用一套水平轧辊，由于其翼缘较宽且无斜度（或斜度很小），故须增设一组立式轧辊同时进行辊轧，因此，其轧制工艺和设备都比普通轧机复杂。国内可生产的最大轧制H型钢高度为800mm，超过了80mm的H型钢只能采用焊接组合截面的方式进行焊接。我国热轧H型钢国标GB/T11263—1998将H型钢分为窄翼缘、宽翼缘和钢桩三类，其代号分别为hz、hk和hu。窄翼缘H型钢适用于梁或压弯构件，而宽翼缘H型钢和H型钢桩则适用于轴心受压构件或压弯构件。

2.桁架。

桁架是一种由杆件彼此在两端用铰链连接而成的结构，由直杆组成的一般具有三角形单元的平面或空间结构。桁架杆件主要承受轴向拉力或压力，从而能充分利用材料的强度，在跨度较大时可比实腹梁节省材料，减轻自重和增大刚度。

（1）桁架按产品划分可分为以下四类。

1）固定桁架：桁架中最坚固的一种，可重复利用性高，唯一的缺点就是运输成本较高。产品分为方管和圆管两种。

2）折叠桁架：最大的优点就是运输成本低，可重复利用性稍逊。产品分为方管和圆管两种。

3）蝴蝶桁架：桁架中最具有艺术性的一种，造型奇特、优美。

4）球节桁架：又叫球节架，造型优美，坚固性好，也是桁架中造价最高的一种。

（2）桁架按结构形式划分可分为以下四类。

1）三角形桁架：在沿跨度均匀分布的节点荷载下，上下弦杆的轴力在端点处最大，向跨中逐渐减少，腹杆的轴力则相反。三角形桁架由于弦杆内力差别较大，材料消耗不够合理，多用于瓦屋面的屋架中。

2）梯形桁架：和三角形桁架相比，杆件受力情况有所改善，而且用于屋架中更容易满足某些工业厂房的工艺要求。如果梯形桁架的上、下弦平行，就是平行弦桁架，杆件受力情况较梯形略差，但腹杆类型大为减少，多用于桥梁和栈桥中。

3）多边形桁架：也称折线形桁架。上弦节点位于二次抛物线上，如上弦呈拱形可减少节间荷载产生的弯矩，但制造较为复杂。在均布荷载作用下，桁架外形和简支梁的弯矩图形相似，因而上下弦轴力分布均匀，腹杆轴力较小，用料最省，是工程中常用的一种桁架形式。

4）空腹桁架：基本取用多边形桁架的外形，上弦节点之间为直线，无斜腹杆，仅以竖腹杆和上下弦相连接。杆件的轴力分布和多边形桁架相似，但在不对称荷载作用下杆端弯矩值变化较大。优点是在节点相交的杆件较少，施工制造方便。

3. 实腹梁。

钢结构中常用热轧型材（工字钢、槽钢、H型钢）做小跨度的梁，用焊接工字钢或焊接异形钢做较大跨度的梁。这些构件截面中竖的部件叫腹板、上下横的叫翼缘。跨度较小的梁的腹板都是实实在在的钢板，而更大跨度或荷载很大的梁，因其弯矩大需要截面相当高（数米高）来抵抗，用实实在在的钢板来做腹板太重，而且生产、运输都不便。因此，工程人员研究创造了桁架梁，它的腹板是用许多小截面的杆件组成，称之为空腹式（或叫格构式）梁，而把前述的梁称之为实腹梁。

五、装配式建筑构件制作

（一）装配式混凝土建筑墙、板制作

1. 成组立模法。

成组立模是指采用垂直成型方法一次生产多块构件的成组立模，如用于生产承重内墙板的悬挂式偏心块振动成组立模、用于生产非承重隔墙板的悬挂式柔性板振动成组立模等。

（1）成组立模分类。

1）按材料分类。

①钢立模的特点：刚度大，传振均匀，升温快，温度均匀，制品质量较好，模板周转次数多，有利于降低成本，但耗钢量大。

②钢筋混凝土立模的特点：刚度好，表面平整，不变形，保温性能好，用钢量较少。但重量大，升温较慢，周转次数少。

2）按支撑方式分类。

①悬挂式立模的特点：振动效果较好，开启、拼装方便、安全，但会增加车间土

建投资。

②下行式立模的特点：车间土建比较简单，但拼装、开启不便，且欠安全。

3）按振动方式分类。

①插入帮振动立模的特点：对模板影响小，振动效果较好，但需要较长振动时间，且劳动强度较大。

②柔性隔板振动立模的特点：振动效果较好，但隔板刚度差，制品偏差较大。

③偏心块振动立模的特点：振动效果一般，装置简单，但对模板影响较大。

（2）施工操作详解。

1）悬挂式偏心块振动成组立模：垂直成型工艺，具有占地面积小、养护周期短、节约能源、产量高等优点。与平模机组流水生产工艺相比，占地面积可减少60%~80%，产量可提高 1.5~2 倍。经验指导：立模养护为干热养护，在封闭模腔内设置音叉式蒸汽排管。立模骨架用槽钢矩形格构布置，两面封板均采用 8mm 厚钢板。

2）悬挂式柔性隔板振动成组立模：主要适用于生产 5cm 厚混凝土内隔墙板。此种立模是在一组立模中刚性模板与柔性模板相间布置，刚性模板不设振源，它的功能是做养护腔使用；柔性模板是一块等厚的均质钢板，端部设振源，它的功能是做振动板使用。组立模具有构造简单、重量轻、移动方便等特点，不仅适用于构件厂使用，而且也适宜施工现场使用。

①刚性模板：热模采用电热供热方式，在每块热模腔内设置 9 根远红外电热管，每根容量为担负两侧混凝土制品的加热养护。

②柔性模板：柔性板的厚度，既要有一定柔性，又要有足够的刚度。当有效面板内设置 4~6 个锥形垫，用于 5cm 厚成型混凝土隔墙板时，可采用 140mm 厚普通钢板。

（3）成组立模法的特点。

1）墙板垂直制作，垂直起吊，比平模制作可减少墙板因翻身起吊的配筋。

2）因为立模本身既是成型工具，又是养护工具，这样浇筑、成型、养护地点比较集中，车间占地面积较平模工艺要少。

3）立模养护制品的密闭性能好，与坑窑、隧道窑、立窑养护比较，可降低蒸气耗用量。

4）制作的墙板两面光滑，适合于制作单一材料的承重内墙板和隔墙板。

2.台座法。

台座法是生产墙板及其他构件采用较多的一种方法，常用于生产振动砖墙板和单一材料或复合材料混凝土墙板以及整间大楼板。

台座分为冷台座和热台座两种。冷台座为自然养护，我国南方多采用这种台座，并有临时性和半永久性、永久性之分；热台座是在台座下部和两侧设置蒸气管道，墙板在台座上成型后覆盖保温罩，通蒸汽养护，这种台座多在我国北方和冬期生产使用。

（1）冷台座（做法要求）。

1）台座的基础要求是将杂土和耕土清除干净，并夯实压平，使基土的密实度达到1.55g/cm³。遇有问填的沟坑或局部下沉的部位，均须进行局部处理。

2）台座表面最好比周围地面高出100mm，其四周应设排水沟和运输道路。台座表面应找平抹光，以2m靠尺检查，表面凸凹不得超过±2mm。

3）台座的长度一般以120m左右为宜。台座的伸缩缝应设在拟生产墙板构件型号块数的整倍数处，一般宜每10m左右设一道伸缩缝。切不可将墙板等构件跨伸缩缝生产，这样，制品易产生裂缝。

（2）热台座（做法要求）。

1）基础：一般为200mm厚级配砂石（或高炉矿渣）碾压，其上作一步3∶7灰土，然后浇灌100mm厚C15混凝土，作为热气室的基底。

2）坑壁：一种做法是240mm厚砖墙上压150mm×240mm混凝土拉结圈梁；另一种做法是100mm现浇混凝土。前者坑壁易产生温度裂缝，不如后一种。

3）热台面：120mm×180mm长500mm素混凝土小梁，间距500mm，按蒸汽排管形式横向排列，上铺500mm×500mm厚30mm的混凝土预制盖板，再在盖板上浇灌30~70mm厚的C20钢筋混凝土，随铺随抹光，形成热台面。

3.制作墙、板构件所用隔离剂。

（1）隔离剂的选用。

1）隔离效果较好，减少吸附力，要能确保构件在脱模起吊时不发生黏结损坏现象。

2）能保持板面整洁，易于清理，不影响墙面粉刷质量。

3）因地制宜，就地取材，货源充足，价格较低，便于操作。

（2）隔离剂涂刷的注意事项。

1）涂刷隔离剂必须采取边退边涂刷边撒粉料的方法。操作人员需穿软底鞋，鞋底不得带存泥土、灰浆等杂物。

2）隔离剂涂刷后不得踩踏，并要防止雨水冲刷和浸泡，遇有冲刷、浸泡和踩踏，必须补刷。待隔离剂干涸后，方可进行下一道工序。涂刷隔离剂的工具可采用长把毛刷子或手推刷油车。

3）周转使用次数较多的台座，使用前和使用期间宜每隔1~2个月刷机油柴油隔离剂（机油∶柴油=1∶1）一次。

（二）装配式钢结构建筑构件制作

1.焊接H型钢。

焊接H型钢的施工要点如下。

（1）焊接H型钢应以一端为基准，使翼缘板、腹板的尺寸偏差累积到另一端。

（2）腹板、翼缘板组装前，应在翼缘板上标志出腹板定位基准线。

（3）焊接 H 型钢应采用 H 型钢组立机进行组装。

（4）腹板定位采用定位点焊，应根据 H 型钢的具体规格确定点焊焊缝的间距及长度。一般点焊焊缝间距为 300~500mm，焊缝长度为 20~30mm，腹板与翼缘板应顶紧，局部间隙不应大于 1mm。

（5）H 型钢焊接一般采用自动或半自动埋弧焊。

（6）机械矫正应采用 H 型钢翼缘矫正机对翼缘板进行矫正，矫正次数应根据翼板宽度、厚度确定，一般为 1~3 次，使用的 H 型钢翼缘矫正机必须与所矫正的对象尺寸相符合。

（7）当 H 型钢出现侧向弯曲、扭曲、腹板表面平整度达不到要求时，应采用火焰矫正法进行矫正。

2. 桁架组装。

（1）无论是弦杆还是腹杆，都应先单肢拼配焊接矫正，然后进行大拼装。

（2）支座、与钢柱连接的节点板等，应先小件组焊，矫正后再定位大拼装。

（3）放拼装胎时放出收缩量，一般放至上限（跨度 L≤24m 时放 5mm，L>24m 时放 8mm）。

（4）对跨度大于等于 18m 的梁和桁架，应按设计要求起拱；对于设计没有起拱要求的，但由于上弦焊缝较多，可以少量起拱（10mm 左右），以防下挠。

（5）桁架的大拼装有胎模装配法和复制法两种。前者较为精确，后者则较快；前者适合大型桁架，后者适合一般中、小型桁架。

3. 实腹梁组装。

（1）腹板应先刨边，以保证宽度和拼装间隙。

（2）翼缘板进行反变形，装配时保持 a1=a2。翼缘板与腹板的中心偏移不大于 2mm。翼缘板与腹板连接侧的主焊缝部位 50mm 以内先行清除油、锈等杂质。

（3）点焊距离杆 200mm，双面点焊，并加撑杆，点焊高度为焊缝的 2/3，且不应大于 8mm，焊缝长度不宜小于 25mm。

（4）为防止梁下挠，宜先焊下翼缘的主缝和横缝，焊完主缝，矫正翼缘，然后装加劲板和端板。

（5）对于磨光顶紧的端部加劲角钢，宜在加工时把四支角钢夹在一起同时加工使之等长。

第二节　装配式厂房施工

一、施工准备

1．材料准备。

（1）构件准备。

在钢结构厂房结构安装过程中，各种钢构件都应符合下列要求。

1）清点构件的型号、数量，并按设计和规范要求对构件质量进行全面检查，包括构件强度与完整性（有无严重裂缝、扭曲、侧弯、损伤及其他严重缺陷）；外形和几何尺寸，平整度；埋设件、预留孔位置，尺寸和数量；接头钢筋吊环、埋设件的稳固程度和构件的轴线等是否准确，有无出厂合格证。如有超出设计或规范规定偏差，应在吊装前纠正。

2）在构件上根据就位、校正的需要弹好轴线。柱应弹出三条中心线；牛腿面与柱顶面中心线；±0.00线（或标高准线）、吊点位置、基础杯口应弹出纵横轴线；吊车梁、屋架等构件应在端头与顶面及支承处弹出中心线及标高线；在屋架（屋面梁）上弹出天窗架、屋面板或檩条的安装就位控制线；两端及顶面弹出安装中心线。

3）检查厂房柱基轴线和跨度，基础地脚螺栓位置和伸出是否符合设计要求，找好柱基标高。

4）按图纸对构件进行编号。不易辨别上下、左右、正反的构件，应在构件上用记号注明，以免吊装时搞错。

（2）吊装结构准备。

1）准备和分类清理好各种金属支撑件及安装接头用连接板、螺栓、铁件和安装垫铁；施焊必要的连接件（如屋架、吊车梁垫板、柱支撑连接件及其他与柱连接相关的连接件），以减少高空作业。

2）对需组装拼装及临时加固的构件，按规定要求使其达到具备吊装条件。

3）在基础杯口底部，根据柱子制作的实际长度（从牛腿至柱脚尺寸）误差，调整杯底标高，用1∶2水泥砂浆找平，标高允许偏差为 ±5mm，以保持吊车梁的标高在同一水平面上；当预制柱采用垫板安装或重型钢柱采用杯口安装时，应在杯底设垫板处局部抹平，并加设小钢垫板。

4）柱脚或杯口侧壁未划毛的，要在柱脚表面及杯口内稍加凿毛处理。

5）钢柱基础，要根据钢柱实际长度、牛腿间距离和钢板底板平整度检查结果，在柱基础表面浇筑标高块（块呈十字式或四点式），标高块强度不小于30MPa，表面埋设16~20mm厚钢板，基础上表面也应凿毛。

（3）起重机具准备。

1）起重机类型的选择。一般吊装多按履带式、轮胎式、汽车式、塔式的顺序选用。

经验指导：对高度不大的中、小型厂房，应先考虑使用起重量大、可全回转使用、移动方便的100~150kN履带式起重机和轮胎式起重机吊装；大型工业厂房主体结构的高度和跨度较大、构件较重，宜采用500~750kN履带式起重机和350~1000kN汽车式起重机吊装；大跨度又很高的重型工业厂房的主体结构吊装，宜选用塔式起重机吊装。

对厂房大型构件，可采用重型塔式起重机和塔桅起重机吊装。缺乏起重设备或吊装工作量不大、厂房不高的，可考虑采用独脚桅杆、人字桅杆、悬臂桅杆及回转式桅杆（桅杆式起重机）等吊装，其中回转式桅杆起重机最适合于单层钢结构厂房进行综合吊装；对重型厂房也可采用塔桅式起重机进行吊装。若厂房位于狭窄地段，或厂房采取敞开式施工方案（厂房内设备基础先施工），宜采用双机抬吊吊装厂房屋面结构，或单机在设备基础上铺设枕木垫道吊装。

2）吊装参数的选择。起重机的起重量G（kg）、起重高度H（m）和起重半径R（m）是吊装参数的主体。起重量G必须大于所吊最重构件加起重滑车组的质量；起重高度H必须满足所需安装的最高构件的吊装要求。

2. 运输。

起重半径R应满足在起重量与起重高度一定时，能保持一定距离吊装该构件的要求。当伸过已安装好的构件上空吊装构件时，应考虑起重臂与已安装好的构件为0.3m的距离，按此要求确定起重杆的长度、起重杆仰角、停机位置等。

（1）拉条、檩条、高强度螺栓等集中堆放在构件仓库。

（2）构件堆放时应注意将构件编号或标识露在外面或者便于查看的方向。

（3）各段钢结构施工时，同时穿插着其他工序的施工，在钢构件、材料进场时间和堆放场地布置时应兼顾各方。

（4）所有构件堆放场地均按现场实际情况进行安排，按规范规定进行平整和支垫，不得直接置于地上，要垫高200mm以上，以便减小构件堆放变形。

（5）做好堆场的防汛、防台、防火、防爆、防腐工作，合理安排堆场的供水、排水、供电和夜间照明。

（6）对运输过程中已发生变形、失落的构件和其他零星小件，应及时矫正和解决。对于编号不清的构件，应重新描清，构件的编号宜设置在构件的两端，以便于查找。

二、构件安装与校正施工细节详解

安装流程：地脚螺栓埋设→钢柱的安装与校正→钢吊车梁的安装与校正→钢屋架（盖）安装与校正。

1. 地脚螺栓埋设施工

施工流程：预埋孔清理→地脚螺栓清洁→地脚螺栓埋设→地脚螺栓定位。

（1）预埋孔清理。在预留孔的地脚螺栓埋设前，应将孔内杂物清理干净。一般的做法是用较长的钢凿将孔底及孔壁结合薄弱的混凝土颗粒和贴附的杂物全部清除，然后用压缩空气吹净，浇灌前用清水充分湿润，再进行浇灌。

（2）地脚螺栓清洁。不论是一次埋设或事先预留孔二次埋设地脚螺栓，埋设前，一定要将埋入混凝土中的一段螺杆表面的铁锈、油污清理干净。若清理不净，会使浇灌后的混凝土与螺栓表面结合不牢，易出现缝隙或隔层，不能起到锚固底座的作用。

（3）地脚螺栓埋设。钢结构工程柱基地脚螺栓的预埋方法有直埋法和套管法两种。

1）基础施工在确定地脚螺栓或预留孔的位置时，应认真按施工图规定的轴线位置尺寸放出基准线，同时在纵、横轴线（基准线）的两对应端分别选择适宜位置，埋置铁板或型钢，标定出永久坐标点，以备在安装过程中随时测量参照使用。

2）浇筑混凝土时，应经常观察及测量模板的固定支架、预埋件和预留孔的情况。当发现有变形、位移时，应立即停止浇灌，进行调整、排除。

3）为防止基础及地脚螺栓等的系列尺寸、位置出现位移或过大偏差，基础施工单位与安装单位应在基础施工放线定位时密切配合，共同把关控制各自的正确尺寸。

（4）地脚螺栓埋设的注意事项。

1）埋设的地脚螺栓有个别的垂直度偏差很小时，应在混凝土养生强度达到75%或以上时进行调整。调整时可用氧乙炔焰将不直的螺栓在螺杆处加热后，采用木质材料垫护，用锤高移、扶直到正确的垂直位置。

2）对位移或垂直度偏差过大的地脚螺栓，可在其周围用钢凿将混凝土凿到适宜深度后，用气割割断，按规定的长度、直径尺寸及相同材质材料，加工后采用搭接并焊上一段，并采取补强措施，来调整达到规定的位置和垂直度。

3）对位移偏差过大的个别地脚螺栓，除采用搭接焊法处理外，在允许的条件下，还可采用扩大底座板孔径侧壁来调整位移的偏差量，调整后用自制的厚板垫圈覆盖，进行焊接、补强、固定。

（5）地脚螺栓埋设施工总结。

1）基础施工埋设固定的地脚螺栓，应在埋设过程中或埋设固定后，采取必要的措施加以保护，如用油纸、塑料、盒子包裹或覆盖，以免螺栓受到腐蚀或损坏。

2）钢柱等带底座板的钢构件吊装就位前应对地脚螺栓的螺纹段采取必要的保护措施，防止螺纹损伤。

3）当螺纹被损坏的长度不超过其有效长度时，可用钢锯将损坏部位锯掉，用什锦钢锉修整螺纹，达到顺利带入螺母为止。

4）当地脚螺栓的螺纹被损坏的长度超过规定的有效长度时，可用气割割掉大于原螺纹段的长度，然后用与原螺栓相同材质、规格的材料，一端加工成螺纹，在对接的端头截面制成 30°～45° 的坡口与下端进行对接焊接后，再用相应直径规格、长度的钢管套入接点处，进行焊接、加固、补强。经套管补强加固后，会使螺栓直径大于底座板孔径，可用气割扩大底座板孔的孔径予以解决。

2. 钢柱安装与校正。

（1）吊装。

钢柱的吊装一般采用自行式起重机，根据钢柱的重量和长度、施工现场条件，可采用单机、双机或三机吊装，吊装方法可采用旋转法、滑行法、递送法等。

钢柱吊装时，吊点位置和吊点数要根据钢柱形状、长度以及起重机性能等具体情况确定。如果不采用焊接吊耳，直接在钢柱本身用钢丝绳绑扎时要注意两点：一是在钢柱四角做包角，以防钢丝绳刻断；二是在绑扎点处，为防止工字型钢柱局部受挤压破坏，可增设加强肋板，吊装格构柱，绑扎点处设支撑杆。

（2）就位与校正。

1）柱子吊起前，为防止地脚螺栓螺纹损伤，宜用薄钢板卷成套筒套在螺栓上，钢柱就位后，拿下套筒。柱子吊起后，当柱底距离基准线达到准确位置时，指挥吊车下降就位，并拧紧全部基础螺栓，临时用缆风绳将柱子加固。

2）柱的校正包括平面位置、标高和垂直度的校正，因为柱的标高校正在基础抄平时已进行，平面位置校正在临时固定时已完成，所以，柱的校正主要是垂直度校正。

3）钢柱校正方法：垂直度用经纬仪或吊线坠检验，如有偏差，采用液压千斤顶或丝杠千斤顶进行校正，底部空隙用铁片或铁垫塞紧，或在柱脚和基础之间打入钢楔抬高，以增减垫板校正；位移校正可用千斤顶顶正；标高校正用千斤顶将底座少许抬高，然后增减垫板使其达到设计要求。

4）对于杯口基础，柱子对位时应从柱四周向杯口放入 8 个楔块，并用撬棍拨动柱脚，使柱的吊装中心线对准杯口上的吊装准线，并使柱基本保持垂直。柱对位后，应先把楔块略为打紧，再放松吊钩，检查柱沉至杯底后的对中情况，若符合要求，即可将楔块打紧做柱的临时固定，然后起重钩便可脱钩。吊装重型柱或细长柱时除需按上述进行临时固定外，必要时应增设缆风绳拉锚。

5）柱最后固定：柱脚校正后，此时缆风绳不受力，紧固地脚螺栓，并将承重钢垫板上下点焊固定，防止走动；对于杯口基础，钢柱校正后应立即进行固定，及时在钢柱脚底板下浇筑细石混凝土和包柱脚，以防已校正好的柱子倾斜或移位。

其方法是在柱脚与杯口的空隙中浇筑比柱混凝土强度等级高一级的细石混凝土。混凝土浇筑应分两次进行：第一次浇至楔块底面，待混凝土强度达 25% 时拔去楔块，再将混凝土浇满杯口；待第二次浇筑的混凝土强度达 70% 后，方能吊装上部构件。对于其他基础，当吊车梁、屋面结构安装完毕，并经整体校正检查无误后，在结构节点固定之前，再在钢柱脚底板下浇筑细石混凝土固定。

6）钢柱校正固定后，随即将柱间支撑安装并固定，使其成稳定体系。

7）钢柱垂直度校正宜在无风天气的早晨或 16 点以后进行，以免因太阳照射受温差影响，柱子向阴面弯曲，出现较大的水平位移值，而影响其垂直度。

8）除定位点焊处，不得在柱构件上焊其他无用的焊点，或在焊缝以外的母材上起弧、熄弧和打火。

（3）钢柱安装施工总结。

1）柱脚安装时，锚栓宜使用导入器或护套。

2）首节钢柱安装后应及时进行垂直度、标高和轴线位置校正。钢柱的垂直度可采用经纬仪或线锤测量，校正合格后钢柱应可靠固定，并进行柱底二次灌浆，灌浆前清除柱底板与基础面间的杂物。

3）首节以上的钢柱定位轴线应从地面控制轴线直接引上，不得从下层柱的轴线引上；钢柱校正垂直度时，应确定钢梁接头焊接的收缩量，并应预留焊缝收缩变形值。

4）倾斜钢柱可采用三维坐标测量法进行测校，也可采用柱顶投影点结合标高进行测校，校正合格后宜采用刚性支撑固定。

3. 钢吊车梁安装与校正。

钢吊车梁安装与校正的施工操作要点如下。

（1）钢吊车梁安装前，将两端的钢垫板先安装在钢柱牛腿上，并标出吊车梁安装的中心位置。

（2）钢吊车梁的吊装常用自行式起重机。钢吊车梁的绑扎一般采用两点对称绑扎，在两端各拴一根溜绳，以牵引就位和防止吊装时碰撞钢柱。

（3）钢吊车梁起吊后，旋转起重机臂杆使吊车梁中心对准就位中心，在距支承面 100mm 左右时应缓慢落钩，用人工扶正使吊车梁的中心线与牛腿的定位轴线对准，并将与柱子连接的螺栓全部连接后，方准卸钩。

（4）钢吊车梁的校正，可按厂房伸缩缝分区、分段进行校正，或在全部吊车梁安装完毕后进行一次总体校正。

（5）校正包括标高、平面位置（中心轴线）、垂直度和跨距。一般除标高外，应在钢柱校正和屋面吊装完毕并校正固定后进行，以免因屋架吊装校正引起钢柱跨间移位。

1）标高的校正。用水准仪对每根吊车梁两端标高进行测量，用千斤顶或倒链将吊车梁一端吊起，用调整吊车梁垫板厚度的方法，使标高满足设计要求。

2）平面位置的校正。平面位置的校正有以下两种方法。

①通线校正法：用经纬仪在吊车梁两端定出吊车梁的中心线，用一根 16~18 号钢丝在两端中心点间拉紧，钢丝两端用 20mm 小钢板垫高，松动安装螺栓，用千斤顶或撬杠拨动偏移的吊车梁，使吊车梁中心线与通线重合。

②仪器校正法：从柱轴线量出一定的距离，将经纬仪放在该位置上，根据吊车梁中心至轴线的距离，标出仪器放置点至吊车梁中心线距离。松动安装螺栓，用撬杠或千斤顶拨动偏移的吊车梁，使吊车梁中心线至仪器观测点的读数均匀，平面即得到校正。

3）垂直度的校正。在平面位置校正的同时，用线坠和钢尺校正其垂直度。当一侧支承面出现空隙时，应用楔形铁片塞紧，以保证支承贴紧面不少于 70%。

4）跨距校正。在同一跨吊车梁校正好之后，应用拉力计数器和钢尺检查吊车梁的跨距，其偏差值不得大于 10mm，如偏差过大，应按校正吊车梁中心轴线的方法进行纠正。

（5）吊车梁校正后，应将全部安装螺栓上紧，并将支承面垫板焊接固定。

（6）制动桁架（板）一般在吊车梁校正后安装就位，经校正后随即分别与钢柱和吊车梁用高强螺栓连接或焊接固定。

（7）吊车梁的受拉翼缘或吊车桁架的受拉弦杆上，不得焊接悬挂物和卡具等。

4. 钢屋架（盖）的安装与校正。

钢屋架（盖）安装与校正的施工操作要点如下。

（1）钢屋架的吊装通常采用两点，跨度大于 21m，多采用三点或四点，吊点应位于屋架的重心线上，并在屋架一端或两端绑溜绳。由于屋架平面外刚度较差，一般在侧向绑，二道杉木杆或方木进行加固。钢丝绳的水平夹角不小于 45°。

（2）屋架多用高空旋转法吊装，即将屋架从摆放垂直位置吊起至超过柱顶 200mm 以上后，再旋转臂杆转向安装位置，此时起重机边回转、工人边拉溜绳，使屋架缓慢下降，平稳地落在柱头设计位置上，使屋架瑞部中心线与柱头中心轴线对准。

（3）第一榀屋架就位并初步校正垂直度后，应在两侧设置缆风绳临时固定，方可卸钩。

（4）第二榀屋架用同样方法吊装就位后，先用杉木杆或木方与第一榀屋架临时连接固定，卸钩后，随即安装支撑系统和部分檩条进行最后校正固定，以形成一个具有空间刚度和整体稳定的单元体系。以后安装屋架则采取在上弦绑水平杉木杆或木方，与已安装的前榀屋架联系，保持稳定。

（5）钢屋架的校正。垂直度可用线坠、钢尺对支座和跨中进行检查；屋架的弯曲度用拉紧测绳进行检查，如不符合要求，可推动屋架上弦进行校正。

（6）屋架临时固定，如需用临时螺栓，则每个节点穿入数量不少于安装孔数的1/3，且至少穿入两个临时螺栓；冲钉穿入数量不宜多于临时螺栓的30%。当屋架与钢柱的翼缘连接时，应保证屋架连接板与柱翼缘板接触紧密，否则应垫入垫板使之紧密。如屋架的支承反力靠钢柱上的承托板传递时，屋架端节点与承托板的接触要紧密，其接触面积不小于承压面积的70%，边缘最大间隙不应大于0.8mm，较大缝隙应用钢板垫实。

（7）钢支撑系统，每吊装椭屋架经校正后，随即将与前一椭屋架间的支撑系统吊上，每一节间的钢构件经校正、检查合格后，即可用电焊、高强螺栓或普通螺栓进行最后固定。

（8）天窗架安装一般采取以下两种方式。

1）将天窗架单椭组装，屋架吊装校正、固定后，随即将天窗架吊上，校正并固定；

2）当起重机起吊高度满足要求时，将单椭天窗架与单椭屋架在地面上组合（平拼或立拼），并按需要进行加固后，一次整体吊装。每吊装一椭，随即将与前一天窗架间的支撑系统及相应构件安装上。

（9）檩条重量较轻，为发挥起重机效率，多采用一钩多吊逐根就位，间距用样杆顺着檩条来回移动检查，如有误差，可放松或扭紧檩条之间的拉杆螺栓进行校正；平直度用拉线和长靠尺或钢尺检查，校正后，用电焊或螺栓最后固定。

（10）屋盖构件安装连接时，如螺栓孔眼不对，不得用气割扩孔或改为焊接。每个螺栓不得用两个以上垫圈，螺栓外露螺纹长度不得少于2~3个螺距，并应防止螺母松动，更不得用螺母代替垫圈。精制螺栓孔不准使用冲钉，也不得用气割扩孔。构件表面有斜度时，应采用相应斜度的垫圈。

（11）支撑系统安装就位后，应立即校正并固定，不得以定位点焊来代替安装螺栓或安装焊缝，以防遗漏，造成结构失稳。

（12）钢屋盖构件的面漆，一般均在安装前涂好，以减少高空作业。安装后节点的焊缝或螺栓经检查合格，应及时涂底漆和面漆。设计要求用油漆腻子封闭的缝隙，应及时封好腻子后，再涂刷油漆。高强度螺栓连接的部位，经检查合格，也应及时涂漆，油漆的颜色应与被连接的构件相同。安装时构件表面被损坏的油漆涂层，应补涂。

（13）不准随意在已安装的屋盖钢构件上开孔或切断任何杆件，不得任意割断已安装好的永久螺栓。

（14）利用已安装好的钢屋盖构件悬吊其他构件和设备时，应经设计同意，并采取措施防止损坏结构。

三、构件安装质量检验

1. 单层钢结构构件安装质量检验。

单层钢结构构件安装质量检验时应按下列内容进行操作。

（1）单层钢结构安装工程可按变形缝或空间刚度单元等划分成一个或若干个检验批。地下钢结构可按不同地下层划分检验批。

（2）钢结构安装检验批应在进场验收和焊接连接、紧固件连接、制作等分项工程验收合格的基础上进行验收。

（3）安装的测量校正、高强螺栓安装、负温度下施工及焊接工艺等，应在安装前进行工艺试验或评定，并应在此基础上制订相应的施工工艺或方案。

（4）安装偏差的检测，应在结构形成空间刚度单元并连接固定后进行。

（5）安装时，必须控制屋面、楼面、平台等的施工荷载，施工荷载和冰雪荷载等严禁超过梁、桁架、楼面板、屋面板、平台铺板等的承载能力。

（6）在形成空间刚度单元后，应及时对柱底板和基础顶面的空隙进行细石混凝土、灌浆料等二次浇灌。

（7）吊车梁或直接承受动力荷载的梁其受拉翼缘、吊车桁架或直接承受动力荷载的桁架其受拉弦杆上不得焊接悬挂物和卡具等。

2. 多层及高层钢结构构件安装质量检验。

多层及高层钢结构构件安装质量检验时应按下列内容进行操作。

（1）多层及高层钢结构安装工程可按楼层或施工段等划分为一个或若干个检验批。地下钢结构可按不同地下层划分检验批。

（2）柱、梁、支撑等构件的长度尺寸应包括焊接收缩余量等变形值。

（3）安装柱时，每节柱的定位轴线应从地面控制轴线直接引上，不得从下层柱的轴线引上。

（4）结构的楼层标高可按相对标高或设计标高进行控制。

（5）钢结构安装检验批应在进场验收和焊接连接、紧固件连接、制作等分项工程验收合格的基础上进行验收。

（6）安装的测量校正、高强螺栓安装、负温度下施工及焊接工艺等，应在安装前进行工艺试验或评定，并应在此基础上制订相应的施工工艺或方案。

（7）安装偏差的检测，应在结构形成空间刚度单元并连接固定后进行。

（8）安装时，必须控制屋面、楼面、平台等的施工荷载，施工荷载和冰雪荷载等严禁超过梁、桁架、楼面板、屋面板、平台铺板等的承载能力。

（9）在形成空间刚度单元后，应及时对柱底板和基础顶面的空隙进行细石混凝土、灌浆料等二次浇灌。

（10）吊车梁或直接承受动力荷载的梁其受拉翼缘、吊车桁架或直接承受动力荷载的桁架其受拉弦杆上不得焊接悬挂物和卡具等。

3. 钢结构焊接质量检验。

钢结构焊接质量检验应按下列内容进行操作。

（1）焊条、焊剂、焊丝和施焊用的保护气等必须符合设计要求和钢结构焊接的专门规定。

（2）焊工必须考试合格，取得相应施焊条件的合格证书。

（3）承受拉力或压力且要求与母材等强度的焊缝，必须经超声波、X射线探伤检验。

（4）焊缝表面严禁有裂纹、夹渣、焊瘤、弧坑、针状气孔和熔合性飞溅物等缺陷。

（5）焊缝的外观应进行质量检查，要求焊波比较均匀，明显处的焊渣和飞溅物应清除干净。

4. 钢结构高强螺栓连接质量检验。

钢结构高强螺栓连接质量检验应按下列内容进行操作。

（1）高强螺栓的型式、规格和技术条件必须符合设计要求和有关标准规定。

（2）构件的高强螺栓连接面的摩擦因数必须符合钢结构用高强螺栓的专门规定时，方准使用。

（3）高强螺栓必须分两次拧紧，初拧、终拧质量必须符合设计要求。

（4）高强螺栓接头外观要求：正面螺栓传入方向一致，外露长度不少于2扣。

5. 钢结构构件安装质量检验。

钢结构构件安装质量检验应按下列内容进行操作。

（1）构件必须符合设计要求和施工规范规定。由于运输、堆放等造成的构件变形必须矫正。

（2）垫铁的规格、位置要正确，与柱的底面和基础接触紧贴平稳，点焊牢固。垫浆垫铁的砂浆强度必须符合规定。

（3）构件中心、标高基准点等标记完备。

（4）结构外观表面干净，结构面无焊疤、油污和泥浆。

（5）磨光顶紧的构件安装面要求顶紧面紧贴不少于70%，边缘最大间隙不超过0.8mm。

四、常见质量通病及防治措施

（一）紧固连接构件连接常见质量问题及防治措施

1.螺栓规格不符合设计要求。

外在表现：外观和材质不符合设计要求。

防治措施：螺栓由于运输、存放、保管不当，表面生锈、沾染污物、螺纹损伤、材质和制作工艺不合理等都会造成螺栓规格不符合设计要求。因此，螺栓在储运过程中，应轻装、轻卸，防止损伤螺纹；存放、保管必须按规定进行，防止生锈和沾染污物。制作出厂必须有质量保证书，严格制作工艺流程。

2.螺栓与连接件不匹配。

外在表现：螺栓规格偏大或者连接件规格偏大；螺栓规格偏小或者连接件规格偏小。

防治措施：在连接之前，按设计要求对螺栓和连接件进行检查，对不符合设计要求的螺栓或者连接件进行替换。

3.螺栓间距偏差过大。

外在表现：螺栓排列间距超过最大或最小容许距离。

防治措施：在螺栓排列时，要严格按照设计要求排列，其间距必须严格遵照规范要求。

4.螺栓没有紧固。

外在表现：螺栓紧固不牢靠，出现脱落或松动现象。

防治措施：普通螺栓连接对螺栓紧固轴力没有要求，因此螺栓的紧固施工应以操作者的手感及连接接头的外形控制为准，也就是说一个操作工使用普通扳手靠自己的力量拧紧螺母即可，保证被连接接触面能密贴，无明显的间隙，这种紧固施工方式虽然有很大的差异性，但能满足连接要求。为了使连接接头中螺栓受力均匀，螺栓的紧固次序应从中间开始，对称向两边进行；对大型接头应采用复拧，也就是两次紧固方法，保证接头内各个螺栓能受力均匀。

（二）高强螺栓连接常见质量问题及防治措施

1.高强螺栓扭矩系数不符合设计要求。

外在表现：高强螺栓的扭矩系数大于 0.15 或者小于 0.11。

防治措施：高强螺栓扭矩系数的防治措施有以下几种。

（1）加强高强螺栓的储运和保管，螺栓、螺母、垫圈不能生锈，螺纹不能损伤或沾上赃物。制作厂应按批配套进货，必须具有相应的出厂质量保证书。安装时必须按批配套使用，并且按数量领取。

（2）大六角头高强螺栓施工前，应按出厂批复验高强度螺栓的扭矩系数，每批复检 8 套，8 套扭矩系数的平均值应在 0.11~0.15 的范围之内，其标准差小于或等于 0.01。

（3）螺孔不能错位，不能强行打入，以免降低扭矩系数。

2. 高强螺栓摩擦面抗滑移系数不符合设计要求。

外在表现：高强螺栓摩擦面抗滑移系数的最小值小于设计规定值。

防治措施如下。

（1）制作厂应在钢结构制作的同时进行抗滑移系数试验，安装单位应检验运到现场的钢结构构件摩擦面抗滑移系数是否符合设计要求。不符合要求的构件不能出厂或者不能在工地上进行安装，必须对摩擦面做重新处理，重新检验，直到合格为止。

（2）高强螺栓连接摩擦面加工，可采用喷砂、喷（抛）丸和砂轮打磨方法，如采用砂轮打磨方法，打磨方法与构件受力方向要垂直，且打磨范围不得小于螺栓直径的 4 倍。对于加工好的抗滑移面，必须采取保护措施，不能沾有污物。

（3）尽量选择同一材质、同一摩擦面处理工艺、同批制作、使用同一性能等级的螺栓。为避免偏心对试验值的影响，试验时要求试件的轴线与试验机夹具中心线严格对中。试件连接形式采用双面对接拼接。

3. 高强螺栓表面质量不合格。

外在表现：高强螺栓使用时螺栓表面有无规律裂纹。

防治措施如下。

（1）严格执行过程检验，发现问题及时找出原因并解决，运到现场再一次着色，进行着色探伤。

（2）高强螺栓连接副终拧后，螺栓螺纹外露应为 2~3 个螺距，其中允许有 10% 的螺栓螺纹外露 1 个螺距或 4 个螺距。

（3）高强螺栓锻造、热处理及其他成型工序，都必须安装各工序的合理工艺进行。

4. 高强螺栓连接错误。

外在表现：高强螺栓连接节点无法旋拧，连接顺序错乱。

防治措施：设计节点时应考虑专门扳手的可操作空间，连接严格按顺序进行。

5. 高强螺栓接触面有间隙。

外在表现：高强螺栓接触面间隙过大。

防治措施：在间隙小于 1.0mm 时，不予处理；间隙在 1.0~3.0mm 时，将板厚一侧磨成 1 ：10 的缓坡，使间隙小于 1.0mm ；在间隙大于 3.0mm 时加垫板，垫板厚度不小于 3mm，最多不超过三层，垫板材质和摩擦面处理方法与构件相同。

（三）单层钢结构安装常见质量问题及防治措施

1. 钢柱垂直偏差过大。

外在表现：钢柱垂直偏差超过允许值。

防治措施如下。

（1）在竖向吊装时，应正确选择吊点，一般应选在柱全长 2/3 的位置，以防止因钢柱较长，其刚性较差，在外力作用下失稳变形。

（2）吊装钢柱时还应注意起吊半径或旋转半径是否正确，并采取在柱的底端设置滑移设施，以防钢柱吊起扶直时发生拖动阻力以及压力作用，促使柱体产生弯曲变形或损坏底座板。

（3）当钢柱被吊装到基础平面就位时，应将柱底座板上面的纵横轴线对准基础轴线（一般由地脚螺栓与螺孔来控制），以防止其跨度尺寸产生偏差。

2. 钢柱柱身发生变形。

产生原因：风力对柱面产生压力，使柱身发生侧向弯曲；钢柱受阳光照射的正面与侧面产生温差，使其发生弯曲变形。

防治措施如下。

（1）当校正柱子时，在风力超过 5 级时停止进行。对已校正完的柱子应进行侧向梁的安装或采取加固措施，以增加整体连接的刚性，防止风力作用产生的变形。

（2）如果受阳光照射的一面温度较高，则阳面膨胀的程度就越大，使柱靠上端部分向阴面弯曲就越严重，所以校正柱子工作应避开阳光照射的炎热时间，可在早晨或阳光照射较低温的时间及环境内进行。

3. 钢柱长度尺寸偏差过大。

产生原因：钢柱长度尺寸偏差超过允许值。

防治措施如下。

（1）钢柱在制造过程中应严格控制以下三个长度尺寸。

1）控制设计规定的总长度及各位置的长度尺寸。

2）控制在允许的负偏差范围内的长度尺寸。

3）控制正偏差和不允许产生正超差值。

（2）基础支承面的标高与钢柱安装标高的调整处理，应根据成品钢柱实际制作尺寸进行，以使实际安装后的钢柱总高度及各位置高度尺寸达到统一。

4. 钢屋架跨度偏差过大。

产生原因：钢屋架跨度偏差超过允许值。

防治措施如下。

（1）为使钢柱的垂直度、跨度不产生位移，在吊装屋架前应采用小型拉力工具在钢柱顶端按跨度值对应临时拉紧定位，以便于安装屋架时按规定的跨度进行入位、固定安装。

（2）如果柱顶板孔位与屋架支座孔位不一致时，不应采用外力强制入位，应利用椭圆孔或扩孔法调整入位，并用厚板垫圈覆盖焊接，将螺栓紧固。不经扩孔调整或用较大的外力进行强制入位，将会使安装后的屋架跨度产生过大的正偏差或负偏差。屋架端部底座板的基准线必须与钢柱的柱头板的轴线及基础轴线位置一致。

5. 钢吊车梁垂直偏差过大。

产生原因：钢吊车梁垂直偏差超过允许值。

防治措施如下。

（1）预先测量吊车梁在支承处的高度和牛腿距柱底的高度，若产生偏差，可用垫铁在基础平面上或牛腿支承面上予以调整。

（2）吊装吊车梁前，为防止垂直度、水平度超差，应认真检查其变形情况，如发生扭曲等变形时，应予以矫正，并采取刚性加固措施。

（3）安装时应按梁的上翼缘平面事先划的中心线，进行水平移位、梁端间隙的调整，达到规定的标准要求后，再进行梁端部与柱的斜撑等的连接。

（4）钢柱安装时，应认真按要求调整好垂直度和牛腿面的水平度，以保证下部吊车梁安装时达到要求的垂直度和水平度。

（5）钢柱在制作时应严格控制底座板至牛腿面的长度尺寸及扭曲变形。

（6）吊车梁各部位置基本固定后应认真复测有关安装的尺寸，按要求达到质量标准后，再进行制动架的安装和紧固。

（四）多层及高层钢结构安装常见质量问题及防治措施

1. 多层装配式框架安装变形过大。

产生原因：钢柱、钢梁及其配件有变形，吊装后轴线偏差超过允许值。

防治措施如下。

（1）安装前，必须对钢柱、钢梁及其配件进行校正，校正合格后方可进行安装。

（2）高层和超高层钢结构测设，根据现场情况可采用外控法或内控法。

（3）雾天、阴天因视线不清，不能放线。为防止阳光对钢结构照射产生变形，放线工作应在日出或日落后进行为宜。

（4）钢尺要统一，使用前要进行温度、拉力、挠度校正，在可能的情况下应采用全站仪，接收靶测距精度最高。

（5）在吊装过程中，对每一钢构件，都要检查其质量、就位位置、连接方式以及连接板尺寸，确保安全、质量要求。

2. 水平支撑安装偏差过大。

外在表现：水平支撑安装偏差过大。

防治措施如下。

（1）安装时应使水平支撑稍做上拱略大于水平状态与屋架连接，使安装后的水平支撑即可消除下挠；如连接位置发生较大偏差不能安装就位时，不应采用牵拉工具用较大的外力强行入位连接，否则不仅仅会使屋架下弦侧向弯曲或者水平支撑发生过大的上拱或下挠，还会使连接构件存在较大的结构应力。

（2）吊架时，应采用合理的吊装工艺，防止产生弯曲变形，导致其下挠度的超差。可采用下述方法防止吊装变形，如十字水平支撑长度较长、型钢截面较小、刚性较差，吊装前应用圆木杆等材料进行加固，吊点位置应合理，使其受力重心在平面均匀受力，吊起时以不产生下挠为准。

第三节　装配式住房施工

施工流程：施工方法的选择→吊装机械的选择→墙板结构安装注意事项→加气混凝土外墙板安装。

1.施工方法的选择。

装配式墙板的安装方法主要有直接吊装法和储存吊装法两种。

（1）直接吊装法：又称原车吊装法，将墙板由生产场地按墙板安装顺序配套，运往施工场地，使用运输工具直接向建筑物上安装。

（2）储存吊装法：构件从生产场地按型号、数量配套，直接运往施工现场吊装机械工作半径范围内储存，然后进行安装。构件的储存数量一般为民用建筑储存1~2层所用的构配件。

2.吊装机械的选择。

墙板结构安装所使用的机械主要有塔式起重机和履带式起重机。

吊装机械在选择过程中应注意以下几点。

（1）吊装机械的起重量应不小于墙板的最大重量和其中索具重量之和。

（2）吊装机械的工作半径应不小于吊装机械中心到最远墙板的距离，其中包括吊装机械与建筑物之间的安全距离。若采用履带式起重机时，还要考虑臂杆至屋顶挑檐的最小安全距离。

3.墙板结构安装的注意事项。

（1）外墙板进场后，先复核墙板四边的尺寸和对角线，并弹出与柱子连接的位置线，将墙板上部与柱子连接的角钢焊好。

（2）外墙板安装就位后，先用木楔调整墙板的安装标高，使墙板上端与柱子连接的位置线和柱子下端与墙板连接的位置线相互对准，并在墙板下端焊上角钢，用螺栓固定。在调整墙板安装标高的同时，用倒链进行临时固定。

（3）每层框架和楼板安装后，根据控制轴线在柱子上弹出墙板里皮垂直位置线和水平控制线，并根据水平控制线放出柱子下端与墙板连接的位置线，将柱子下端连接的角钢焊好。

（4）待墙板下端与柱子固定后，再焊接柱子上端与墙板连接的角钢和墙板上端的角钢，用螺栓固定。

4.加气混凝土外墙板安装。

（1）施工流程：施工方法的选择→施工工具的准备→墙板安装操作。

1）施工方法的选择。

加气混凝土外墙布置形式的分类如下。

①横向为主布置形式。墙板沿开间方向水平布置，板材两端与柱连接。施工方法与竖向墙板类似，只是所用吊装工具不同，它可以单块吊装，也可以黏结拼装后吊装。

②竖向为主布置形式。竖向为主的布置形式，即板材沿层高方向垂直布置，通过向两板之间的板槽内灌浆插筋，与上下部位的楼板、梁连接。窗过梁一般均为横放，窗槛墙可以竖放，也可横放。

施工时可采用两种形式吊装：一种是单块吊装，另一种是由两块或两块以上的板材黏结后吊装。竖墙板的施工，一般是留出门窗洞，最后安装过梁和窗槛墙。

③拼装大板。由于加气混凝土板窄、吊装次数多的缺点，现已将单板在工厂或现场拼装成比较大型的板材进行吊装。目前，多采用工地现场拼装的方法（组合拼装大板）。

组合拼装大板：将小块条板在拼装平台上用方木和螺栓组合锚固成大板，吊装就位后再灌缝。

2）墙板安装操作。

①板材运输吊装时切勿用钢丝绳兜吊装卸，如必须用时，应在钢丝绳上套上橡胶管，以免勒坏板材。切忌用铁丝捆扎和包装板材。

②外墙板如采用单块吊装方式，应尽可能地将板材布置在建筑物周围。如果采用现场拼装大板方式，则在现场必须设置拼装场地，可根据现场大小采取集中设置或分散设置两种形式。

分散设置：将总组装场地分散安排在建筑物周围，这样既是拼装部位，又能代替成品堆放的插放架，其余场地可设置在施工场地以外。

（2）集中设置的主要内容如下。

1）竖向布置的墙板两端应加工灌浆槽，灌浆槽的尺寸视所用灌缝砂浆而定。

2）加气混凝土条板切锯时应遵循以下原则：应避免切锯在钢筋的纵断面上；高度3m以下时，施工方法采用单块墙板吊装，其墙板切锯的最小宽度不得小于150mm，并应至少保留一对钢筋；如系拼装大板左右立柱，板材最小宽度不得小于300mm，且至少保留两对钢筋。

3）墙板吊装就位后，最好能与主体结构（如柱、梁或墙等）做临时固定。如因无法与主体结构临时固定时，可采用操作平台等方法固定墙板。

4）板缝灌浆可采用灌浆斗。垂直安装墙板的竖缝、拼装大板灌缝以及水平安装墙板端头缝的灌浆必须饱满。

第四节　装配式大板住宅建筑结构安装

一、装配式大板钢筋混凝土结构安装

目前，装配式大板钢筋混凝土结构房屋已广泛用于12层以下的民用居住建筑，该类结构具有施工速度快、不受季节影响等优点。

1.装配式大板住宅结构安装方法主要用逐间封闭式吊装法。

（1）有通长走廊的单身宿舍，一般用单间封闭；单元式居住建筑，一般用双间封闭。

（2）由于逐间闭合，随安装随焊接，施工期间结构整体性好，临时固定简便，焊接工作比较集中，被普遍采用。

（3）建筑物较长时，为了避免点焊线行程过长，一般从建筑物中部开始安装。建筑物较短时，也可从建筑物一端第二间开始安装。封闭的第一间为标准间，作为其他安装的依据。

2.安装流程：测量放线→抹找平层→铺灰→起吊、就位、校正和塞灰→临时固定→焊接。

3.施工操作细节详解。

（1）测量放线工作。

1）根据规划资料或设计提供的相对关系桩引测的标准轴线和水准点，必须经过复测检验无误后方准使用，并应做好安善保护。

2）板式建筑物的放线，以两道外纵墙、两道山墙及单元分界墙的轴线为控制轴线，用经纬仪在地面上测出并订立控制桩。以后每层放线均从控制轴线桩用经纬仪往上引测。

3）塔式建筑物的放线，以纵横错动部位为单元体，引出单元体四边外框轴线为控制轴线，用经纬仪在地面上测出并钉立控制桩。以后每层放线均从控制轴线桩用经纬仪往上引测。

4）每栋建筑物的控制轴线不得少于四条，即纵、横轴向各两条。当建筑物长度超过 50m 时，可增设附加横向控制线。

5）楼面放线则根据引测至楼面的控制线用墨线放出分间轴线及墙板边线、门窗位置线、节点线等，并标注墙板型号。

6）每栋建筑物应设置水准点 1~2 个。根据水准点在建筑物首层楼梯间墙面上确定控制水平线。各层水平标高，均由楼梯间控制水平线用钢尺向上引测。

（2）找平层抹灰。

1）墙板吊装前抹找平层：墙板吊装前，在墙板两侧边线内两端铺两个灰饼（遇有门洞口要增设灰饼），以控制标高。灰饼的位置可与吊点的位置相对应。灰饼长约 15cm，灰饼宽比墙板厚每边少 1cm，灰饼厚度按抄平厚度确定。灰饼用 1：3 水泥砂浆，如厚度超过 3cm 时，应改为细石混凝土，灰饼表面要平整，墙板安装时，灰饼需有一定的强度。

2）楼板、屋面板吊装前抹找平层：每层墙板安装好一半以上时，配合抄平放线工作进行楼板找平层施工。

（3）铺灰。

1）墙板安装前的铺灰与安装相隔不宜超过一间，铺灰时注意留出墙板两侧边线，以便于墙板安装就位。楼板安装前的铺灰应随铺随安装。墙板铺灰用 1：3 水泥砂浆，铺灰处事先应清除杂物、灰尘，并浇水湿润。铺灰厚度大于 3cm 时，宜用细石混凝土。

2）楼板安装前要在找平层上坐浆。坐浆可用墙顶铺灰器，这种铺灰器不需要支搭脚手架，操作人员站在楼面上即可把灰浆均匀地铺在墙顶上。铺灰和坐浆必须严密饱满。

（4）起吊、就位、校正和塞灰。

1）起吊前应先检查墙板型号，整理预埋铁件，清除浮浆，使其外露。缺棱掉角损坏严重的墙板，不得吊装。起吊前应进行测试。

2）起吊应垂直、平稳，绳索与构件间的夹角不宜小于 60°，各吊点受力要均匀，如墙板构件存在偏重时，应采取适当措施。墙板在提升、转臂、运行过程中，应避免振动和冲击。

3）墙板就位时，应对准墙板边线，尽量一次就位，以减少撬动。如果就位误差较大，应将墙板重新吊起调整。尤其是外墙板，在吊装就位校正时，不准用撬棍猛撬板底，防止将墙板的构造防水线角破坏。

4）校正外墙板立缝垂直度时，可采用在墙板底部垫铁楔的方法。两块一间的楼板的调平可用楼板调平器，将千斤顶和支柱分别支设在需要调平的楼板附近，用铁链吊钩勾住需调平部位的楼板吊环，调整千斤顶丝杆，使板面调平，调平后用薄铁垫板垫平楼板底部，用水泥砂浆将空隙塞严。

5）建筑物的四角须用经纬仪由底线校正，以控制建筑物的位置和山墙板的垂直度。

吊装第一间标准间时，要严格控制轴线和外墙板的垂直度，以保证以后安装的准确性。

6）墙板、楼板固定后，随即用 1:2.5 水泥砂浆进行墙板下部和楼板底部的塞灰工作，塞缝应凹进 5mm，以利于装修。待砂浆干硬后，抽出校正用的铁楔子或铁板以备再用。用预应力钢筋吊具的墙板，临时固定后，应缓慢放松预应力，抽出预应力钢筋吊具。

（5）临时固定。

墙板临时固定有操作平台法和工具式斜撑法两种方法，一般多采用操作平台法。操作平台法不但适用于标准间，而且也适用于其他房间。楼梯间及不宜放置操作平台的房间，配以水平拉杆和转角固定器做临时固定。

（6）焊接。

1）墙板、楼板等构件经临时固定和校正后，随即进行焊接。焊接后方可拆除临时固定装置。

2）构件安装就位后，对各节点及板缝中预留的钢筋、锚环均须再次核对、剔凿、调直、除锈。如遇构件伸出钢筋长度不符设计搭接要求时，必须增加连接钢筋，以保证焊接长度。

4. 安装注意事项。

（1）吊具和索具应定期检查。非定型的吊具和索具均应验算，符合有关规定后才能使用。

（2）构件起吊前应进行试吊，吊离地面 30cm，应停车缓慢行驶，检查刹车灵敏度及吊具的可靠性。

（3）吊装机械的起重臂和吊运的构件，与高低压架空输电线路之间应保持一定的安全距离，可按国家有关规定执行。

（4）当两台吊装机械同时操作时，应注意两机之间保持一定的安全距离，即吊钩所悬构件之间不得小于 5m。

（5）吊装机械在工作中，严禁重载调幅。起吊楼板时，不准在楼板面放小车。吊移操作平台时，上面严禁站人。

（6）墙板构件就位时，不得挤压电焊的电线，防止触电。

（7）墙板固定后，不准随便撬动。如需再校正，必须回钩。墙板临时固定器须待焊接完成才能撤除。

（8）电焊机棚的电缆，应系于安全网里侧，电焊人员要逐层将其固定好。焊把线要经常检查，要有专人拉线及清理棚内外的易燃物。

5. 施工总结。

墙板吊装如出现偏差时，可在偏差允许范围内，按下列原则进行调整。

（1）内墙板的轴线、垂直偏差和接缝平整三者发生矛盾时，应先以轴线为主进行调整。

（2）外墙板不方正时，应以竖缝为主进行调整；内墙板不方正时，应以满足门口垂直为主进行调整；外墙板接缝不平时，应先满足外墙面平整为主；外墙板缝上下宽度不一致时，可均匀调整。

（3）相邻两块墙板错缝时，若在楼梯间与厨房、厕所之间，应先保证楼梯间墙板平整；若在起居室与厨房、厕所之间，应先保证起居室墙面平整；若在两起居室之间，应均匀调整。

（4）内墙板吊装偏差在允许范围内连续倒向一边时，不允许超过2间，第二间必须向相反方向调整，以免误差积累。

（5）山墙角与相邻板立缝的偏差，以保证角的垂直为准。

二、板缝施工

1. 板缝防水处理。

（1）防水材料的选择。

对嵌缝防水材料的要求是密实不渗水，高温不流淌，低温不脆裂，与混凝土、砂浆有良好的黏结性能，防腐蚀，抗老化，可以冷施工。目前常用的嵌缝防水材料有建筑油膏、胶油、沥青油膏、聚氯乙烯胶泥等。

（2）板缝防水的常用形式。

1）内浇外挂的预制外墙板主要采用外侧排水空腔及打胶，内侧依赖现浇部分混凝土自防水的接缝防水形式。

特点：这种外墙板接缝防水形式是目前运用最多的一种形式，它的好处是施工比较简易、速度快，缺点是防水质量难以控制，空腔堵塞情况时有发生，一旦内侧混凝土发生开裂，直接导致墙板防水失败。

2）外挂式预制外墙板采用的是封闭式线防水形式。

特点：这种墙板防水形式主要有3道防水措施，最外侧采用高弹力的耐候防水硅胶，中间部分为物理空腔形成的减压空间，内侧使用预嵌在混凝土中的防水橡胶条上下互相压紧来起到防水效果。在墙面之间的十字接头处，在橡胶止水带之外再增加一道聚氨酯防水，其主要作用是利用聚氨酯良好的弹性封堵橡胶止水带相互错动可能产生的细微缝隙。对于防水要求特别高的房间或建筑，可以在橡胶止水带内侧全面施工聚氨酯防水，以增强防水的可靠性。每隔3层左右的距离在外墙防水硅胶上设一处排水管，可有效地将渗入减压空间的雨水引到室外。

3）外挂式预制外墙板还有一种接缝防水形式，称为开放式线防水。

特点：这种防水形式与封闭式线防水在内侧的两道防水措施，即企口型的减压空间以及内侧的压密式的防水橡胶条，是基本相同的，但是在墙板外侧的防水措施上，开放式线防水不采用打胶的形式，而是采用一端预埋在墙板内，另一端伸出墙板外的幕帘状橡胶条上下相互搭接来起到防水作用，同时外侧的橡胶条间隔一定距离设置不锈钢导气槽，起到平衡内外气压和排水的作用。

（3）板缝防水施工要点。

1）墙板施工前做好产品的质量检查。预制墙板的加工精度和混凝土养护质量直接影响墙板的安装精度和防水情况。墙板安装前必须认真复核墙板的几何尺寸和平整度情况，检查墙板表面以及预埋窗框周围的混凝土是否密实，是否存在贯通裂缝。混凝土质量不合格的墙板严禁使用。

2）墙板施工时严格控制安装精度，墙板吊装前认真做好测量放线工作。不仅要放基准线，还要把墙板的位置线都放出来，以便于吊装时墙板定位。墙板精度调整一般分为粗调和精调两步，粗调是按控制线为标准使墙板就位脱钩，精调要求将墙板轴线位置和垂直度偏差调整到规范允许偏差范围内，实际施工时一般要求不超过 5mm。

3）墙板接缝防水施工时严格按工艺流程操作，做好每道工序的质量检查。墙板接缝外侧打胶要严格按照设计流程来进行，基底层和预留空腔内必须使用高压空气清理干净。打胶前背衬深度要认真检查，打胶厚度必须符合设计要求，打胶部位的墙板要用底涂处理增强胶与混凝土墙板之间的黏结力。打胶中断时要留好施工缝，施工缝内高外低，互相搭接不能少于 5cm。墙板内侧的连接铁件和十字接缝部位使用打聚氨酯密封处理。由于铁件部位没有橡胶止水条，施工聚氨酯前要认真做好铁件的除锈和防锈工作。聚氨酯要施工严密，不留任何缝隙，施工完毕后要进行泼水试验，确保无渗漏后才能密封盖板。

2. 板缝保温处理。

寒冷地区的板缝要增加保温处理，以避免因冷桥作用产生结露现象，影响使用效果。处理方法可在接缝处附加一定厚度的轻质保温材料（如泡沫聚苯乙烯等）。

三、装配式大板混凝土建筑板缝施工

工艺流程：选用板缝混凝土浇筑模板→板缝混凝土浇筑。

1. 选用板缝混凝土浇筑模板。

板缝混凝土浇筑的模板一般有木模和钢模两种形式。

支模前应将板缝内部和立缝下八字角处清理干净。木模支模应和结构吊装相隔两间以上的距离，以免电焊火花飞溅伤人。模板应深入板缝 1cm。

拆模时间视气温情况而定。拆模时不允许混凝土有塌落现象，不得损坏构件。拆模后，应立即将漏出的混凝土铲除，保持墙面和楼地面的整洁。拆下的模板、铁件、木楔等要集中存放并清理干净，以备再用。

2. 板缝混凝土浇筑。

（1）浇筑板缝混凝土前，应将模板的漏洞、缝隙堵塞严密，并用水冲洗模板和将板缝充分浇水湿润。

（2）板缝细石混凝土应按设计要求的强度等级进行试配选用。竖缝混凝土的坍落度为 8~12cm；水平缝混凝土的坍落度为 2~4cm。

（3）每条板缝混凝土都应连续浇筑，不得有施工缝。为使混凝土捣同密实，可在浇筑前在板缝内插放一根小 φ30 左右的竹竿，随浇筑、随振捣、随提拔，并设专人敲击模板助捣。

（4）浇筑板缝混凝土时，不允许污染墙面，特别是外墙板的外饰面。发现漏浆要及时用清水冲净。混凝土浇筑完毕后，应由专人立即将楼层的积灰清理干净，以免黏结在楼地面上。板缝内插入的保温和防水材料，浇筑混凝土时不得使之移位或破坏。

（5）每一楼层的竖缝、水平缝混凝土施工时，应分别各做 3 组试块。其中，一组检测标准养护 28d 的抗压极限强度；一组检测标准养护 60d 的抗压极限强度；一组检测与施工现场同条件养护 28d 的抗压极限强度。评定混凝土强度质量标准以 28d 标准养护的抗压极限强度为准，其他两组供参考核对用。

（6）常温施工时，板缝混凝土浇筑后应进行浇水养护。

3. 板缝保温和防水处理施工总结。

（1）板缝的防水构造（竖缝防水槽、水平缝防水台阶）必须完整，形状尺寸必须符合设计要求。如有损坏，应在墙板吊装前用 108 胶水泥砂浆修补完好。

（2）板缝采取保温隔热处理时，事先将泡沫聚苯乙烯按照设计要求进行裁制。裁制长度比层高长 50mm，然后用热沥青将泡沫聚苯乙烯粘贴在油毡条上（油毡条裁制宽度比泡沫聚苯乙烯略宽一些，长度比楼层高度长 100mm），以备使用。

（3）外墙板的立槽和空腔侧壁必须平整光洁，缺棱掉角处应予以修补。立槽和空腔侧壁表面在墙板安装前，应涂刷稀释防水胶油（胶油：汽油 =7：3 等憎水材料一道。

四、隔墙板安装施工

隔墙板可作为各类建筑的非承重隔墙，如框架结构等，在装配式大板建筑中也采用。目前常用的轻质板材有加气混凝土条板和石膏板隔墙。

（一）加气混凝土隔墙板安装

1. 工艺流程：测量放线→墙板安装→墙板固定→塞灰→墙面粉刷。

2. 施工操作要点。

（1）运输和堆放：由于加气混凝土隔墙板的厚度较薄（一般为 90~100mm，最小为 75mm），一般均成捆包装运输，严禁用铁丝捆扎和用钢丝绳兜吊。现场堆放应侧立，不得平放。一般做法是 20 块板侧立于载重汽车内，板下垫 10 号槽钢（带吊钩），上角垫角钢并用柔软的尼龙绳绑扎牢固。运往现场后，由吊装机械卸下存放，墙板安装时运往楼层，逐层堆放。

（2）按设计要求，先在楼板底部、楼面和楼地面上弹好墙板位置线。

（3）架立靠放墙板的临时木方。临时木方应有上方和下方，中间用立柱支撑，上方可直接压线顶在上部结构底面，下方可离地面约 100mm，中间每隔 1.5m 左右立支撑木方，下方与支撑木方之间用木楔楔紧，然后即可安装隔墙板。

（4）目前较为普遍的做法是板的上端抹黏结砂浆，与梁或楼板的底部黏结，下部用木楔顶紧，最后在下部木楔空间填入细石混凝土，其安装步骤如下。

1）先将板侧和板顶清扫干净，涂抹一层胶黏剂，厚约 3mm，然后将板立于预定位置，用撬棍将板撬起，使板顶与楼板底面粘紧，板的一侧与墙面或另一块已安好的板粘紧，并在板下用木楔楔紧，撤出撬棍，板即固定。

2）隔墙板固定后，在板下堵塞 1 : 2 水泥砂浆，待砂浆凝固后，撤出木楔，再用 1 : 2 水泥砂浆（或细石混凝土）堵严木楔孔。

（5）有门窗洞口的隔墙板（一般用后塞口），在安装隔墙板时，留出洞口的位置，每边比槛框多留出 5mm。

当门口两侧隔墙板安装固定后，将门框两侧涂抹胶粘剂，立口后用铁钉钉牢，也可用塑料胀管及木螺钉固定。

（二）石膏空心条板隔墙安装施工

1. 板材的选择。

石膏空心条板隔墙，是指以石膏空心条板单板做的一般隔墙或以双层空心条板中设空气层或设矿棉等组成的防火、隔声墙。

（1）石膏空心条板。石膏空心条板是以天然石膏或化学石膏为主要原料，也可掺加适量粉煤灰和水泥，加入少量增强纤维（也可加适量膨胀珍珠岩），经料浆拌和、浇筑成型、抽芯、干燥等工艺制成的轻质板材，具有重量轻、强度高、隔热、隔声、防火等性能，可锯、刨、钻加工，施工简便。

石膏空心条板按原材料分，有石膏珍珠岩空心条板、石膏粉煤灰硅酸盐空心条板、磷石膏空心条板和石膏空心条板；按性能分，有普通石膏空心条板和防潮空心条板。

（2）黏结材料。石膏空心条板安装拼装的黏结材料，主要为 108 胶水水泥砂浆，其配合比为 108 胶水∶水泥∶砂 =1∶1∶3 或 1∶2∶4。

（3）石膏腻子。用于板缝处理材料，也可采用石膏∶珍珠岩 =1∶1 配制而成。

2. 运输和堆放。

（1）石膏空心条板的场内外运输，宜垂直码放装车，板下距板两端 500~700mm 处应加垫木方，雨季运输应盖苫布。

（2）石膏空心条板的堆放，应选择地势较高且平坦的场地，板下用方木架起垫平，侧立堆放，上盖苫布。

3. 安装操作要点。

（1）墙板安装时，应按墙位线先从门口通天框旁开始进行。通天框应在墙板安装前先立好固定。

（2）墙板安装，最好使用定位木架。安装前在板的顶面和侧面刷涂 108 胶水泥砂浆，先推紧侧面，再顶牢顶面，具体方法可参见加气混凝土隔墙施工。

（3）在顶面顶牢后，立即在板下两侧各 1/3 处楔紧两组木楔，并用靠尺检查。随后在板下填塞干硬性混凝土。

（4）板缝挤出的黏结材料应及时刮净。板缝的处理，可在接缝处先刷水湿润，然后用石膏腻子抹平整。

（5）踢脚线施工前，先用稀释的 108 胶刷一层，再用 108 胶水泥浆刷至踢脚线部位，待初凝后用水泥砂浆抹实抹光。

五、常见问题及解决方法

1. 构件运输（吊装）车辆安全问题的解决方法如下。

（1）车辆进入现场后，必须停在平坦场地，车辆熄火后，必须及时进行前后轮固定，以防止溜车。

（2）注意构件吊装顺序，防止构件吊装顺序不当导致车辆倾覆。

2. 吊具系统、绳索问题的解决方法如下。

（1）每天早上必须检查吊具系统、钢丝绳的磨损、断丝情况。

（2）自制的吊具系统必须经过加载试验或对预制构件进行试吊装，试吊装的重量不能低于构件重量的 2 倍。

3. 墙板构件安装误差过大、水平构件支撑标高不统一的解决方法如下。

（1）调整支撑系统的标高，但是误差最大不超过 10mm。

（2）在下一层水平拼缝 20mm 处进行调解处理，水平拼缝一般不大于 15mm，不应小于 10mm，此时应保证水平灌浆部位的灌浆质量。

4. 灌浆孔在灌浆过程中不出浆的解决方法如下。

（1）加强事前检查，对每一个套筒进行通透性检查，避免此类事件发生。

（2）对于前几个套筒不出浆，应立即停止灌浆，墙板重新起吊到存放场地，立即进行冲洗处理，检查原因并返厂修理。

（3）对于最后 1、2 个套筒不出浆，可持续灌浆，灌浆完成后对局部 1、2 根钢筋位置进行钢筋焊接或其他方式处理。

5. 预制构件破损变形的解决方法如下。

（1）在预制构件制作前，依据构件种类，如预制剪力墙、预制梁、预制叠合板，要求预制构件工厂按照相应种类构件提前备份。由于预制叠合板数量多、易破碎变形，这里以预制叠合板为例，每层进场的配筋、尺寸完全相同，预制叠合板构件数量超过 10 块的，必须提供 1 块备份，以免发生破损变形无法安装而影响施工。

（2）预制剪力墙、预制梁构件的备份数量依据具体项目而定。

6. 预制剪力墙吊装完毕，套筒钢筋误差过大的解决方法如下。

（1）当预制剪力墙吊装完毕，发现竖向套筒连接钢筋过长（大于 5mm），无法安装下层预制剪力墙，可以使用无齿锯进行切割。

（2）当预制剪力墙吊装完毕，发现竖向套筒连接钢筋过短（小于 5mm），无法满足规范要求，可以进行焊接或植筋，具体方案视情况而定。

（3）个别钢筋偏位过大，无法插入套筒，可采用深钻孔对钢筋纠偏，当偏位无法纠偏时，对局部钢筋进行切割，重新校正位置进行植筋。

第五章 施工组织管理

装配式混凝土结构是节能建筑的一种建筑结构，它的结构特点正好与时代低碳绿色的思想潮流相结合，加上我国建筑水平的不断上升，房屋的装配式混凝土结构成为建筑领域的重点研究对象。基于这一方面，强化对装配式混凝土结构施工组织管理和施工技术的研究分析，对实际工作的改进具有重要的借鉴意义。本章主要对施工组织管理进行详细的讲解。

第一节 施工组织管理总体要求

加强项目管理，必须对施工项目的生产要素详细分析，认真研究并强化其管理。

1. 对生产要素进行优化配置，即对生产要素适时、适量、比例适当、位置适宜地配备或投入以满足施工需要。

2. 对生产要素进行优化组合，即对投入施工项目的生产要素在施工中进行适当搭配以协调地发挥作用。

3. 对生产要素进行动态管理。动态管理是优化配置和优化组合的手段与保证，动态管理的基本内容就是按照项目的内在关系，有效地计划、组织、协调、控制各生产要素，使之在项目中合理流动，并在动态中寻求平衡。

4. 合理、高效地利用资源，从而实现提高项目管理综合效益，促进整体优化的目的。

5. 施工单位应根据装配式建筑工程特点和管理特点，建立与之相适应的组织机构和管理体系，明确工作岗位设置及职责划分，并配备相应的管理人员。管理人员以及专业操作人员应具备相应的执业证书和岗位证书。

6. 施工单位在施工前明确装配式建筑工程质量、进度、成本、安全、科技、消防、环保、节能及绿色施工等管理目标。

7. 施工单位在施工前应根据装配式建筑工程实际情况编制单位工程施工组织设计

和专项施工方案，并经监理单位批准后实施。

8.施工单位根据装配式建筑规模与工程特点，选择满足施工要求的施工机械、设备，并选择具备相应资质的租赁及安装单位。

9.施工单位应提前对预制构件厂家进行考察，选择技术成熟、具备供应能力的预制构件生产厂家。

10.施工单位应选择具备相应专业施工能力的劳务队伍进行施工，劳务队伍应配备足够数量的专业工种人员，持有国家或行业有关部门颁发的有效证件上岗。

11.施工总平面布置管理：合理、高效、各专业协调性好，塔基等重要垂直运输设备布局合理，满足生产需要。

12.施工进度：人才机组织协调好，进度满足合同及计划要求。

13.质量管理：工程质量，事前、事中、事后全过程质量控制满足合同及规范要求。

14.安全文明施工：施工现场安全保障设施齐全、有效，安全隐患排查及时，风险源识别及时，整个施工过程无安全事故。

15.成本管理：节约，在满足合同要求的情况下，最大限度的节约成本，材料的采购、人员用功的计划等等。

16.协调好各单位关系，非常重要。和谐共赢，才能确保达成目标。

建设工程项目管理是一个复杂的管理过程，其有严格的工作范围、时间进度、成本预算、质量性能等方面的要求，单纯依靠个人英雄式的单打独斗或者孤军奋战根本解决不了问题，而必须借助团队合作的力量，项目管理的过程，也是团队合作的过程。

第二节　工程策划及施工重点、难点分析

1.施工总体策划。

装配式结构总体策划主要突出项目整体施工流程、标准层施工流程、穿插施工组织、劳动力计划、材料构配件组织及整体平面布置等。

施工前对工程所有工作进行梳理，列出从前期策划到总结的各项工作，整体规划，保证各阶段施工前均有策划。

前期完成塔吊选型、构件存放、钢筋定位、工具设计、支撑体系、构件安装工艺等工业化前期策划工作，为后期顺利实施打下坚实基础。

2.施工重点、难点。

（1）技术管理重点。

技术准备阶段，预制构件的深化设计除了考虑水电的预留预埋设计，应重点结合

施工方法对预制构件临时固定措施、塔吊外梯的锚固措施、模板与构件的连接设计等进行深化设计。

（2）质量控制难点。

1）预制墙体灌浆套筒连接的钢筋定位工作，尤其是转换层的竖向钢筋定位，是质量控制的难点。竖向钢筋控制难度大，且竖向钢筋位置是否准确，决定着预制墙体的安装精度，同时也直接影响预制墙体的安装时间，影响工程质量和施工工期，因此必须采取可靠技术措施确保施工质量。

2）钢筋套筒灌浆连接是质量管理的重点。预制墙体竖向钢筋连接采用套筒灌浆连接。灌浆质量直接决定建筑物的结构安全，灌浆工作必须引起高度重视，需重点监控浆料配合比、浆料流动性、注浆饱满度等关键环节。

3）安装精度控制是质量控制难点。现场要建立分区、分级测量控制点，确保测量误差在分区、分级内消化，不累加、递延。通过对预留缝隙的控制，逐层吸收不可避免的安装误差，防止构件安装同向误差的累加。施工时需重点控制顶板控制线精度、钢筋位置精度、墙体位置线精度、构件安装精度等，确保构件安装偏差控制在允许偏差范围内。

4）装配式建筑外墙是由构件进行拼装的，不可避免地会遇到连接接缝的防水处理问题，易造成渗漏隐患，直接影响使用功能。施工中需重点把控防水构造和施工质量。

（3）施工现场管理重点。

装配式结构工程预制构件重量大、数量多，对垂直运输机械及存放场区要求较高，需要针对工程实际情况，合理选择起重设备和设置位置，合理规划构件堆放场地规模、各类型构件存放位置。

（4）安全管理重点。

预制构件种类多、数量大、重量大，吊装过程中的安全管理是施工安全管理的重点。吊装过程应重点控制吊装半径、吊具磨损程度、设备性能、安全旁站、操作规程等，确保全过程安全施工。

第三节　施工进度管理

1. 工程量统计。

由于装配式结构由现浇部分、预制构件及现浇节点共同组成，故总体工程量计算需分开进行。单层工程量能够显示出现浇施工方式与装配式结构施工方式两者在钢筋、模板、混凝土三大主材消耗数量上的不同。另外，单层的构件数量也给堆放场地、插板架子、装配式工器具的布设及数量提供依据。

（1）现浇节点工程量。

装配层现浇节点的标准层钢筋、模板、混凝土消耗量由每个节点以及电梯井、楼梯间的现浇区域逐一计算而来。

（2）预制构件分类明细及单层统计。

预制构件的统计是对构件分类明细、单层构件型号及数量进行统计汇总，通过统计表掌握构件的型号、数量、分布，为后续吊装、构件进场计划等工作的开展提供依据。

单层构件统计表是针对每层构件进行统计，区分外墙板、内墙板、外墙装饰板、阳台隔板、阳台装饰板、楼梯梯段板、楼梯隔板、叠合板、阳台板及悬挑板等的数量，为流水段划分提供基础依据。

2. 流水段划分。

流水段划分是工序工程量计算的依据，二者又相互影响，各流水段的工序工程量要大致相当。在工程施工中，还有可能根据实际情况，调整流水段划分位置，以达到最优资源配置。

竖向流水段划分需考虑现浇楼梯间和电梯间必须一起浇筑的影响因素，再根据构件数量及工程量计算等其他因素进行流水段划分。

水平流水段需考虑叠合板吊装对进度的影响，再根据构件数量及工程量计算等其他因素进行流水段划分。

（1）吊次分析。

以高层装配式工程为例，将影响塔吊使用的工序按竖向排列，将塔吊本身的施工顺序过程按横向排列。

一般装配式工程竖向模板支撑体系以大钢模板和铝合金模板为主，大钢模板在安装、拆卸过程中需要占用塔吊吊次，而铝合金模板的安装及拆卸基本不占用吊次。下面就大钢模板及铝合金模板的施工流水分别进行举例。

（2）工序流水分析。

按照计算完的工序工程量，充分考虑定位甩筋、坐浆、灌浆、楼梯及预挂板吊装、顶板水电安装等工序所需的技术间歇。以天为单位，确定流水关键工序。由于铝合金模板不占用塔吊吊次，因此6天可完成1段结构施工。

（3）单层流水组织。

单层流水的组织是以塔吊占用为主导的流水段穿插流水组织，具体到小时。可将一天24h划分为4个时段，并进一步将工序模块化，同时体现段与段之间的技术间歇，以及每天、每个时段的作业内容对应的质量控制、材料进场与安全文明施工等管理内容。尤其对构件进场到存放场地，与结构主体吊装之间的塔吊使用时间段协调方面，有着极大的指导意义。在整个装配式施工阶段，循环作业计划可悬挂于栋号出入口，作为每日工作重点的提示。

3. 工程总控计划。

针对装配式结构工程构件安装精度高、外墙为预制保温夹心板、湿作业少等特点，从优化工序、缩短工期的目的出发，利用附着式升降脚手架，铝合金模板，施工外电梯提前插入，设置止水、导水层等工具或方法，使结构、初装修、精装修同步施工，实现从内到外、从上到下的立体穿插施工。

首先对装配式工程进行工序分析，将所有工序从结构施工到入住所有程序逐一进行分析，绘制工序施工图。

其次根据总工期要求，通过优化结构施工工序，提前插入初装修、精装修、外檐施工，实现总工期缩短的目标。

结构工期确定后，大型机械的使用期也相应确定，在总网络图中显示出租赁期限，并根据开始使用的时点，倒排资质报审时间、基础完成时间、进场安装时间。在机械运行期间，还能根据所达到的层高，标出锚固时点，便于提前做相关准备工作。

（1）总控网络计划。

根据总工期要求及结构、初装、精装工期形成总控网络计划。总控网络计划需要若干支撑性计划，包括结构工程施工进度计划、粗装施工进度计划、精装施工进度计划、材料物资采购计划、分包进场计划、设备安拆计划、资金曲线、单层施工工序、流水段划分等。这种网络总控计划，在体现穿插施工上有极大优势。结构—初装—精装三大主要施工阶段的穿插节点一目了然。在进度管理中更重要的意义在于指导物资采购及分包进场。

（2）立体循环计划。

根据总控网络计划及各分项计划，利用调整人员满足结构、装修同步施工的原则形成立体循环计划。

4. 构配件进场组织。

构件进场计划是产业化施工与常规施工的不同之处，但是其本质上与常规施工的大宗材料进场计划相同。在结构总工期确定以后，构件进场计划就能完成。与之同步完成的还有构件存放场地的布置以及装配式特制构配件进场计划。到工程实施阶段，应根据实际进度及与构件厂沟通情况，编制细化到进场时点和整层各类构件规格的实操型进场计划。

5. 资金曲线。

在项目资金流层面上形成了由时间轴和施工内容节点组成的资金曲线。横坐标是时间，纵坐标是资金使用百分比，形成一条累积曲线。

曲线坡度陡的区段说明资金投入百分比增长快，曲线显示整个结构施工阶段坡度最陡。通过具体施工任务的实施，反馈到具体时间点，形成"月、季度、年、度"的资金需求。这条曲线，从甲方角度来看，是工程款支付的比例和程度，在曲线坡度变陡之前，应准备充足的资金，保证工程正常运转；从施工方来看，是每月完成形象部位所对应的产值报量收入数。这个收入数又分为产值核算和工程款收入两个角度。形成的总控网络，以确定的时间节点和部署好的施工内容为基础，计算出相应资金使用需求，资金需求与时间点一对应。

第四节　组织管理

1. 劳动力组织管理。

施工单位根据工程量及流水施工需求分别制订地基与基础阶段、主体结构阶段、装修阶段的劳动力需求计划。制订劳动力需求计划时应注意协调穿插施工时的劳动力。劳动力工种除传统现浇工艺所需工种外（包含钢筋工、木工、混凝土工、防水工等，根据工程装配式程度配置相应数量），尚需配备构件吊装工、灌浆工等技术工种。

2. 构件管理员组织管理。

根据装配式建筑工程规模及施工特点，施工现场应设置构件管理员负责施工现场构件的收发、堆放、储存管理工作。为确保构件使用及安装的准确性，防止构件装配出现错装、误装或难以区分构件等情况，施工单位宜设置专职构件管理员。构件管理员应根据现场构件进场情况建立现场构件台账，进行构件收、发、储等环节的管理。构件进场后应分类堆放，防止装配过程出现错装、误装等情况。施工单位应根据装配式建筑工程的施工技术特点，对构件管理员进行专项业务培训。

3. 吊装工组织管理。

装配式建筑工程施工中，由于构件体型重大，需要进行大量的吊装作业，吊装作业的效率将直接影响工程的施工进度，吊装作业的安全将直接影响到施工现场的安全文明施工管理。吊装作业班组一般由班组长、吊装工、测量工、信号工等组成，班组人员数量根据吊装作业量确定，通常1台塔吊配备1个吊装作业班组。吊装工序施工作业前，应对吊装工进行专门的吊装作业安全意识培训，确保构件吊装作业安全。

4. 灌浆工组织管理。

装配式建筑工程施工中，灌浆作业的施工质量将直接影响工程的结构安全，要求班组人员配合默契。灌浆作业班组每组应不少于4人，1人负责注浆作业，1人负责灌浆溢流孔封堵工作，2人负责调浆工作。灌浆作业施工前，应对工人进行专门的灌浆作业技能培训，模拟现场灌浆施工作业流程，提高注浆工人的质量意识和业务技能，确保构件灌浆作业的施工质量。

第五节　材料、预制构件组织管理

1. 材料、预制构件管理要求。

（1）根据装配式建筑工程所需的构件数量及构件型号，施工单位提前通知构件厂家根据施工总进度计划编制预制构件生产计划以及预制构件进场计划，并且严格按照计划执行。

（2）装配式建筑工程施工中涉及的材料规格、品种、型号以及质量标准必须满足设计图纸以及相关规范、标准、文件的要求，需要进行复试的材料应提前进场取样送检，确保后续施工的顺利进行。

（3）预制构件生产厂家应提供构件的质量合格证明文件及试验报告，并配合施工单位按照设计图纸、规范、标准、文件的要求进行进场验收及材料复试工作，预制构件应进行结构性能检验，结构性能检验不合格的预制构件不得投入使用。

（4）预制构件厂家应对不同部位、不同规格的预制构件进行编号管理，防止出现错装、误装等情况，构件进场后应分类码放。预制构件应在明显部位标明生产单位、构件型号、生产日期和质量验收标志。构件上的预埋件、插筋和预留孔洞的规格、位置和数量应符合设计图纸及相关规范要求。

2. 材料、预制构件进场检验。

（1）预制构件进入现场后由项目部材料部门组织有关人员进行验收，进场材料质量验收前应全数检查出厂合格证及相关质量证明文件，确保产品符合设计及相关技术标准要求，同时检查预制构件明显部位是否标明生产单位、项目名称、构件型号、生产日期、安装方向及质量合格标志。

（2）为保证预制构件不存在有影响结构性能和安装、使用功能的尺寸偏差，在材料进场验收时应利用检测工具对预制构件尺寸项进行全数、逐项检查；同时在预制构件进场后对其受力构件进行受力检测。

（3）为保证工程质量，在预制构件进场验收时对其包括吊装预留吊环、预留拴接孔、灌浆套筒、电气预埋管、盒等外观质量进行全数检查，对检查出存在外观质量问题预制构件，可修复且不影响使用及结构安全的，按照专项技术处理方案进行处理，其余不得进场使用。

（4）为强化进厂检验，保证工程质量所有预制构件，在卸车前或卸车中对构件进行逐项检查、逐项验收，项目部组织人员由不同部门（现场工长、水电工长、材料负责人、质检员）进行签证验收，发现不合格品一概不得使用，并进行退场处理。

3. 材料、预制构件运输管理。

（1）预制构件运输应采用预制构件专用运输车，设置运输稳定专用固定支架，确保构件在运输过程中稳定可靠。

（2）预制水平构件宜采用平放运输，预制竖向构件宜采用专用支架竖直靠放运输，专用支架上预制构件应对称放置，构件与支架交接部位应设置柔性材料，防止运输过程中构件损伤。

（3）构件运输时的支撑点应与吊点在同一竖直线上，支撑必须坚实牢固。

（4）运载易倾覆的预制构件时，必须用斜撑牢固地支撑在梁腹上，确保构建运输过程中安全稳固。

（5）构件装车后应对其牢固程度进行检查，确保稳定牢固后，方可进行运输。运输距离较长时，途中应检查构件稳固状况，发现松动情况必须停车采取加固措施，确保构件牢固稳定后方可继续运载。

4. 材料、预制构件成品保护管理。

（1）预制构件在运输、堆放、安装施工过程中及装配后应做好成品保护。成品保护应采取包、裹、盖、遮等有效措施。预制构件堆放处 2m 内不应进行电焊、气焊作业。

（2）构件运输过程中一定要匀速行驶，严禁超速、猛拐和急刹车。车上应设有专用架，且需有可靠的稳定构件措施，用钢丝带加紧固器绑牢，以防运输受损。

（3）所有构件出厂应覆一层塑料薄膜，到现场及吊装时不得撕掉。

（4）预制构件吊装时，起吊、回转、就位与调整各阶段应有可靠的操作与防护措施，以防预制构件发生碰撞扭转与变形。预制楼梯起吊、运输、码放和翻身必须注意平衡，轻起轻放，防止碰撞，保护好楼梯阴阳角。

（5）预制楼梯安装完毕后，利用废旧模板制作护角，对楼梯阳角进行保护，避免装修阶段损坏。

（6）预制阳台板、防火板、装饰板安装完毕，阳角部位利用废旧模板制作护角。

（7）预制外墙板安装完毕，与现浇部位连接处做好模板接缝处的封堵，采用海绵条进行封堵。避免浇灌混凝土时水泥砂浆从模板的接缝处漏出对外墙饰面造成污染。

第六节 机械设备管理

1.预制构件的吊装采用塔式起重机。塔式起重机选择应考虑工程规模、吊次需求、覆盖面积、起重能力等多方面因素。根据最重构件位置、最远构件重量、卸料场区、构件存放场地位置综合考虑，确定塔式起重机型号以及位置，还应考虑群塔作业的影响。

2.根据结构形状、场地情况、施工流水情况进行塔式起重机布置，与全现浇结构施工相比，装配式结构施工前更应注意对塔式起重机的型号、位置、回转半径的策划，根据栋号所在位置与周边道路、卸车区、存放区位置关系，结合最重构件安装位置、存放位置来确定，以满足装配式结构施工需要。

3.施工现场平面布置管理。

现场平面布置应充分考虑大门位置、场外道路、大型机械布置、构件堆放场布置、构件装卸点布置、临时加工场布置、内部临时道路布置、临时房屋布置、临时税点管网布置等设计要点。

（1）设置大门，引入场外道路。

施工现场宜考虑设置两个以上大门。大门应考虑周边路网情况、道路转弯半径和坡度限制，大门的高度和宽度应满足大型构件运输车辆通行要求。施工单位要对预制构件从构件厂至施工现场的运输道路进行全面考察和实地踏勘，充分考虑道路宽度、转弯半径、路基强度、桥梁限高、限重等因素，合理安排运输路线，确保构件运输路线合理，且符合道路交通相关法律法规要求。

（2）大型机械设备布置。

塔式起重机布置时，应充分考虑塔臂覆盖范围、塔式起重机端部吊装能力、单体预制构件的质量、预制构件的运输、堆放和构件装配施工。根据结构形状、场地情况、施工流水情况进行塔式起重机布置，如考虑群塔作业，尽可能使塔式起重机所担任的吊运作业区域大致相当；充分考虑构件最大重量、构件存放、安装位置等，合理选择塔吊型号；如需进行锚固，塔吊锚固位置应尽量选择在主体结构现浇节点位置。

（3）构件堆放场布置。

预制构件存放场地应对构件重量、塔吊有效吊重、场地运输条件进行综合考量；存放场地应选择在塔吊一侧，避免隔楼吊装作业；构件存放场地大小根据流水段划分情况、构件尺寸、数量等因素确定；构件存放场地应平整、坚实，且有足够的地基承载力，并应有排水措施；构件存放场区应进行封闭管理，做明显标识及安全警示，严禁无关人员进入。

（4）运输构件车辆装卸点布置。

为防止因运输车辆长时间停留影响现场内道路的畅通，阻碍现场其他工序的正常作业施工，装卸点应在塔式起重机或起重设备的塔臂覆盖范围之内，且不宜设置在道路上。

（5）内部临时运输道路布置。

施工现场内道路规划应充分考虑现场周边环境影响，附近建筑物情况、地下管线构筑物情况、高压线、高架线等影响构件运输、吊装工作的因素，现场临时道路宽度、坡度、地基情况、转弯半径均应满足起重设备、构配件运输要求，并预先考虑卸料吊装区域，场区内车辆交汇、掉头等问题。

施工现场道路应按照永久道路和临时道路相结合的原则布置。施工现场内宜形成环形道路，减少道路占用土地。施工现场的主要道路必须进行硬化处理，主干道应有排水措施。临时道路要把仓库、加工场、构件堆放场和施工点贯穿起来，按货运量大小设计双行干道或单行循环道满足运输和消防要求（主干道宽度不小于 6m，构件堆放场端头处应有 12m×12m 车场，消防车道宽度不小于 4m，构件运输车辆转弯半径不宜小于 15m）。

4.施工现场构件堆场布置。

（1）构件堆场布置原则。

1）构件堆放区宜环绕或沿建（构）筑物纵向布置，其纵向宜与通行道路平行布置，构件布置宜遵循"先用靠外，后用靠里，分类依次，并列放置"的原则。

2）预制构件应按规格型号、出厂日期、使用部位、吊装顺序分类存放，且应标识清晰。

3）不同类型构件之间应留有 0.9~1.2m 的人行通道，预制构件装卸、吊装工作范围内不应有障碍物，并应有满足预制构件吊装、运输、作业、周转工作的场地。

4）预制混凝土构件与刚性搁置点之间应设置柔性垫片，防止损伤成品构件；为便于后期吊运作业，预埋吊环宜向上，标识向外。

5）对于易损伤、污染的预制构件，应采取合理的防潮、防雨、防边角损伤措施。构件与构件之间应采用垫木支撑，保证构件之间留有不小于 200mm 的间隙。垫木应对称合理放置且表面应覆盖塑料薄膜。

（2）预制构件存放。

1）预制墙板构件。

预制墙板根据受力特点和构件特点，宜采用专用支架对称插放或靠放，支架应有足够的刚度并支垫稳固。预制墙板宜饰面朝外，与地面之间的倾斜角不宜小于 80°。

2）预制板类构件。

预制板类构件可采用叠放方式存放，其叠放高度应按构件强度、地面耐压力、垫木强度以及堆垛的稳定性来确定，构件层与层之间应垫平、垫实，各层支垫应上下对齐，最下面一层支垫应通长设置，楼板、阳台板预制构件储存宜平放，采用专用存放支架。预应力混凝土叠合板的预制带肋底板应采用板肋朝上叠放的堆放方式，严禁倒置，各层预制带肋底板下部应设置垫木，垫木应上下对齐，不得脱空，并应有稳固措施。吊环向上，标识向外。

叠合板存放：每组竖向最多码放 5 块；支点应与吊点同位；最下面一道应通长设置；避免不同种类一同码放，支点位置不同会造成叠合板裂缝。

预制楼梯存放：楼梯竖向最多码放 4 块；支点为两个，支点与吊点同位；支点木方高度考虑起吊角度；楼梯到场后立即成品保护；起吊时防止端头磕碰；起吊角度大于安装角度 1°～2°。

第七节 施工现场管理

一、施工结构

（一）装配式建筑施工

装配式建筑施工是将建筑物预制构件加工完毕后，运输至施工现场，结合构件安装知识，进行装配。与传统现浇建筑相比装配式建筑施工具有以下的优越性和局限性。

1.装配式建筑施工的优越性。

（1）构件可在工厂内进行产业化生产，施工现场可直接安装，方便快捷，可缩短施工工期。

（2）构件在工厂采用机械化生产、产品质量更易得到有效控制。

（3）周转料具投入量减少、料具租赁费用降低。

（4）减少施工现场湿作业量，有利于环保。

（5）因施工现场作业量减少，可在一定程度上降低材料浪费。

（6）构件机械化程度高，可较大减少现场施工人员配备。

2.装配式建筑施工的局限性。

（1）因目前国内相关设计、验收规范等滞后施工技术的发展需要，装配式建筑在建筑物总高度及层高上均有较大的限制。

（2）建筑物内预埋件、螺栓等使用量有较大增加。

（3）构件工厂化生产因模具限制及运输（水平、垂直）限制，构件尺寸不能过大。

（4）对现场垂直运输机械要求较高，需使用较大型的吊装机械。

（5）构件采用工厂预制，预制厂距离施工现场不能过远。

（二）集装箱式结构施工

集装箱式装配式建筑也称盒式建筑，是指用工厂化生产的集装箱状构件组合而成的全装配式建筑。所有的集装箱式构件均应在工厂预制，且每个集装箱式构件应该既是一个结构单元又是一个空间单元。结构单元意味着每一个集装箱式构件都有自身的结构，可以不依赖于外部而独立支撑；空间单元意味着根据不同的功能要求，集装箱式构件内部被划分成不同的空间并根据要求装配上不同的设施。这种集装箱式构件内一切设备、管线、装修、固定家具均已做好，外立面装修也可以完成，将这些集装箱式构件运至施工现场就像"搭建积木"一样拼装在一起，或与其他预制构件及现制构件相结合建成房屋。形象地说，在集装箱式结构建筑中一个"集装箱"类似于传统建筑中的砌块，在工厂预制以后，运抵现场进行垒砌施工，只不过这种"集装箱"不再仅是一种建筑材料，而是一种空间构件。这种构件是由顶板底板和四面墙板组成的，是六面体形（也有做成五面和四面体的），外形与集装箱相似。这种集装箱式构件，只需要在工厂成批生产一些六面、五面或四面的形体，以一个房间大小为空间标准，在现场将其交错迭砌组合起来，再统一连接水、暖、电等管线，就能建成单层、多层或高层房屋建筑。

集装箱式装配式建筑的建造主要包括工厂预制、构件运输和现场装配三部分。

1. 集装箱式结构的优缺点。

（1）优点。

1）施工速度快：以一栋 3 000 m² 的住宅楼为例，从基础开挖到交付使用，一般不超过 4 个月，最快的仅为 2~3 个月，而其主体结构 1 个星期就可以摆起来。不仅加快了施工速度，也大大缩短了建设周期和资金周转时间，节约了常规建设成本。

2）装配化程度高：装配程度可达 85% 以上，修建的大部分工作，包括水、暖、电、卫等设施安装和房屋装修都移到工厂完成，施工现场只余下构件吊装、节点处理，接通管线就能使用。

3）自重较轻：箱型构件是一种空间薄壁结构，与传统砖混建筑相比，可减轻结构自重 30% 以上。

4）工程质量容易控制：由于房屋构件是在预制构件厂内采用工业化生产的方式制作的，材料品质稳定，操作工人的素质对成品质量的影响较小。因此，从构件出厂到安装施工的质量易于全程控制，更不易出现意外的结构质量事故。

5）建筑造价低：建筑造价与砖混结构住宅的建筑造价相当或略低，普通多层砖混结构住宅建筑造价约 800 元 /m²，而多层集装箱式结构住宅一般不超过 800 元 /m²。

6）使用面积大：集装箱式结构房屋完全不同于人们常见的"活动板房"，其规格、模数及建筑面积可与普通砖混住宅的房间相同，但在其相同建筑面积的条件之下，初级集装箱式结构实际使用面积可以增加 5% 以上。

7）建筑节能效果明显：集装箱式钢筋混凝土房屋构件的外墙和建筑物山墙，皆可采用导热系数很低的聚苯乙烯泡沫板做保温隔热处理。据测算，若推广使用 10 万㎡的集装箱式结构建筑物代替砖混结构，可节约烧制黏土砖的土地 125 亩（1 亩 =666.67 m²），标准煤 43752 吨。节约了能源和土地，减少了大气污染，有助于实现中国政府节能减排的目标。

8）绿色文明施工：施工现场产生的建筑垃圾、粉尘、噪声等环境危害大大下降，有利于现场绿色建筑施工环保要求的具体实施，大幅减少施工引起的扰民等环境危害。施工现场占地减少、用料少、湿作业少，明显减少施工车辆和机械的噪声等不利于现场文明的因素，对施工现场周围的环境干扰极小。

9）主体结构施工安装不受气候限制；整体房屋项目建造过程中 80% 的施工阶段，可无须考虑气候条件的影响。

10）方便拆迁：有建筑物拆迁需要时，无论是永久性的还是临时性的集装箱式结构建筑，都可以化整为零，拆迁搬家易地重建，以适应城市规划建设的需要。被拆迁集装箱式构件基本完好的可二次或重复利用，可以大大降低拆迁成本、二次建造施工成本和大幅度降低因此而带来的建筑垃圾粉尘、噪声等系列污染或毁田等环境问题。

（2）缺点：预制工厂投资大；运输、安装需要大型设备。

2. 集装箱式结构施工。

（1）集装箱式构件类型。

集装箱式构件根据受力方式不同，分为无骨架体系和骨架体系。

1）无骨架体系（见图 5-1）：一般由钢筋混凝土制作，目前最常采用整体浇筑成型的方法，使其形成薄壳结构，适合低层、多层和 ≤18 层的高层建筑。钢筋混凝土集装箱式构件的制造工艺现多采用钟罩式（顶板带四面墙）、卧杯式（顶板、底板带三面墙），也有从房间宽度中间对开侧转成型为两个钟罩然后拼成构件的。个别的采用杯式（底板及四面墙）成型法，或先预制成几块板或环，然后拼装成为构件的。钟罩式的底板、卧杯式的外墙、杯式中的顶板都是预制平板，用螺栓或焊件与构件连接。

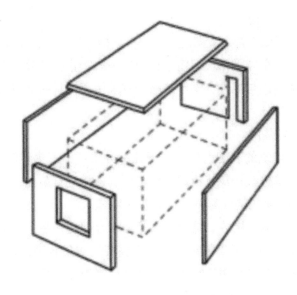

图 5-1　无骨架体系

2）骨架体系（见图 5-2）：通常用钢、铝、木材、钢筋混凝土作为骨架，用轻型板材围合形成集装箱式构件，这种构件质量很轻，仅 100~140 kg/m²。

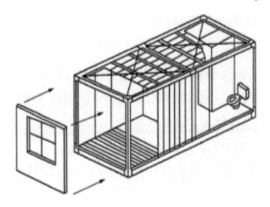

图 5-2　骨架体系

（2）集装箱式构件生产。

集装箱式构件在预制工厂生产，经过结构构件连接，防水层、保温隔热层铺装，管道安装，门窗安装，地砖铺贴，装饰面板铺贴等工序，一个个集装箱式构件就生产出来了。预制生产时需注意：所用材料需符合各项有关规定；构件尺寸需符合设计要求，偏差不能超过允许范围。若偏差过大，将严重影响现场构件拼装；构件整体强度和刚度不仅要满足使用阶段要求，还要满足吊装运输要求，防止构件在运输吊装过程中出现严重变形和损坏；各部件需安装牢固，防止在运输和吊装过程中出现变形和掉落。生产好的集装箱式构件经检验合格后按品种、规格分区分类存放，并设置标牌。

（3）集装箱式构件运输。

集装箱式构件的运输应符合下列规定：应根据构件尺寸及重量要求选择运输车辆，装卸及运输过程应考虑车体平衡；运输过程中应采取防止构件移动或倾覆的可靠固定措施；构件边角部及构件与捆绑、支撑接触处宜采用柔性垫衬加以保护；运输道路应平整并应满足承载力要求。

（4）集装箱式结构装配。

集装箱式装配式建筑的装配大体有以下几种方式：上下集装箱式构件重叠装配；集装箱式构件相互交错叠置；集装箱式构件与预制板材进行装配；集装箱式构件与框架结构进行装配；集装箱式构件与简体结构进行装配。

应根据建筑物的功能、层数、结构体系等因素合理选择装配方案。对于单层或层数较少的建筑，通常采用上下集装箱式构件重叠装配或集装箱式构件相互交错叠置；对于层数较多的建筑，通常采用集装箱式构件与预制板材进行装配、集装箱式构件与框架结构进行装配或集装箱式构件与简体结构进行装配。

装配前应完成建筑物基础部分的施工，预埋件应安装就位，装配时应注意：临时支撑和拉结应具有足够的承载力和刚度；吊装起重设备的吊具及吊索规格应经验算确定；构件起吊前应对吊具和吊索进行检查确认合格后方可使用；应按构件装配施工工艺和作业要求配备操作工具及辅助材料。

（三）PC结构施工

1. PC（Precast Concrete）结构是预制装配式混凝土结构的简称，是以混凝土预制构件为主要核件，经装配、连接以及部分现浇而成的混凝土结构。PC构件种类主要有预制柱、预制梁、预制叠合楼板、预制内墙板、预制外墙板、预制楼梯、预制空调板。

（1）PC结构与传统现浇混凝土结构比具有以下优点。

1）品质均一：由于工厂严格管理和长期生产，可以得到品质均一且稳定的构件产品。

2）量化生产：根据构件的标准化规格化，使生产工业化成为可能，实现批量生产。

3）缩短工期：住宅类建筑，主要构件均可以在工厂生产到现场装配，比传统工期缩短1/3。

4）施工精度：设备、配管、窗框、外装等均可与构件一体生产，可得到很高的施工精度。

5）降低成本：因建筑工业化的量产，施工简易化减少劳动力，两方面均能降低建设费用。

6）安全保障：根据大量试验论证，在抗震、耐火、耐风、耐久性各方面性能优越。

7）解决技工不足的问题：随着多元经济的发展，人口红利渐失，建筑工人短缺问题严重，PC结构正好可以解决这些问题。

（2）从建筑物结构形式及施工方法上PC结构施工方法大致可分为四种。

1）剪力墙结构预制装配式混凝土工法，简称WPC工法。

2）框架结构预制装配式混凝土工法，简称RPC工法。

3）框架剪力墙结构预制装配式混凝土工法，简称WRPC工法。

4）预制装配式铁骨混凝土工法，简称SRPC工法。

① WPC工法。

WPC工法即剪力墙结构预制混凝土工法。用预制钢筋混凝土墙板来代替结构中的柱、梁，能承担各类荷载引起的内力，并能有效控制结构的水平力，局部狭小处现场充填一定强度的混凝土。它是用钢筋混凝土墙板来承受竖向和水平力的结构，因此需要每一层完全结束后才能进行下一层的工序，现场吊车会出现怠工状态，两栋以上的建筑才能有效利用施工设备。

② RPC工法。

RPC工法即框架结构预制装配式混凝土工法，是指预制梁和柱在施工现场以刚接或者铰接相连接而构成承重体系的结构工法。由预制梁和柱组成框架共同抵抗使用过程中出现的水平荷载和竖向荷载，墙体不承重，仅起到围护和分隔作用。此种工法要求技术及成本都比较高，故多与现场浇筑相结合。比如，梁、楼板均做成叠合式，预留钢筋，现场浇筑成整体，并提高刚性。RPC工法多用于高层集合住宅或写字楼，可实现外周无脚手架，大大缩短工期。

③ WRPC工法。

WRPC工法即框架剪力墙结构预制装配式混凝土工法，是框架结构和剪力墙结构两种体系的结合，吸取了各自的长处，既能为建筑平面布置提供较大的使用空间，又具有良好的抗侧力性能。WRPC工法适用于平面或竖向布置繁杂、水平荷载大的高层建筑。

④ SRPC工法。

SRPC工法即预制装配式钢骨混凝土工法，是将钢骨混凝土结构的构件预制化，与RPC工法的区别是，通过高强螺栓将构件现场连接。通常是每3层作为一节来装配，骨架架设好之后才能进行楼板及墙壁的安装。此工法适用于高层且每层户数较多的住宅。

2. PC结构施工要点。

PC结构装配式建筑一般仍采用现浇钢筋混凝土基础，以保证预制构件接合部位的插筋、预埋件等准确定位。PC构件装配的首要环节是现场吊装，在进行吊装时首先应确保起重机械选择的正确性，避免因机械选择不当导致的无法吊装到位甚至倾覆等严重问题。PC构件吊装过程中，应结合具体预埋构件的实际情况选择起吊点，保证吊装过程中PC构件的水平度与平稳性。在吊装过程中应充分规划施工空间区域，轻起轻放，避免因用力不均造成的歪斜或磕碰问题。在吊装的过程中，应不断进行精度调整，在定位初期应使用相应的测量仪器进行控制。当前主要的PC构件吊装定位仪器为三向式调节设备，能够确保吊装定位的准确性。

作为PC构件装配过程中的关键部分，连接点施工是极易出现质量问题的环节，同时也是预制装配式高层住宅建筑施工的重点。现阶段，此部分连接施工主要分为干式连接和湿式连接两种形式。其中，干式连接仅通过PC构件的拼接与紧固，借助连接固件完成结构成型，节省了施工现场节点处混凝土浇筑施工步骤。与此相对应，湿式连接指的是在吊装定位与拼接紧固完成后，施工人员在节点位置进行混凝土浇筑，通过混凝土材料的成型聚合完成建筑结构体系成型。在实际施工环节中，上述两种方式应有针对性地选择应用。

标准层施工时，每层PC构件按预制柱→预制梁→预制叠合楼板→预制楼梯→预制阳台→预制外墙板的顺序进行吊装和构件装配，装配完毕后需按设计要求进行预制叠合楼板面层混凝土浇筑和节点混凝土浇筑。

由于在工厂预制PC构件时已经将门、窗、空调板、保温材料、外墙面砖等功能性和装饰性的组件安装在PC构件上了，所以与传统现浇钢筋混凝土建筑相比，PC结构装配式建筑装配完毕后只需要少许工序便能完成整个建筑的施工，节省了施工时间，同时也降低了建筑施工成本。

值得注意的是，采用预制PC构件装配时，为了保证节点的可靠性，以及建筑的整体性能，在节点处和叠合楼板面层通常会采用现浇混凝土的方式。这种部分采用现浇混凝土以增强结构整体性能的方式，除了用于节点和叠合楼板外，还能用于剪力墙叠合墙板的施工。以下实例中的上海青浦新城某商品房项目采用的就是这种方法。

3. PC结构应用实例。

上海青浦新城某商品房项目总用地面积27938.2 m²，包括8栋16～18层装配式住宅、一座地下车库、一座垃圾房和一座变电站，总建筑面积83 218.35 m²，其中地上建筑面积56917.49m²，地下建筑面积为26300.86m²。项目建筑面积100%实施装配式建筑，单体预制混凝土装配率≥30%。

小区住宅楼层数主要为16～18层，标准层层高2.95 m。户型以一梯四户和一梯两户为主，每单元设2台电梯和1部疏散楼梯，地下一层为机动车与非机动车库及设备用房。

住宅房型设计以标准化模块化为基础，以可变房型为设计原则。住宅3层以下竖向构件采用现浇，顶层屋面采用现浇，其余楼层采用预制。立面造型风格简洁明快，具有工业化建筑的特点。

项目设计围绕基于工业化建筑的标准模数系列，形成标准化的功能模块，设计了标准的房间开间模数、标准的门窗模数、标准的门窗洞口尺寸、标准的交通核模块、标准的厨卫布置模块，并将这些标准化的建筑功能模块组合成标准的住宅单元。

根据标准化的模块，再进一步拆分标准化的结构构件，形成标准化的楼梯构件、标准化的空调板构件、标准化的阳台构件，大大减少了结构构件数量，为建筑规模化生产提供了基础，并显著提高构配件的生产效率，有效地减少材料浪费，节约资源，节能降耗。

该地块所有住宅单体皆采用装配式剪力墙结构体系，主要预制构件包含叠合墙板、全预制剪力墙、叠合楼板、叠合梁、预制阳台、预制空调板、预制楼梯，单体预制率皆大于30%。

该项目结构体系以叠合墙板和叠合楼板为主，辅以必要的现浇混凝土剪力墙、边缘构件、梁、板，共同形成剪力墙结构。

叠合墙板，由内外叶两层预制墙板与桁架钢筋制作而成。现场安装就位后，在节点连接区域采取规定的构造措施，并在内外叶墙板中间空腔内浇注混凝土，预制叠合墙板与边缘构件通过现浇段连接形成整体，共同承受竖向荷载与水平力作用。

叠合楼板，由底部预制层和桁架钢筋组合制作而成。运输至现场辅以配套的支撑进行安装，并在预制层上设置与竖向构件的连接钢筋、必要的受力钢筋以及构造钢筋，以其为模板浇筑混凝土叠合层，与预制层形成整体共同受力。

叠合墙板、叠合楼板充当现场模板，省去了现场支模拆模的烦琐工序，预制构件在制作过程中采用全自动流水线进行生产，工业化程度较高，是发展住宅工业化行之有效的方式。

需要注意的是，如果PC构件较大，会增大工厂预制、道路运输和现场装配的难度，但是如果PC构件较小，那么同一个建筑所需的PC构件数目就会大大增加，同样会增加工厂预制和现场装配难度。因此，合理的构件拆分就显得尤为重要。该项目中，通过内梅切克的Allplan工程软件进行构件的深化设计，得到最合理的构件拆分方案。

此外，为进一步提高装配式混凝土结构的经济性，考虑到现浇部分的结构边缘构件标准化，所有一字形构件尺寸为200mm×400mm，L形构件尺寸统一为500mm×500mm，丁字形构件尺寸为400mm×400mm，节约了铝模板的品种和数量，有效地降低了装配式建筑的造价。

（四）钢结构施工

1.钢结构的优、缺点。

与传统混凝土结构相比，钢结构具有以下优、缺点。

（1）优点。

1）材料强度高，自身重量轻：钢材强度较高，弹性模量也高。与混凝土和木材相比，其密度与屈服强度的比值相对较低，因而在同样受力条件下钢结构的构件截面小，自重轻，便于运输和安装，适于跨度大、高度高、承载重的结构。

2）施工速度快：工期比传统混凝土结构体系至少缩短 1/3，一栋 1 000 m² 的住宅建筑只需 20 天，5 个工人方可完工。

3）抗震性、抗冲击性好：钢结构建筑可充分发挥钢材延性好、塑性变形能力强的特点，具有优良的抗震抗风性能，大大提高了住宅的安全可靠性。尤其在遭遇地震、台风灾害的情况下，钢结构能够避免建筑物的倒塌性破坏。

4）工业化程度高：钢结构适宜工厂大批量生产，工业化程度高，并且能将节能、防水、隔热、门窗等先进成品集合于一体，成套应用，将设计、生产、施工一体化，提高建设产业的水平。

5）室内空间大：钢结构建筑比传统建筑能更好地满足建筑上大开间灵活分隔的要求，并可通过减少柱的截面面积和使用轻质墙板，提高面积使用率，户内有效使用面积提高约 6%。

6）环保效果好：钢结构施工时大大减少了沙、石、灰的用量，所用的材料主要是绿色、100% 回收或降解的材料，在建筑物拆除时，大部分材料可以再用或降解，不会造成过多的建筑垃圾。

7）文明施工：钢结构施工现场以装配式施工为主，建造过程大幅减少废水排放及粉尘污染，同时降低现场噪声。

（2）缺点。

1）耐腐蚀性差：钢结构必须注意防腐蚀，因此，处于较强腐蚀性介质内的建筑物不宜采用钢结构。钢结构在涂油漆前应彻底除锈，油漆质量和涂层厚度均应符合相关规范要求。在设计中应避免使结构受潮、漏雨，构造上应尽量避免存在检查、维修的死角。新建造的钢结构一般间隔一定时间都要重新刷涂料，维护费用较高。

2）耐火性差：温度超过 250℃时，钢材材质发生较大变化，不仅强度逐步降低，还会发生蓝脆和徐变现象；温度达 600℃时，钢材进入塑性状态不能继续承载。在有特殊防火需求的建筑中，钢结构必须采用耐火材料加以保护以提高耐火等级。

3）施工技术要求高：由于我国现代建筑都是以混凝土结构为主，从事建筑施工的管理人员和技术人员对钢结构的制作和施工技术相对比较生疏，以民工为主的具体施工人员更不懂钢结构工程的科学施工方法，导致施工过程中的事故时常发生。

4）钢材较贵：采用钢结构后结构造价会略有增加，这往往会影响业主的选择。其实上部结构造价占工程总投资的比例很小，总投资增加幅度约为 10%。而以高层建筑为例，总投资增加幅度不到 2%。显然，结构造价单一因素不应作为决定采用何种材料的依据。如果综合考虑各种因素，尤其是工期优势，则钢结构将日益受到重视。

3. 钢结构施工。

装配前应按结构平面形式分区段绘制吊装图，吊装分区先后次序为，先安装整体框架梁柱结构后楼板结构，平面从中央向四周扩展，先柱后梁、先主梁后次梁吊装，使每日完成的工作量可形成一个空间构架，以保证其刚度，提高抗风稳定性和安全性。

对于多高层建筑，在垂直方向上钢结构构件每节（以三层一节为例）装配顺序为，钢柱安装→下层框架梁→中层框架梁→上层框架梁→测量校正→螺栓初拧、测量校正、高强螺栓终拧→铺上层楼板→铺下、中层楼板→下、中、上层钢梯平台安装。钢结构一节装配完成后，土建单位立即将此节每一楼层的楼板吊运到位，并把最上面一层的楼板铺好，从而使上部的钢结构吊装和下部的楼板铺设和土建施工过程有效隔离。

楼板装配有两种方式：一种是在钢梁上铺设预制好的混凝土楼板；另一种是在钢梁上铺设压型钢板，再在压型钢板上铺设钢筋浇筑混凝土，使压型钢板和现浇混凝土形成一个整体，也叫组合楼板。

钢结构构件装配，主要包括钢柱、钢梁、楼梯的吊装连接、测量校正、压型钢板的铺设等工序，但是在钢结构装配的同时需要穿插土建、机电甚至外墙安装等部分的施工项目，所以在钢结构构件装配时必须与土建等其他施工位进行密切配合，做到统筹兼顾，从而高效、高质地完成施工任务。

（五）轻钢结构施工

1.轻钢结构建筑的应用。

轻钢结构建筑一般采用冷弯薄壁型钢或轻钢龙骨作为骨架形成框架结构，并布置柱间支撑保证其稳定性。楼层采用主次梁体系及组合楼盖，不上人屋面则采用檩条和压型钢板。内墙为轻质隔断墙，外墙则采用轻质保温板。由于冷弯薄壁型钢和轻钢龙骨截面面积小且较薄，因此承载力较小，一般用来装配多层建筑或别墅建筑。

轻钢结构低层住宅的建造技术是在北美木结构建造技术的基础上演变而来的，已形成了物理性能优异、空间和形体灵活、易于建造、形式多样的成熟建造体系。在世界上被誉为人居环境最好的北美大陆，有95%以上的低层民用建筑，包括住宅、商场学校、办公楼等均使用木结构或轻钢结构建造。随着木材价格的节节攀升，北美轻钢结构体系的市场发展正以超过30%的增长率快速增长，逐步为市场所广泛接受。

目前，发达国家的轻钢结构住宅产业化进一步升级，工业化程度很高，工地已不是建设工程的主战场。以瑞典为例，它是当今世界上最大的轻型钢结构住宅制造国，其轻型钢结构住宅的预制构件达95%，欧洲各国都到瑞典去定制住宅，通过集装箱发运回去安装。同时在日本、韩国以及澳大利亚，轻钢结构也被大量采用。

中国钢铁工业的产量已居世界前列，但钢材在建筑业的使用比例还远低于发达国家的水平。随着我国钢产量的快速增长及新型建材的发展和应用，轻钢结构低层住宅体系正逐步发展起来并引起了广泛的关注，同时轻钢结构低层民用住宅建筑技术也符合国家对建筑业的产业导向。

2.轻钢结构的优、缺点。

（1）优点。

1）采用轻质薄壁型材，自重轻、强度高、结构性能好，抗震性能佳；且轻质高强材料占用面积小，建筑总重量较轻，可以降低基础处理的费用，降低建造成本。

2）构件之间采用螺栓连接，安装简便，搬运重量小，仅需小型起重设备，现场施工快捷，一 200 m² 房屋的施工周期在 1 个月之内。

3）轻钢结构的生产工厂化和机械化程度高，商品化程度高。建房所需的主材都是在工厂生产的，原材料用机械设备加工而成，效率高，成本低，质量也有很好的保障。这些设备多半引进国外先进技术，很多大企业的新型房屋产品具有国际品质。

4）住宅建筑风格灵活，外观多姿多彩，大开间人性化设计，满足不同用户的个性化要求。

5）现场基本没有湿作业，不会产生粉尘、污水等污染。

6）轻钢结构具有可移动性，如果遇到拆迁，轻钢房屋可以拆分为很多部件，运输到新地点后重新安装即可。因为这些部件都是通过螺丝和连接件连接到一起的，所以安装、拆卸非常简单。

7）轻钢结构 80% 的材料可以回收再利用。从主材来看，钢材不会随着时间的流逝生虫或者变为朽木，若干年拆除后可以回收再利用，非常环保，也非常经济。

8）轻钢结构适应性非常强，无论是在寒冷的东北，还是炎热的海南，都非常适用，只不过建筑的构造有所不同而已。

（2）缺点。

1）技术人员缺乏，轻钢结构是在国内刚发展起来的新型结构，相应的技术规范、规程的编制工作相对滞后，多数设计人员钢结构知识陈旧，缺乏相关培训，对轻钢结构设计理论和计算方法不熟悉。

2）严重依赖产业配套，比如预制墙板、屋面板、墙体内填保温材料、防火材料。国内现在流行的混凝土、砌体结构形式，墙体基本为现场湿法砌筑，而轻钢结构需要干法预制墙板。

3）需要内装修材料装置方法的配套，比如把热水器、空调、画框安装到预制墙板上的方法和现在安装在砌体墙上的方法还是有很大差别的，再如压型钢板楼面的防水做法、隔音做法等。

4）需要定期检修维护，因为钢材的耐久性还是不如混凝土。

5）跟传统混凝土建筑比，造价略贵。

3.轻钢结构施工。

盖房子首先要设计户型图纸，轻钢房屋也不例外。厂家将做好的 CAD 建筑设计图导入轻钢骨架生成软件中，软件自动将图纸生成轻钢骨架结构模型，解析成结构图。在结构图中每一根轻钢骨架的尺寸形状、开洞位置与大小都有详细的说明。

然后在工厂预制轻钢龙骨，并分块组合。

轻钢构件在工厂预制的同时，施工现场可以进行平整场地、基础施工、防水处理管道铺设等工序。轻钢结构装配式建筑自重较轻，特别是轻钢别墅的自重很轻，不到砖混结构房屋重量的1/4，因此和砖混结构房屋的地基有所不同，可以不用挖很深做基础。

待现浇混凝土基础达到一定强度后方可进行主体结构装配，装配顺序一般为一层墙体装配→楼梯装配→二层楼面装配→二层墙体装配→屋架装配→屋面板材装配→墙体板材装配。如果建筑层数较多，在进行较高楼层墙体装配的同时还能进行较低楼层的墙体板材装配，缩短施工工期，节省造价。

二、装配式建筑施工组织管理

施工组织管理是根据工程的施工特点和施工设计图纸，按照工程项目的客观规律及项目所在地的具体施工条件和工期要求，综合考虑施工活动中资金和施工方法等要素，对工程的施工工艺、施工进度和相应的资源消耗等做出合理的安排，为施工生产活动的连续性、协调性和经济性提供最优方案，以最少的资源消耗取得最大的经济效益。它包括施工准备工作、全面布置施工活动、控制施工进度、进行劳动力和机械调配等内容。施工组织管理者需要熟悉装配式工程建设的特点、规律和工作强度，掌握施工生产要素及其优化配置与动态控制的原理和方法，还要应用组织理论选择组织管理模式，实施管理目标的控制。

装配式建筑的施工特点是现场施工以构件装配为主，实现在保证质量的前提下快速施工，缩短工期，节省成本，节能环保。工程进度、质量、安全、建造成本等是工程组织管理的控制目标，它们之间是相互联系、相互作用的，是不可分割的整体，缺一不可。

（一）集装箱式与 PC 结构施工组织管理

集装箱式与 PC 结构装配式建筑施工主要包括构件预制、构件运输和构件装配三部分，在施工进度安排上，构件预制和构件装配准备工作（如场地平整、基础施工等工序）可以同时进行，构件运输应与构件装配相协调。

集装箱式与 PC 结构施工各阶段组织管理要点如下。

1.集装箱式与 PC 结构构件预制阶段。

（1）集装箱式与 PC 结构构件需严格按照设计要求预制，原材料应经检验合格后方可使用。

（2）生产车间高度应充分考虑生产预制构件高度、模具高度及起吊设备升限、构件重量等因素，应避免预制构件生产过程中发生设备超载、构件超高不能正常吊运等问题。

（3）技术人员和管理人员应熟悉施工图纸，了解各构件的钢筋、模板的尺寸等，并配合施工人员制定合理的构件预制方案，以求在施工中达到优质、高效及经济的目的。

2. 装配准备阶段。

（1）装配施工前应编制装配方案，装配方案应包括下列内容：集装箱式与 PC 构件堆放和场内驳运道路施工平面布置；吊装机械选型与平面布置；集装箱式与 PC 构件总体安装流程；集装箱式与 PC 构件安装施工测量；分项工程施工方法；产品保护措施；保证安全、质量技术措施；绿色施工措施。

（2）现场的墙梁、板等的堆放支架需要进行安全计算分析，确保堆放期间的稳定性和安全性。

（3）为了避免进场构件的二次搬运影响施工进度，需要加大构件堆放的管理力度，完善构件的编号规则，对构件进行跟踪管理；对于进场的构件，应该及时按照预先制定的编号规则进行编号，堆放区域应根据施工进度计划进行合理划分，使得构件的堆放与相关吊装计划相符合。

（4）为确保大型机械设备在施工过程中安全运行，施工单位应首先确保施工现场使用的机械设备是完好的。大型机械设备进场后，施工单位应对机械设备操作人员进行施工任务和安全技术措施的书面交底工作。

（5）施工现场机械设备多，塔吊工作、临时脚手架、构件安装过程等存在极大人员安全风险，制定有效的安全、文明施工管理及措施具有重要意义。

3. 装配阶段。

集装箱式与 PC 结构装配式建筑施工核心难点在于现场的构件装配。现场施工存在很多的不确定性，且装配式构件种类繁杂而多，要想顺利完成既定的质量，安全及工期目标，就必须对施工现场进行有效的组织管理。

（1）集装箱式与 PC 结构构件在临时吊装完毕之后，节点混凝土浇筑之前，所处的受力状态很危险。为了确保整个施工过程的安全，减小构件的非正常受力变形，在节点混凝土浇筑之前需要设置临时支架，但是如果支架不牢固，将对工人操作造成极大的安全风险，同时对工程建设造成严重后果。因此，装配式构件的下部临时支撑应该严格按照方案进行布置，构件吊装到位后应及时旋紧支撑架，支撑架上部作为支撑点型钢需要与支撑架可靠的连接。支撑架的拆除需要在上部叠合部分中现浇混凝土强度达到设计要求后实施。支撑架在搭设过程中，必须严格按照规范操作，严禁野蛮操作、违规操作。

（2）集装箱式与 PC 结构构件在施工过程中需要采用大量起重机械，由于起吊高度和重量都比较大，且部分构件形状复杂，因此对吊装施工提出了很高的要求。吊装位置选择的不合理可能影响工程的建设和工人的操作安全。综合以往经验，可采取以下技术措施。

1）为了确保吊装的安全，吊点位置的确定和吊具的安全性应经过设计和验算，吊点必须具备足够的强度和刚度，吊索等吊具也必须满足相关的起吊强度要求。

2）吊车司机经验必须丰富，现场必须有至少一名起吊指挥人员进行吊装指挥，所有人员必须全部持证上岗。

3）吊装影响范围必须与其他区域临时隔离，非作业人员禁止进入吊装作业区，吊装作业人员必须按规定佩戴安全防护用具。

（3）对于预制率较高的集装箱式与 PC 结构装配式建筑，现场构件类型多，构件是否能够良好地定位安装将影响结构的外观与受力性能，构件装配完成后应及时对构件的标高、平面位置以及垂直度偏差等进行校正。

（4）集装箱式与 PC 结构外墙板的拼缝是装配式建筑一个重要的防水薄弱点，如果无法保证此处的施工质量，将会发生外墙渗漏的问题，在施工过程中应该加大防水施工质量的管控力度，确保防水施工的质量满足设计文件的相关要求。

（二）钢结构与轻钢结构施工组织管理

钢结构与轻钢结构装配式建筑的施工过程是一个错综复杂的系统工程，应该充分认识到施工的困难性、复杂性，对施工前、施工过程中、施工质量、施工工期等进行严格管理。在进行施工前管理时，要对整个工程施工有一定的了解，掌握施工技能，并根据施工特点制订详细周密的施工计划。在施工过程中，要严格按照施工规范标准控制施工各个阶段的施工要点，确保施工质量和施工安全，并在施工过程中不断调整和完善施工方案，使其更接近实际需求，从而使工程以高效率、高质量顺利完成。钢结构与轻钢结构施工各阶段组织管理要点如下。

1. 预制阶段。

钢结构与轻钢结构构件需严格按照设计要求预制，要检查所使用的材料尺寸和质量，以及钢材在焊接后和矫正后的质量，并对构件的除锈处理质量进行检查等。同时，还应该对螺栓摩擦面、螺栓孔洞质量等进行检查。在施工之前，通过试验检查钢结构制造工艺是否符合规范要求。对于钢结构的焊接工艺，在试验时可以根据具体的施工内容合理调整焊接形式；对于不同的钢柱，要结合具体的施工内容制定具有可行性的施工方案。

2. 装配准备阶段。

（1）施工场地准备。

在施工之前，应该对施工场地进行平整，确保场地通畅，从而方便施工人员施工，使工程顺利、有序地进行。

（2）施工技术准备。

施工技术是确保工程质量的前提。在施工之前，施工管理人员首先应该对相关的技术验收规范、操作流程等有一定的了解，熟练掌握操作流程，并分析工艺流程中的一些要点，掌握工艺技术要领，以便运用时能够得心应手；其次，审阅并熟悉设计图纸以及工程的相关文件，在对设计意图掌握后通过实践调研制定施工组织设计方案；再次，对施工现场的材料、构件等进行取样，检验使用材料构件的质量，确保其质量符合质量标准；最后，对现场的焊条、钢板等进行全面检查，以为后续施工做好准备，确保工程施工有序进行。

为了提高施工人员的施工技能，施工单位在施工之前应该加大培训施工人员的力度，让施工人员了解施工的质量、技术和安全等问题，从而确保工程的质量和安全；在施工之前，应该对施工场地进行平整，确保场地通畅，从而方便施工人员施工，使工程顺利、有序进行。

（3）吊装准备。

应该结合钢结构与轻钢结构的质量、建筑物布局以及施工场地的空间等选择相应型号塔吊，并对其进行合理布置，从而确保塔吊的安全性、可靠性、稳定性等。

在进行钢结构与轻钢结构施工时，一般工期相对较短且工作量相当大，因此在前期工作中很容易出现构件运输到施工现场的顺序发生错乱，造成施工现场局面混乱。对于这些情况，在运输各种构件时要严格检查，并且制订详细的计划，按照计划有顺序地运进构件。同时在构件上表明序号，以方便吊装，或者将先要吊装的构件放在上面。同时在起吊之前，要确保构件的质量。

3. 装配施工阶段。

在钢结构和轻钢结构施工过程中，最重要的工序是吊装装配，吊装装配质量的好坏直接影响着工程的整体质量。在对构件进行吊装装配时，主要有柱、梁、斜撑、屋架等吊装装配。柱和梁吊装装配完成后，需要对构件的标高、平面位置以及垂直度偏差等进行校正。对钢结构和轻钢结构装配质量进行控制时，主要是以标高、垂直度以及轴线作为重要指标，工程管理人员通过判断这些指标来判定钢结构的安装质量。

此外，在整个施工过程中，管理人员还需注意控制施工质量和施工工期，并确保施工的安全性文明性。

4. 施工质量和施工工期控制。

钢结构和轻钢结构施工工期相对较短，在施工管理过程中应该严格控制施工工期。在钢结构和轻钢结构的施工过程中如果采用新进的设备和施工技术，并且按照科学的管理方法和管理组织对施工过程进行管理，那么在一定程度上就会缩短钢结构和轻钢结施工工期并且保证在短期内的施工质量。对于施工质量的控制，施工单位可以通过培训施工人员，提高施工人员的专业技能，让施工人员掌握先进的施工技能，然后在施工过程中根据施工的具体要求和施工特点选择相应的施工技术。同时，施工人员还应该采用先进的施工设备进行施工，提高钢结构和轻钢结构施工技术含量和施工进度，从而缩短施工工期。对于钢结构和轻钢结构施工质量和施工工期的控制，只有施工单位、监理单位以及建设单位等方面合理、有效地配合，共同完成工程施工管理，并通过建立科学、有效的管理方案和管理系统，才能确保施工管理的有效性。

5.施工的安全性、文明性。

在钢结构和轻钢结构施工过程中，安全是人们最为关注的问题。钢结构和轻钢结构施工是在高空进行作业，如果塔吊绳索或者构件质量没有进行详细检查就起吊，就会很容易发生坠落；或者构件中的小零件不牢固也会很容易发生坠落，从而引发安全事故造成人员伤亡。因此，在施工现场甚至要有专门的管理人员，负责施工现场的安全，同时制定相应的安全制度；对于违规操作者，应该给予一定的惩罚，从而确保钢结构施工的安全性和文明性。

第六章　装配式建筑项目成本控制

　　装配式建筑是先进的生产方式，具有很多优点，但是从我国目前推广的情况来看，经济效果并不乐观，其中有行业本身的原因，也有企业自身的原因。如果装配式建筑能够实现规模生产，经济效益还是不可估量的，既节约了成本又降低了对环境的影响，全面提高了经济效益。本章主要对装配式建筑项目成本控制进行详细的讲解。

第一节　装配式建筑项目造价概述

一、装配式建筑工程造价构成

　　1.传统现浇建筑土建工程造价构成。

　　传统现浇建筑土建工程造价主要由直接工程费（人、材、机、措）、间接费（管理费、利润）、规费和税金组成，其中直接工程费为施工企业主要成本支出，是构成建筑造价的主要部分，也是工程取费的计费基础，直接工程费对建筑工程造价形成最为直接的影响，而管理费和利润则由企业根据自身情况调整计取，规费和税金是非竞争性取费，费率标准由当地主管部门确定，可排除其对造价的影响。

　　2.装配式建筑土建工程造价构成。

　　（1）装配整体式结构的土建造价主要由直接费（含预制构件生产费、运输费、安装费、措施费）、间接费、利润、规费、税金组成，与传统方式一样，间接费和利润由施工企业掌握，规费和税金是固定费率，预制构件生产构件费用、运输费、安装费的高低对工程造价的变化起决定性作用。

　　（2）其中预制构件生产费包含材料费、生产费（人工和水电消耗）、模具费、工厂摊销费、预制构件企业利润、税金，运输费主要是预制构件从工厂运输至工地的运费和施工场地内的二次搬运费，安装费主要是构件垂直运输费、安装人工费、专用工具摊销等费用（含部分现场现浇施工的材料、人工、机械费用），措施费主要是防护脚手架、模板及支撑费用，如果预制率很高，可以大量节省措施费。

3.装配式建筑预制构件成本影响因素。

预制构件成本组成主要由三部分构成：预制构件深化设计费；预制构件费，包括主材、辅材、人工费、模具、蒸养、包装运输、生产管理、税金等费用；预制构件现场施工费，包括机械施工吊装、构件堆卸、预埋件、支撑构件、外墙涂料或清洗等费用。占预制构件费前三位的分别是预制构件人工制作费、主材费、税金。控制这三方面的成本是降低预制构件费的关键。

二、装配式施工的生产方式改变对工程造价的影响

相对于传统现浇建筑项目，装配式建筑项目由于生产方式转变，在设计、构件生产、构件安装等三个方面对造价产生明显的影响。

从设计、预制构件生产、施工安装等方面情况可以看出，建筑原材料成本可节约的空间有限。由于生产方式不同，直接费的构成内容有很大的差异，两种方式的直接费高低直接决定了造价成本的高低。在设计不变的前提下，如果要使装配式建筑的建造成本低于传统现浇结构，就必须降低预制构件的生产、运输和安装成本，使其低于传统现浇方式的直接费，这就必须研究装配式建筑的结构形式、生产工艺、运输方式和安装方法，从优化工艺、集成技术、节材降耗、提高效率着手，综合降低装配式建筑的建设成本。

三、装配式建筑与传统施工建筑在造价管理上的异同

传统现浇建筑主要根据设计图的工程量，然后套用相关的预算单价，并按照政府的规定确定出取费标准，计算出整个建筑的造价。造价主要包括人工费、材料费（包含工程设备）、施工机具使用费、企业管理费、利润、规费和税金等，其中工程费（包括人工费、材料费、施工机具使用费）是工程造价中最主要的部分，在建筑统的标准下，传统现浇建筑施工方法的成本主要取决于人工和物料的平均水平，这对于其成本的控制和调整非常有限，所以对施工企业来说，控制成本的主要措施就是降低工程造价，调整企业管理中的费用等，因为成本、质量和工期之间相互影响，如果只为了降低成本，则肯定会影响到工程的质量和工期。

会冲装配式建筑由现场生产柱、墙、梁、楼板、楼梯、屋盖、阳台等转变成交易

购买（或者自行工厂生产）成品混凝土构件，集成为单一构件产品的商品价格，原有的套取相应的定额子目来计算柱、墙、梁、楼板、楼梯、屋盖、阳台等造价的做法不再适用。现场建造变为构件工厂生产，原有的工、料、机消耗量对造价的影响程度降低，市场询价与竞价显得尤为重要。现场手工作业变为机械装配施工，随着建筑装配率的提高，装配式建筑愈发体现安装工程计价的特点，由生产计价方式向安装计价方式转变。工程造价管理由"消耗量定额与价格信息并重"向"价格信息为主、消耗量定额为辅"转变，造价管理的信息化水平需提高、市场化程度需增强。

《装配式建筑工程消耗量定额》给出了装配式建筑工程中部品安装工作的人工、材料、机械的消耗量，计价过程中要与入材机要素的市场价格结合，形成产品的安装价格。使用定额计价的优点是依据明确，并且具备一定的权威性。但定额只是给出了产品的安装要素消耗量，并且装配式部品方案多样且不断出现新材料新工艺，给定额的使用带来了一定的局限性，需要建设单位多调研部品和部品供应商取得一手价格信息，然后再进行控制价编制或认价工作。

四、装配式建筑造价较高原因分析

装配式建筑将在工地上建筑施工的建造方式转变为在现代化工厂制造生产部件并在工地上装配的制造方式。装配式建筑由施工现场生产建筑物主体结构（包括柱、墙、梁、楼板等）变化为购买成品混凝土预制构件或由自有工厂生产。这种建造方式的转变，导致装配式建筑与传统现浇建筑在造价上存在很大差异。从现阶段市场反应来看，装配式建筑的建设成本普遍高于传统现浇建筑的建设成本。主要原因有以下几点。

1. 技术研发、引进国外技术或聘请专家等方面的投入。

2. 人员培训方面的投入。生产工人工艺熟悉度较低，影响产能进度。

3. 构造差异，规范要求更高。比如，装配式建筑混凝土结构采用叠合板，总厚度比传统楼盖厚；装配式建筑混凝土结构需要缝灌浆，而传统剪力墙结构建筑不需要；装配预埋件的使用，费用增加。

4. 制造、运输、吊装过程中的费用。运输费用，构件厂运输覆盖半径一般不能大于150km；预制构件厂费用，预制构件生产所需要的机械设备投入，都比较大；吊装费用，机械吊装设备要求高，使用时间长；搬运损耗、运输损耗。

5. 由于目前普及率低，设计、生产、运输到施工等各个环节的衔接不是很顺畅，增加了不少成本。

6. 装配式建筑的产业链没有形成，缺乏配套体系，有些配套产品或从国外进口或在异地采购或因为稀缺而价格较高等增加的成本。

7. 非技术环节的因素导致成本提高，设计、制造和安装环节各自分别对应建设单位，都注重自身环节成本增加部分，对成本降低部分忽略了。

此外，建设单位由于缩短工期节省的财务费用和提前销售的获利，没有纳入成本分析中。按照目前的税收政策，由于构件生产企业的增值税抵扣后仍比商品混凝土企业高出 1%~2% 的税率，装配式建造较之传统建造方式增加了税赋。如果这个问题得以解决，装配式建筑与现浇建筑的成本差就会更小了。但我国的建筑市场规模很大，装配式一旦推广开来，成本会很快降下来。随着劳动力的上升，成本也会相对低下来。更重要的是，装配式建筑会带来质量提升和节能减排等长久的经济效益和社会效益。

五、装配式建筑的建设工期对成本的影响

1. 装配式建筑对于建设工期的影响。

（1）提高了工程质量，减少相应的不必要的修缮和整改，从而缩短竣工验收时间，若能打破目前对工程建设分段验收的桎梏，就能大大地缩短工程建设的周期，相应地也减少了管理成本。

（2）减少市场价格波动与政策调整引发的隐性成本增加。工程建设的周期越长，市场价格的波动与政策的调整的不可预见性就越大，风险也就越大。

（3）降低交付的违约风险。

（4）缩短工期将有效缓解财务成本的压力。现阶段建设单位的建安成本控制已经做到相对健全，如何降低财务成本与管理费用将成为降本措施的关键突破口。

2. 建设工期对成本影响。

现浇施工主体结构可做到 3~5 天一层，由于各专业不能和主体同时交叉施工，故实际工期为 7 天左右一层，各层构件从下往上顺序串联式施工，主体封顶完成总工作量的 50% 左右；现场装配安装施工可做到 1 天一层结构，同样 5~7 天完成一层，主体封顶即完成总工作量的 80%。另外，因外墙装饰一体化，或采用吊篮做外墙涂料，后续进度不受影响，总工期可进一步缩短。

构件的安装以重型吊车和人工费用为主，因此安装的速度决定了安装的成本。比如，预制剪力墙构件安装时，套筒浆锚连接和螺箍小孔浆锚连接方式的单片墙体安装较慢，所需时间一般是预制双叠合墙、预制圆孔板剪力墙的 3~5 倍，因此安装费用也要高出好几倍。另外在装配施工时，可以通过分段流水的方法实现多工序同时工作、争取立体交叉施工，在结构拼装时同步进行下部各层的装修和安装工作。因此，提高施工安装的效率，可节省安装成本。

3.工程建设规模及产品标准化对成本影响。

（1）标准化可以带来规模效应，随着批量的加大，采购价格会不断降低。

（2）标准化提高了零部件的通用性，这样就使得零部件品种数减少了，在采购总量不变的情况下，每种零部件的数量就会相对增加，即扩大了采购规模。

（3）标准化可以降低生产成本。由于零部件标准化和系列内的通用化，提高了制造过程的生产批量，可以进一步降低成本（产品的单位固定成本）。对供应商来说，标准化的零部件可提高生产批量，减少转产次数，降低模具费用，也实现了成本的降低。

第二节　装配式建筑项目成本管理

1.成本管理概述。

成本管理是一个组织用来计划、监督和控制成本以支持管理决策和管理行为的基本流程。装配式建筑项目的成本管理既包括构件生产企业的成本管理，又包括建筑施工企业的成本管理。本节主要从施工管理的角度来分析装配式建筑项目成本管理。装配式建筑项目施工企业应建立项目全面成本管理制度，明确职责分工和业务关系，把管理目标分解到各项技术和管理过程。企业管理层，应负责项目成本管理的决策，确定项目的成本控制重点、难点，确定项目成本目标，并对项目管理机构进行过程和结果的考核；项目管理机构，应负责项目成本管理，遵守组织管理层的决策，实现项目管理的成本目标。

装配式建筑项目成本管理的环节与传统现浇项目的成本管理环节相同，通常包括成本预算、成本计划、成本控制、成本核算、成本分析和项目成本考核六个环节。区别在于施工过程的不同，耗费的人工、材料组成不同，因此控制的侧重点也不同。

2.装配式建筑项目施工责任成本的管理。

湖施工责任成本是由施工企业组织内部有关职能部门，根据中标标书、工程项目的施工组织设计、预算定额、企业施工定额、项目成本核算制度、资源市场各种价格预测等信息，根据工程不同的类别、特点及预制装配式率的高低，确定某项目工程成本的上限。由于工程已经确定，施工图纸已经设计完毕，施工责任成本预测方法一般采用因素分析法。

（1）人工费的确定。

1）人工费单价由项目部同劳务分包方或作业班组签订的合同确定；一般按技术工种、技术等级和普通工种分别确定人工费单价，预制构件安装和套筒或金属波纹管灌浆工当前较稀缺，单价应高于其他工种；按承包的实物工程量和预算定额计算定额人工，作为计算人工费费用的基础。如采用定额人工数量 × 市场单价、平方米人工费单价包干、每层预制构件安装人工费单价包干、预算人工费 ×（1+ 取费系数）。

2）定额人工以外的零工，可以按定额人工的一定比例一次性确定，或按照一定的系数包干，也可以按实际情况计算。

3）奖励费用。

为了加快施工进度和提高工程质量，对于劳务分包方或作业班组，由项目经理或专业工长根据合同工期、质量要求和预算定额确定一定数额奖励费用。

（2）材料费的确定。

材料费包括主要材料费、周转工具费和零星小型材料费。由于主要材料一般是由市场采购，其中的预制构件是委托专业单位加工制备。

预制构件材料费根据施工总包单位同生产厂家的合同确定，也可以将预制构件生产、安装均分包给一家专业公司。预制构件安装辅助材料应根据相似工程经验确定，安装辅助材料可以包含在安装专项分包合同内。

1）施工现场主要材料费确定。

材料费 =Z(预算用量 × 单价)

预算用量 = 实际工程量 × 企业施工定额材料消耗量

营才当企业没有施工定额时：

施工定额材料消耗量预算定额材料消耗量 ×（1- 材料节约率）

材料费的高低，同消耗数量有关，又与采购价格有关。即在"量价分离"的条件下，既要控制材料的消耗数量，又要控制材料的采购价格，两者不可缺一。一是采用当地的市场指导价；二是当地工程建设造价管理部门发布的《材料价格信息》中的中准价；三是预算定额中的计划价格。预制构件由于类似工程偏少，只能参考各地的工程补充定额。

2）零星小型材料费。

零星小型材料费主要指辅助施工的低值易耗品以及定额内未列人的其他小型材料，其费用可以按照定额含量乘以适当降低系数包干使用，也可以按照施工经验测算包干。

3）周转工具费。

周转工具一般是从市场租赁，情况各不相同，分别采用不同的方法确定。降低周转工具费是降低施工成本的重要方面，周转工具费有两种方法确定，一般按照预算定额乘以适当地降低系数确定，也可以根据施工方案中的具体数量确定计划用量，再根据计划用量乘以租赁单价确定。装配式建筑由于大量使用预制构件，模板、钢架管扣件等周转工具使用量大大减少，传统的满堂脚手架或悬挑钢管脚手架不需搭设，采用独立钢支撑和钢斜撑及专业轻便工具式钢防护架即可，但是预制构件运输和堆放需要从市场租赁专用插放架或靠放架也会产生租赁费用，故周转工具费用综合平衡后会有一定幅度的降低。

（3）机械费的确定。

机械费由定额机械费和大型机械费组成，由于装配式建筑使用塔式起重机、履带式起重机或汽车起重机，其吨位较大，使用频次较多，定额机械费根据施工实际工程量和预算定额中的机械费计取可能不够，机械费也会随着预制构件数量和单件重量增加而增加，因此应根据实际使用大型机械适当按一定比例摊销。由于施工现场减少了现浇混凝土构件的钢筋制作、模板加工及混凝土泵送，故钢筋、模板加工的机械消耗及泵送机械的使用量大幅度降低。

（4）其他直接费。

其他直接费，例如季节施工费、材料二次搬运费、生产工具用具使用费、检验试验费和特殊工种培训费等由项目部统一核定。随着装配式建筑项目的不断增多和经验的不断积累，上述几项费用将会逐步下降。

3. 装配式建筑项目专项分包目标成本管理。

专项分包目标成本是由项目部有关人员根据工程实际情况和具体方案，在专项工程责任成本基础上，采用先进的管理手段和技术进步措施，进一步降低成本后确定的项目部内部指标，是进行项目部对于专项施工成本控制的依据，可以作为岗位责任成本和签订项目内部岗位责任合同的经济责任指标。专项分包目标成本分为专项分包目标成本和专项分包项目成本计划两部分。

（1）专项工程分包形式。

1）劳务分包。

专项劳务分包形式就是由施工总承包方负责提供机具、材料等物质要素，并负责工期、质量、安全等全面管理，专项分包方只提供专项劳务服务的分包形式。

2）专项分包。

专项分包一般为包工包料，即专项分包方负责提供所需材料、机具和人工并对专项分包施工全过程负责。施工总承包方负责总包管理，并对专项分包的各项指标负责。装配式建筑安装预制构件工序或钢套筒灌浆工序适用于专项分包。

（2）专项分包目标成本编制依据。

专项分包目标成本是根据施工图计算的工程量及专项施工方案、专项分包合同或劳务分包合同、项目部岗位成本责任控制指标确定的。

专项分包目标成本 = 专业分包工程量 × 市场价 × [1-（1%~5%）]

（3）专项分包目标成本确定。

1）人工费目标成本。

由于装配式建筑施工安装熟练程度较低，专业分包人工费实际支出大大超过预算定额的现象非常普遍，在项目施工成本管理中，应通过加强安装施工技能培训和演练、预算管理、经济签证管理和分包管理，确保工程量不漏算，分包人工费不超付，对于预制构件安装或部品安装应实事求是的确定基数，实行小包干管理。人工费降低率由项目经理组织有关人员共同协商确定。

人工费目标成本 = 项目施工责任成本人工费 ×（1- 降低率）

2）主要材料费目标成本。

材料种类多数量大、价值高，是成本控制的重点和难点，一般采用加权平均法或者综合系数评估法。

①加权平均法。由工程造价人员根据工程设计图纸列出材料清单，由项目经理、材料员和专业施工员从材料价格和数量两方面综合考虑，逐一审核确定材料费降低率。

②综合系数评估法。根据以前相似工程的材料用量和材料降低率水平，采取分别预估，取其平均值的方法，根据经验系数确定材料成本降低率。

3）周转工具费目标成本。

周转工具费的目标成本可根据专项施工方案和专项工程施工工期，合理计算租赁数量和租赁期限，确定费用支出和租赁费的摊销比例。当装配式建筑预制率较高时，模板及相应支撑脚手架数量应用较少，独立钢支撑、钢斜撑材料和人工使用较多，外防护脚手架或悬挑脚手架将由专业轻便工具式钢防护架代替，因此周转工具费降幅明显。

4）机械费目标成本。

由于预制构件普通较重，必须使用较大吨位的塔式起重机，也可以用移动式起重机械，如履带起重机或汽车起重机，故起重吊装及运输费用将会明显增多，通过预测使用的小型机械或小型电动工具的使用期限、租赁费用和购置费用，并考虑一定的修理费用进行汇总，再同预算收入比较，得出定额机械费的成本降低率。

5）安全设施和文明施工费目标成本。

装配式建筑由于临边施工范围较少，一层到二层轻质工具式钢外防护架可以从最下层预制构件周转使用到最上层，可大大节省安全设施费用，施工现场文明施工要求标准也较为完善，安全设施和文明施工费应根据各地建设主管部门有关规定和工程实际情况，确定一定的安全设施和文明施工费目标成本数额。

（4）专项分包项目成本计划。

专项分包项目成本计划是根据项目的目标成本制定的成本收入与成本支出计划，将成本收入与成本支出计划落实到专业施工员、作业班组、劳务队具体操作人员，分工明确，责任到人。

1）专项分包项目成本计划编制原则。

①实际发生原则：对于专业分包项目而言，在编制项目月度成本计划时要考虑专业分包工程在本月是否发生，如果发生，应按进度计划的要求，确定专业分包工程的

工程量。

②收支口径一致的原则：适用于机械（工具）分包或材料分包。

2）专项分包项目施工成本收入的确定。

专业分包工程成本收入、机械（工具）分包成本收入、专项材料分包成本收入：

专业分包成本收入 / 机械（工具）分包成本收入 / 专项材料分包成本收入

$$= \frac{当月计划完成分包工程量}{分包工程量} \times 分包造价$$

3）专项分包项目施工成本支出的确定。

①专业分包工程成本支出。

专项分包成本支出 = 实际完成工程量 × 分包单价

$$专项分包成本支出 = \frac{当月计划完成分包工程量}{分包工程量} \times 分包总价$$

②机械（工具）分包成本支出。

$$机械（工具）分包成本支出 = \frac{当月计划完成分包工程量}{分包工程量} \times 分包总价$$

③专项材料分包成本支出。

$$专项材料分包成本支出 = \frac{当月计划完成分包工程量}{分包工程量} \times 分包总价$$

4.装配式建筑项目专项工程成本控制方法。

（1）"两算"对比方法。

工程量清单计价或定额计价是施工企业对外投标和同业主结算、付款的依据。以目标成本控制支出可根据项目经理部制定的目标成本控制成本支出，实行"以收定支"或"量入为出"的方法。将采用工程量清单计价或定额计价产生的设计预算同施工预算比较，对比分析工程量清单计价或定额计价在材料的消耗量、人工的使用量和机械费用的摊销等方面的差异，找出降低成本的具体方法。

（2）人工费控制。

项目部应根据工程特点和施工范围，通过招标方式或内部商议确定劳务队和操作班组，对于具体分项应该按定额工日单价或平方米包干方式一次确定，控制人工费额外支出。

（3）材料费控制。

材料费控制是专项成本控制的重点和难点，要制定内部材料消耗定额，从消耗量和进场价格两个方面控制材料费，实施限额领料是控制材料成本的关键。由于预制构件是生产厂家定制加工或者自行生产的，没有多余构件备存，因此，每个构件质量和尺寸非常关键，预制构件一旦损坏或者报度，将会减缓工程进度并造成经济损失，工程成本将会增加较多。

1）材料消耗量控制。

①编制材料需用量计划，特别是编制分阶段需用材料计划，给采购进场留有充裕的市场调查和组织供应时间。材料进场过晚，影响施工进度和效益；材料进场早，储备时间过长，则要占用资金和场地，增大材料保管费用和材料损耗，造成材料成本增加。

②编制预制构件需用量计划，特别是编制分阶段预制构件需用材料计划，给预制构件进场留有充裕的市场调查和组织供应时间。预制构件进场过晚，影响施工进度和效益，预制构件进场早，储备时间过长，则要占用资金和场地，增加现场二次倒运费用，材料保管费用和材料损耗增大，造成材料成本增加。

③材料领用控制。实行限额领料制度，由专项施工员对作业班组或劳务队签发领料单进行控制，材料员对专项施工员签发的领料单进行复检控制。

④工序施工质量。控制每道工序施工质量好坏将会影响下道工序的施工质量和成本，例如预制构件之间的后浇结构混凝土墙体平整度、垂直度较差，将会使室内抹面砂浆或水泥抗裂砂浆厚度增加，材料用量和人工耗费均会增加，成本会相应增加，因此，应强化工序施工质量控制。

⑤材料计量控制。计量器具按时检验、校正，计量过程必须受控，计量方法必须全面准确。

2）材料进场价格控制。

由于市场价格处于变动之中，因此，应广泛及时多渠道收集材料价格信息，多家比较材料的质量和价格，采用质优价廉的材料，使材料进场价格尽量控制在工程投标的材料报价之内。对于新材料、新技术、新工艺的出现，如灌浆料、座浆料、钢套筒、金属波纹管、金属连接件等由于缺乏价格等信息，因此，应及时了解市场价格，熟悉新工艺，测算相应的材料、人工、机械台班消耗，自编估价表并报业主审批。

（4）周转工具使用费的控制。

装配式建筑项目独立钢支撑和钢斜支撑使用较多，部分工程由于现浇混凝土量比较大，也会采用承插盘扣式脚手架或钢管扣件式脚手架。但是基本上均是总包单位外租赁为主。

周转工具使用费 = 租用费用 × 租用时间 × 租赁单价 + 自购周转材料领用部分的合计金额 × 摊销费

周转工具使用费具体控制措施如下。

1）通过合理安排施工进度，采用网络计划进行优化，采用先进的施工方案和先进周转工具，控制周转工具使用费低于专项目标成本的要求。

2）减少周转工具租赁数量，控制周转工具尽可能晚些进场时间、使用完毕后尽可能早退场，选择质优价廉的租赁单位，降低租赁费用。

3）对作业班组和操作工人实行约束和奖励制度，减少周转工具的丢失和损坏数量。

（5）机械使用费控制

受预制构件重量和形状的限制，部分工程只有使用起重量或起重力矩较大的塔式起重机、履带起重机或汽车起重机，且市场上此类大型塔式起重机、履带起重机或汽车起重机较少，无论施工单位自行采购或外出租赁，都会比传统施工方法使用起重机械增加较多的费用。因此，应加强对机械使用费控制，明确机械使用费控制上限，大型机械应控制租赁数量，压缩机械在现场使用时间，提高机做机械利用率，选择质优价廉的租赁单位，降低租赁费用；对于小型机械和电动工具购置和修理费，采用由操作班组或劳务队包干使用的方法控制。

（6）其他。

加强定额管理，及时调整经济签证，特别是预制构件生产或安装应深入分析现有混凝土结构，通过众多竣工工程的决算经济资料，得出装配式建筑的造价资料，提出针对性的补充定额。对于施工过程中出现的设计变更，应及时办理经济签证。分项工程完工后及时同业主进行工程结算，使得工程成本可控合理，为进一步降低装配式建筑项目施工成本打下基础。

5.装配式建筑项目施工专项成本核算与分析。

（1）专项成本核算的方法。

项目施工成本核算是对施工过程中直接发生的各种费用进行项目施工成本核算，确定成本盈亏情况，是项目施工成本管理的重要步骤和内容之二，是施工项目进行施工成本分析和考核的基础，是对目标成本是否实现的检验。其中，专项分包项目的成本核算一般采用成本比例法或单项核算法。

1）成本比例法。

就是把专业分包工程内的实际成本，按照一定比例分解为人工费、材料费（含预制构件加工费）、机械费、其他直接费，然后分别计入相应项目的成本中。分配比例可按经验确定，也可根据专业分包工程预算造价中人工费、材料费、机械费、其他直接费占专业分包工程总价的比例确定。

采用成本比例法时，当月计入成本的专项分包造价为

人工费（材料费、机械费、其他直接费）= 当月实际完成的专项分包工程 × 分配比例

2）成本单项核算法。

成本单项核算法比较简单，适用于专项分包工程成本核算，只要能够掌握专项分包工程成本收入和成本支出，通过两者对比，可以对专项分包成本进行核算，计算出成本降低率，它是由成本收入和成本支出之间对比得到的实际数量。

施工项目的成本分析根据统计核算、业务核算和会计核算提供的资料，对项目成

本的形成过程和影响成本升降的因素进行分析，寻求进一步降低成本的途径，包括项目成本中有利于偏差的调整。

（2）专项成本偏差分析。

专项工程成本偏差的数量，就是对工程项目施工成本偏差进行分析，从预算成本、计划成本和实际成本的相互对此中找差距、成本间相互对比的结果，分别为计划偏差和实际偏差。

1）专项成本计划偏差。

专项成本计划偏差是预算成本与计划成本相比较的差额，它反映成本事前预控制所达到的目标。

预算成本可分别指工程量清单计价成本、定额计价成本、投标书合同预算成本三个层次的预算成本。计划成本是指现场目标成本，即施工预算。两者的计划偏差，也反映计划成本与社会平均成本的差异；计划成本与竞争性标价成本的差异；计划成本与企业预期目标成本的差异。如果计划偏差是正值，反映成本预控制的计划效益。

计划成本＝预算成本计划利润

在一般情况下，计划成本应该等于以最经济合理的施工方案和企业内部施工定额所确定的施工预算。

2）专项成本实际偏差。

专项成本实际偏差是计划成本与实际成本相比较的差额，它反映施工项目成本控制的实际，也是反映和考核项目成本控制水平的依据，特别是装配式建筑由于预制构件安装经验仍不够丰富，实际成本可能偏差较大，只有通过更多的装配式建筑项目施工的积累，预制构件安装及辅助工程的实际成本才能准确，装配式建筑项目计划成本同实际成本偏差更小。

实际偏差＝计划成本实际成本

分析成本实际偏差的目的，在于检查计划成本的执行情况。偏差为正意味着有盈利，偏差为负则反映计划成本控制中存在缺点和问题，应挖掘成本控制的潜力，缩小和纠正目标偏差，保证计划成本的实现。

（3）专项成本具体分析。

1）人工费分析。

①根据人工费的特点，工程项目在进行人工费分析的时候，应着重分析执行预算定额或工程量清单计价方法是否合理，人工费单价有无抬高和对零工数量的控制，当前，装配式建筑的人工费仍然偏高，随着装配式建筑规模效应显现，人工费将会下降。

②人工、材料、机械三项直接生产要素的费用内容的差异分析如下。

从人工的消耗数量看，根据装配式建筑特点，由于装配式建筑减少了大量的湿作业，现场钢筋制作、模板搭设和浇筑混凝土的工作量大多转移到了产业化预制构件加工企业内部。因此，施工现场钢筋工、木工、混凝土的数量大幅度减少。同时，由于预制构件表面平整，可以实现直接刮腻子、刷涂料，施工现场减少了抹灰工的使用量。

此外预制剪力墙、预制柱、预制梁、预制挂板、预制楼板、预制楼梯等构件存在构件之间连接及接缝处理的问题，因此，施工现场增加了钢套筒或金属波纹管灌浆处理、墙体之间缝隙封闭、叠合层后浇混凝土等的用工。同时增加了预制构件吊装和拼装就位用工。

施工现场只需要搭设外墙工具式钢防护架，传统的外防护架和模板支撑架也不需搭设，大大减少了外墙钢管脚手架的搭设用工。

从人工工资单价看，传统现浇模式下使用大批量的劳务用工人员、教育程度良莠不齐，文化程度普遍不高。预制装配式施工使用受过良好的教育和专业化的培训现代产业化工人，文化程度和专业化普遍较高。相对而言，装配式建筑项目的人工工资单价稍高。

2）材料费分析。

①取差额计算法。

在进行材料费分析的时候，要采取差额计算法。

分析数量差额对材料费影响的计算公式为数量差额对材料费影响 =（定额材料用量 - 实际材料用量）× 材料市场指导价。

分析材料价格差额对材料费影响的计算公式为价格差额对材料费影响 =（材料市场指导价 - 材料实际采购价）× 定额材料消耗数量。

②装配式建筑材料费分析。

从材料的消耗量看，由于装配式建筑和传统现浇建筑在施工内容和施工措施方案上的差异，施工现场减少了模板、商品混凝土、钢筋、脚手架、墙体砌块、抹灰砂浆等材料的使用量。同时，装配式建筑中的构件连接，增加了钢套筒灌浆材料及墙缝处理用的胶条等填充材料的使用量。另外，由于某些材料已经作为预制构件的一部分预制到构件中，如墙体模塑聚苯板、挤塑板保温、接线盒、电器配管配线等，施工现场的这些材料使用量也大大减少。

③装配式建筑材料费增加的原因。

装配式建筑采用大量的预制构件，如果预制构件标准化、模数化形成，价格将会相对较低。目前，预制构件生产厂家相对较少，装配式住宅也只是处于示范阶段，预制构件生产厂家长期处于不饱和的生产状态，导致预制构件价格中分摊的一次性投入较高，再加上预制构件组合了施工现场的多个施工内容，导致预制构件的实际价格相对较高。

从预制装配式混凝土构件和传统现浇混凝土构件各方面的对比来看，预制装配式混凝土构件的直接成本要比传统现浇混凝土构件高，再加上预制混凝土构件分摊了大量的工厂土地费用、工厂建设费用、生产设备流水线的投入，其价格相对较高，直接造成了目前装配式建筑造价高于传统现浇建筑。

④材料消耗分析。

材料消耗包括材料的操作损耗、管理损耗和盘盈盘亏，是构成材料费的主要因素。

⑤材料采购价格分析。

材料采购价格是决定材料采购成本和材料费升降的重要因素。因此，在采购材料时，一定要选择价格低、质量好、运距近、信誉高的供应单位。当前，由于预制构件和部品种类繁多，生产企业较少，价格普遍偏高。材料采购收益分析计算公式为材料采购收益 =（材料市场指导价 - 材料实际采购价）× 材料采购数量。

⑥材料采购保管费分析。

材料采购保管费也是材料采购成本的组成部分，包括材料采购保管人员的工资福利、劳动保护费、办公费、差旅费，以及材料采购保管过程中，发生的固定资产使用费、工具用具使用费、检验试验费、材料整理及零星运费、材料的盈亏和毁损等。

在一般情况下，材料采购保管费的多少，与材料采购数量同步增减，即材料采购数量越多，材料采购保管费也越多。因此，材料采购保管费的核算，也要按材料采购数量进行分配，即先计算材料采购保管费支用率，然后按利用率进行分配。

从上述公式看，材料采购保管费用使用率，就是材料采购保管费占材料采购总值比例。如前所述，这两个数字应同步增减，但不可能同比例增减，有时采购批量越大，而所发生的采购保管费却增加不多。因此，定期分析材料保管费对材料采购成本的影响，将有助于节约材料采购保管费，降低材料的采购成本。其分析的方法，可采用"对比法"，即与上期比，与去年同期比，与历史最低水平比，与同行业先进水平比。对比目的在于寻找差距，寻找节约途径，减少材料采购保管费支出。

⑦材料计量验收分析材料进场（入库），需要计量验收。在计量验收中，有可能发生数量不足或质量、规格不符合要求等情况。对此，一方面，要向材料供应单位索赔；另一方面，要分析因数量不足和质量、规格不符合要求而对成本造成的影响。

⑧现场材料管理效益分析现场的材料、构件，按照平面布置的规定堆放有序，既可保持场容整洁，减少丢失现象，又可减少二次搬运费用。

3）储备资金分析。

储备资金分析应根据施工需要合理储备材料，减少资金占用，减少利息支出。

4）周转材料分析。

①工程施工项目的周转材料。

工程施工项目的周转材料，主要是钢支撑、钢斜支撑、钢管、扣件、安全网和竹木胶合板、钢模板、铝模板。周转材料在施工过程中的表现形态：周转使用，逐步磨损，直至报损报废。因此，周转材料的价值也要按规定逐月摊销。实行周转材料内部租赁制的，则按租用数量、租用时间，由租赁单位定期向租用单位收费。根据上述特点，周转材料分析的重点是周转材料的周转利用率和周转材料的赔损率的高低。

②周转材料的周转利用率。

周转材料的特点，就是在施工中反复周转使用，周转次数越多，利用效率越高，经济效益也越好。总体来看，装配式建筑周转材料可使用量和费用比传统现浇建筑降幅较大。对周转材料的租用单位来说，周转利用率是影响周转材料使用费的直接因素。

例如，某装配式建筑项目向某租赁公司租用钢支撑和钢斜撑 20000m，租赁单价为 0.05 元（天/米），计划周转利用率 80%。后因加快施工进度，使钢支撑和钢斜撑的周转利用率提高到 90%，应用"差额计算法"计算可知：

可少租钢支撑和钢斜撑 =（90%-80%）×20000m=2000m

每日减少钢支撑和钢斜撑租赁费 =2000m×0.05 元/（天/米）=100 元/天

③周转材料赔损率分析。

由于周转材料的缺损要按原价赔偿，对企业经济效益影响很大，特别是周转材料的缺损，所以只能用进场数减退场数进行计算。

第三节　装配式建筑项目施工成本控制

装配式建筑造价构成与现浇建筑有明显差异，其工艺与传统现浇工艺有本质的区别，建造过程不同，建筑性能和品质也不一样，二者的"成本"并没有可比性。装配式建筑现场施工阶段的成本与设计、生产阶段密切相关。应从全局和整体策划，整体降低装配式建筑项目的设计、生产、安装等各环节的综合成本。本节从施工的角度对装配式建筑项目成本控制进行分析。

一、装配式项目现场施工成本分析

1.运输阶段成本分析。

运输费成本包括装车费、运输设施费、车费、卸车费等。

（1）运输费增加的项目。

1）构件本身运输车辆费用。

2）构件运输的专用吊具、托架等费用。

3）构件吊装需要大吨位起重机的购置费或租赁费分摊费用。

（2）运输费减少的项目。

1）模板使用量减少 55%，模板运输费用等比例减少。

2）建筑垃圾排放量最多可减少 80%，运输费用等比例减少。

3）脚手架用量大大减少，运输费用等比例减少。

4）钢筋、模板等吊装量减少，起重机使用频率降低。

5）混凝土泵送费用大幅度减少。

6）混凝土罐车 2% 的挂壁量随着现浇量的减少而等比例减少。装配式建筑与传统现浇建筑的运输费用相比，有增加有减少，综合运输成本变化不大。

2.装配阶段成本分析。

（1）安装造价构成。

安装造价包含构件造价、运输造价和安装自身的造价。安装取费和税金是以总造价为基数计算的。安装自身造价包括安装部件、附件和材料费；安装人工费与劳动保护用具费；水平、垂直运输、吊装设备、设施费；脚手架、安全网等安全设施费；设备、仪器、工具的摊销；现场临时设施和暂设费；人员调遣费；工程管理费、利润、税金等。

（2）装配式建筑项目施工成本与传统现浇建筑项目的比较。

套管、灌浆料、模板已在生产阶段成本分析中阐述，其他环节对比分析如下。

1）人工现场吊装、灌浆作业人工增加；模板、钢筋、浇筑、脚手架人工减少。现场用工大量转移到工厂。如果工厂自动化程度高，总的人工减少，且幅度较大；如果工厂自动化程度低，人工相差不大。

2）现场工棚、仓库等临时设施减少。

3）冬期施工成本大幅度减少。

4）现场垃圾及其清运大幅度减少。

3.业主管理费用成本分析。

对于无装修的清水房，装配式建筑的工期没有优势，与现浇建筑差不多，但对于精装修房，可以缩短工期。越是高层建筑，缩短工期越多。工期缩短会降低业主的成本。

（1）提前销售，提前回收投资。

（2）减少管理费用。

（3）降低银行贷款利息等财务费用。

（4）带来条件的改善，品质的提高，售后维修费用降低等。

二、装配式建筑项目成本控制

装配式建筑项目成本控制始于前期策划阶段。例如，装配式建筑结构类型、装配率选择、技术水平、生产工艺、管理水平、生产能力、运输条件、建设周期、建设规模、装配式建筑的政策及装配式建筑配套都会对装配式建筑的成本有很大的影响。由于设计对最终的造价起决定作用，在工程项目策划和初步设计方案阶段，就应系统考虑建筑设计方案对深化设计、预制构件拆分设计、预制构件及部品生产、运输、安装施工环节的影响，合理确定方案，从项目规划角度对规模小区或组团项目提高装配式建筑预制率，规模出效益，大投入需要大产量才能降低投资分摊。通过标准化，合理的产品化设计，减少预制构件种类规格，提高构件使用重复率，可以减少模具种类，提高模具周转次数，降低生产成本，同时也能降低生产和安装施工难度。采用结构装饰一体化设计，减少了工人现场湿作业，降低施工建造费用。在构件生产阶段，可以通过降低建厂费用，优化设计，降低模具费用，优化生产工期等措施降低构件的成本。在施工阶段，构件装配施工作为装配式建筑施工环节中的关键一环，预制构件安装技术水平的高低及安装质量的好坏直接影响到建筑成本的高低。因此，在进行生产成本管控的过程中，应提高安装施工水平。

改变构件装运形式，提高运输效率。与现场良好配合沟通，预制构件编号和摆放追求科学简洁，尽量将构件平放或立放，提高构件的运输效率，降低运输费用。预制构件的安装是装配式建筑核心技术之一，其费用构成以重型吊车和人工费为主，安装速度直接决定安装成本。关键的技术国产化的同时，有针对性地进行改进和优化，并且通过分段流水施工方法实现多工序同时工作，将有利于提高安装效率、降低安装成本。

施工管理阶段施工成本控制不仅仅依靠控制工程款的支付，更应从多方面采取措施管理，通常归纳为组织措施、技术措施、经济措施、管理措施。

1.组织措施。

（1）组织措施的保障。组织措施是其他各类措施的前提和保障。完善高效的组织可以最大限度地发挥各级管理人员的积极性和创造性，因此必须建立完善的、科学的、分工合理的、责权利明确的项目成本控制体系。实施有效的激励措施和惩戒措施，责权利相结合可以使责任人积极有效地承担成本控制的责任和风险。

（2）成本控制体系建立。项目部应明确施工成本控制的目标，建立一套科学有效的成本控制体系，根据成本控制体系对施工成本目标进行分解，并量化、细化到每个部门甚至于第一个责任人，从制度上明确每个责任部门、每个责任人的责任，明确其成本控制的对象、范围。同时，要强化施工成本管理观念，要求人人都要树立成本意识、效益意识，明确成本管理对单位效益所产生的重要影响。

2.技术措施。

（1）技术措施筹划。采取技术措施作用是在施工阶段充分发挥技术人员的主观能动性，寻求出较为经济可靠的技术方案，从而降低工程成本。加强施工现场管理，严格控制施工质量；对设计变更进行技术经济分析，严格控制设计变更；继续改进优化设计方案，根据成本节约潜力。

（2）编制施工组织设计。编制科学合理的施工组织设计，能够降低施工成本。尤其是要确定最佳预制构件安装施工方案，最适合的吊装施工机械、设备使用方案；审核预制构件生产企业编制的专项生产施工组织计划，对专项生产方案进行技术经济分析等。

（3）合理选择起重机械。装配式建筑起重机选型是实现安全生产、工程进度目标的重要环节。选型前，首先了解掌握项目工程最大预制构件的重量，根据塔式起重机半径吊装重量确定。避免选择起重能力不满足预制构件吊装重量要求的塔式起重机，以提高起重吊装机械使用率；同时，吊装预制构件的塔式起重机还要兼顾考虑现场钢筋、模板、混凝土、砌体等材料的竖向运输问题，或者选择其他种类起重机械配合使用，使得吊装施工所发生的费用保持较低水平。

（4）预制构件场地布置合理规划。布置现场堆放预制构件场地，现场施工道路要满足预制构件车辆运输通行要求，预制构件进场后的临时存放位置，必须设置在塔机起吊半径的范围之内，避免发生二次倒运费用。

3.经济措施。

（1）材料费的控制。材料费一般占工程全部费用的60%以上，直接影响工程成本和经济效益，主要要做好材料用量和材料价格控制两方面的工作来严格控制材料费。在材料用量方面：坚持按定额实行限额领料制度；避免和减少二次搬运等；降低运输成本；减少资金占用，降低存货成本。

（2）人工费的控制。

1）人工费一般占工程全部费用的30%甚至更多，所占比例较大，所以要严格控制人工费，加强施工队伍管理；加强定额用工管理。主要措施是改善劳动组织、合理使用劳动力，提高工作效率；执行劳动定额，实行合理的工资和奖励制度；加强技术教育和培训工作；压缩非生产用工和辅助用工，严格控制非生产人员比例；加强对技术工人的培训，使用专业劳务操作班组，提高工人的熟练度，降低人工费用消耗。

2）企业要有针对性地进行改进和优化，并且通过分段流水施工方法实现多工序同时工作，这将有利于提高安装效率、降低安装成本。

（3）机械费的控制。根据工程的需要，正确选配和合理利用机械设备，做好机械设备的保养修理工作，避免不正当使用造成机械设备的闲置，从而加快施工进度、降低机械使用费。同时还可以考虑通过设备租赁等方式来降低机械使用费。

（4）间接费及其他直接费控制。主要是精简管理机构，合理确定管理幅度与管理层次，实行定额管理，制定费用分项分部门的定额指标，有计划地控制各项费用开支，对各项费用进行相应的审批制度。

（5）重视竣工结算工作。工程进入收尾阶段后。应尽快组织人员办理竣工结算手续。建筑工程项目施工成本控制措施对工程的人工费、机械使用费、材料费、管理费等各项费用进行分析、比较、查漏补缺，一方面确保竣工结算的正确性与完整性，另一方面弄清未来项目成本管理的方向和寻求降低成本的途径，项目部应尽快与建设单位明确债权债务关系，当建设单位不能在短期内清偿债务时，应通过协商，签订还款计划协议，明确还款时间，以减少能讨债务时的额外开支，尽可能将竣工结算成本降到最低。

4. 管理措施。

（1）采用管理新技术。积极采用降低成本的管理新技术，如 BIM 技术、系统工程、全面质量管理、价值工程等。建筑信息模型的建立、虚拟施工和基于网络的项目管理将会给装配式建筑起到革命性变化，经济效益和社会效益将会逐渐显现。

（2）加强合同管理和索赔管理。合同管理和索赔管理是降低工程成本、提高经济效益的有效途径，项目管理人员应保证在施工过程严格按照项目合同进行执行，收集保存施工中与合同有关的资料、必要时可根据合同及相关资料要求索赔，确保施工过程中尽量减少不必要的费用支出和损失。

（3）控制预制构件采购成本。在施工过程中要做好对预制构件采购成本的控制。大型装配式住宅组团项目预制构件需求量大，施工单位应根据设计方案事先确定需求量计划，与相关构件生产企业进行谈判，争取优惠的供货价格。同时，合理安排组团项目的施工进度计划。

优化均衡构件进货时间，减少存货时间和二次搬运，降低构件的储存及吊装成本。加强材料的管理，把好采购关；在材料价格方面，在保质保量前提下，降低采购成本；把好材料发放关，加强材料使用过程控制；加强大型周转性材料的管理与控制。另外，为降低不合格品带来的采购成本的增加，应做到每批构件按质量验收规程进行验收，坚决避免不合格构件运到施工现场，从而降低返修成本，并避免由于二次运输带来的成本增加。

（4）优化施工工序。

1）在施工过程中，要加强对施工工序的优化，缩短预制构件安装与现浇混凝土工序、其他辅助工序的间歇时间，装配式建筑施工中，预制构件安装是主要工序，同时也伴随着部分构件的现浇，为了进一步的优化施工，缩短工期，将预制构件拼装作为关键线路，其他工序应注意与其错开，使其能够平行施工，尽量缩短和减少关键线路的工序内容和工作。

2）充分发挥大型装配式住宅组团项目的特点，合理组织流水施工，提高钢支撑、钢斜撑、模板等周转性材料的周转率。各工序间衔接顺畅，确保支撑能够及时拆除周转，防止局部积压和占用。此外，应对支撑组件进行改进，做到安拆简易、转运方便，避免拆卸转运对周转产生影响。

3）改进预制构件安装施工工艺，提高预制构件安装精度，选择合适的起重吊装机械提高施工安装的速度，节省安装费用。加强预制构件安装质量控制，注意预制构件同相邻后浇混凝土之间的平顺非常重要。减少室内装修施工湿作业，进而降低装饰材料费用和人工费用。

4）加强构件成品保护，受到施工技术、人员操作熟练程度、场地限制、人工和机械配合的影响，会造成构件的碰撞破坏，增加返修的次数。因此，在施工过程中，应对技术工人进行规范化和专业化的施工培训，保证操作的规范化、流程化，加强对构件成品的保护，避免操作不规范带来的不合格品的返工。

三、施工成本控制与施工成本分析

（一）施工成本控制

1. 施工成本控制的依据。

（1）工程承包合同。

（2）施工成本计划。

施工成本计划是根据施工项目的具体情况制定的施工成本控制方案，既包括预定的具体成本控制目标，又包括实现控制目标的措施和规划，是施工成本控制的指导文件。

（3）进度报告。进度报告提供了每一时刻工程实际完成量，工程施工成本实际支付情况等重要信息。施工成本控制工作正是通过实际情况与施工成本计划相比较，找出二者之间的差别，分析偏差产生的原因，从而采取措施改进以后的工作。进度报告还有助于管理者及时发现工程实施中存在的问题，并在事态还未造成重大损失之前采取有效措施，尽量避免损失。

（4）工程变更。工程变更一般包括设计变更、进度计划变更、施工条件变更、技术规范与标准变更、施工次序变更、工程数量变更等。

除了上述几种施工成本控制工作的主要依据，有关施工组织设计、分包合同等也都是施工成本控制的依据。

2. 施工成本控制的步骤。

在确定了施工成本计划之后，必须定期地进行施工成本计划值与实际值的比较，当实际值偏离计划值时，分析产生偏差的原因，采取适当的纠偏措施，以确保施工成本控制目标的实现。其步骤如下。

（1）比较。将施工成本计划值与实际值逐项进行比较，以发现施工成本是否已超支。

（2）分析。对比较的结果进行分析，以确定偏差的严重性及偏差产生的原因这一步是施工成本控制工作的核心，其主要目的在于找出产生偏差的原因，从而采取有针对性的措施。减少或避免相同原因的再次发生或减少由此造成的损失。

（3）预测。按照完成情况估计完成项目所需的总费用。

（4）纠偏。实际施工成本出现了偏差，应当根据工程的具体情况、偏差分析和预测的结果，采取适当的措施，以期达到使施工成本偏差尽可能小的目的。

纠偏首先要确定纠偏的主要对象。只有通过纠偏才能最终达到有效控制的目的，纠偏是施工成本控制中最具实质性的一步。

（5）检查。它是指对工程的进展进行跟踪和检查，及时了解工程进展状况以及纠偏措施的执行情况和效果，为今后的工作积累经验。

3.施工成本的过程控制方法。

施工阶段是控制建设工程项目成本发生的主要阶段，它通过确定成本目标并按计划成本进行施工资源配置，对各种成本费用进行有效控制，其具体的控制方法如下。

（1）人工费的控制。

人工费的控制实行"量价分离"的方法，将作业用工及零星用工按定额工日的一定比例综合确定用工数量与单价，通过劳务合同进行控制。

（2）材料费的控制。

材料费控制同样按照"量价分离"原则。

1）定额控制。对于有消耗定额的材料，以消耗定额为依据，实行限额发料制度。

2）指标控制。对于没有消耗定额的材料，则实行计划管理和按指标控制的办法。根据以往项目的实际耗用情况，结合具体施工项目的内容和要求，制定领用材料指标，据以控制发料。超过指标的材料，必须经过一定的审批手续方可领用。

3）计量控制。准确做好材料物资的收发计量检查和投料计量检查。

包干控制。在材料使用过程中，对部分小型及零星材料（如钢钉、钢丝等）根据工程量计算出所需材料量，将其折算成费用，由作业者包干控制材料价格的控制；材料价格主要由材料采购部门控制，由于材料价格是由买价、运杂费、运输中的合理损耗等所组成，因此控制材料价格，主要是通过掌握市场信息，应用招标和询价等方式控制材料、设备的采购价格；施工项目的材料物资，包括构成工程实体的主要材料和结构件，以及有助于工程实体形成的周转使用材料和低值易耗品，约占建筑安装工程造价的 60%~70% 以上。

（3）施工机械使用费的控制。

高层建筑地面以上部分的总费用中，垂直运输机械费用约占 6%~10%。在选择起重运输机械时，首先应根据工程特点和施工条件确定采取何种不同起重运输机械的组合方式。在确定采用何种组合方式时，首先应满足施工需要，同时还要考虑到费用的高低和综合经济效益施工机械使用费主要由台班数量和台班单价两方面决定，主要从以下几个方面进行控制：理安排施工生产，加强设备租赁计划管理，减少因安排不当引起设备闲置；强机械设备的调度工作，尽量避免窝工，提高现场设备的利用率；加强现场设备的维修保养，避免因不正当使用造成机械设备的停置；做好机上人员与辅助生产人员的协调与配合，提高施工机械台班产量。

（4）施工分包费用的控制对分包费用的控制，主要是要做好分包工程的询价、订立平等互利的分包合同、建立稳定的分包关系网络、加强施工验收和分包结算等工作

4.赢得值（挣值）法的三个基本参数。

1）已完工作预算费用（BCWP）=已完成工作量 × 预算单价。

2）计划工作预算费用（BCWS）=计划工作量 × 预算单价。

3）已完工作实际费用（ACWP）=已完成工作量 × 实际单价。

4.赢得值（挣值）法的四个评价指标。

（1）费用偏差（CV）。

费用偏差（CV）=已完工作预算费用（BCWP）-已完工作实际费用（ACWP）。当费用偏差（CV）为负值时，即表示项目运行超出预算费用；当费用偏差（CV）为正值时，表示项目运行节支，实际费用没有超出预算费用。

（2）进度偏差（SV）。

进度偏差（SV）=已完工作预算费用（BCWP）-计划工作预算费用（BCWS）。当进度偏差（SV）为负值时，表示进度延误，即实际进度落后于计划进度；当进度偏差（SV）为正值时，表示进度提前，即实际进度快于计划进度。

（3）费用绩效指数（CP）。

当费用绩效指数（CP）=已完工作预算费用（BCWP）/已完工作实际费用（ACWP）

当费用绩效指数 CP<1 时，表示超支，即实际费用高于预算费用；当费用绩效指数 CP>1 时，表示节支，即实际费用低于预算费用。

（4）进度绩效指数（SP）。

当进度绩效指数 SP<1 时，表示进度延误，即实际进度比计划进度拖后；当进度绩效指数 SP>1 时，表示进度提前，即实际进度比计划进度快。

费用（进度）偏差反映的是绝对偏差，绝对偏差有其不容忽视的局限性。如同样是 10 万元的费用偏差，对于总费用 1000 万元的项目和总费用 1 亿元的项目而言，其严重性显然是不同的。因此，费用（进度）偏差仅适合于对同一项目作偏差分析。费用（进度）绩效指数反映的是相对偏差，它不受项目层次的限制，也不受项目实施时间的限制，因而在同一项目和不同项目比较中均可采用。

在项目的费用、进度综合控制中引入赢得值法，可以克服过去进度、费用分开控制的缺点，而引入赢得值法还可定量地判断进度、费用的执行效果。

5.产生费用偏差的原因有以下几种。

（1）物价上涨，如人工涨价、材料涨价、设备涨价、利率、汇率变化。

（2）设计原因，如设计错误、设计漏项、设计标准变化、设计保守、图纸提供不及时及其他。

（3）业主原因，如增加内容、投资规划不当、组织不落实、建设手续不全、协调不佳、未及时提供场地及其他。

（4）施工原因，如施工方案不当、材料代用、施工质量有问题、赶进度、工期拖延及其他。

（5）客观原因，如自然因素、基础处理、社会原因、法规变化及其他。

6.纠偏措施。

（1）寻找新的、更好更省的、效率更高的设计方案。

（2）购买部分产品，而不是采用完全由自己生产的产品。

（3）重新选择供应商，但会产生供应风险，选择需要时间。

（4）改变实施过程。

（5）变更工程范围。

（6）索赔。例如向业主、承（分）包商、供应商索赔，以弥补费用超支。

（二）施工成本分析

1.施工成本分析的依据。

施工成本分析，就是依据项目成本计划、成本核算、会计核算、业务核算和统计核算提供的资料，对施工成本的形成过程和影响成本升降的因素进行分析，以寻求进一步降低成本的途径。

（1）会计核算。

会计核算主要是价值核算。资产、负债、所有者权益、营业收入、成本、利润是会计六要素，主要是通过会计来核算。它是施工成本分析的重要依据。

（2）业务核算。

业务核算是各业务部门根据业务工作的需要而建立的核算制度，它包括原始记录和计算登记表等。业务核算的范围比会计、统计核算要广，会计和统计核算一般是对已经发生的经济活动进行核算，而业务核算，不但可以对已经发生的而且还可以对尚未发生或正在发生的经济活动进行核算，业务核算的目的，在于迅速取得资料，在经济活动中及措施进行调整。

（3）统计核算。

统计核算是利用会计核算资料和业务核算资料，把企业生产经营活动客观现状的大量数据，按统计方法加以系统整理，表明其规律性。

2.施工成本分析的基本方法包括比较法、因素分析法、差额计算法、比率法等。

（1）比较法，又称"指标对比分析法"，就是通过技术经济指标的对比检查目标的完成情况，分析产生差异的原因，进而挖掘内部潜力的方法。

1）将实际指标与目标指标对比。

2）本期实际指标与上期实际指标对比。

3）与本行业平均水平、先进水平对比。

（2）因素分析法。

因素分析法又称连环置换法。这种方法可用来分析各种因素对成本的影响程度。在进行分析时，首先要假定众多因素中的一个因素发生了变化，而其他因素则不变，然后逐个替换，分别比较其计算结果，以确定各个因素的变化对成本的影响程度。

（3）差额计算法。差额计算法是因素分析法的一种简化形式，它利用各个因素的目标值与实际值的差额来计算其对成本的影响程度。

（4）比率法。比率法是指用两个以上的指标的比例进行分析的方法。常用的比率法：相关比率法；构成比率法；动态比率法。

3.综合成本的分析方法。

（1）分部分项工程成本分析。

分部分项工程成本分析是施工项目成本分析的基础。分部分项工程成本析的对象为已完成分部分项工程。分析的方法是，进行预算成本、目标成本和实际成本的"三算"对比，分别计算实际偏差和目标偏差，分析偏差的原因，为后的分部分项工程成本寻求节约途径。分部分项工程成本分析的资料来源是预算成本来自投标报价成本，目标成本来自施工预算，实际成本来自施工任务单的实际工程量、实耗人工和限额领料单的实耗材料。

由于施工项目包括很多分部分项工程，不可能也没有必要对每一个分部分工程都进行成本分析。特别是一些工程量小，成本费用微不足道的零星工程。但是，对于那些主要分部分项工程则必须进行成本分析，而且要做到从开工到竣工进行系统的成本分析。

（2）月（季）度成本分析。

月（季）度成本分析是施工项目定期的、经常性的中间成本分析。可以及时发现问题，以便按照成本目标指定的方向进行监督和控制，保证项目成本目标的实现。

月（季）度成本分析的依据是当月（季）的成本报表。分析的方法包括以下几种。

1）通过实际成本与预算成本的对比，分析当月（季）的成本降低水平；通过累计实际成本与累计预算成本的对比，分析累计的成本降低水平，预测实现项目成本目标的前景。

2）通过实际成本与目标成本的对比，加强成本管理，保证成本目标的落实。

3）通过对各成本项目的成本分析，可以了解成本总量的构成比例和成本管理的薄弱环节。例如，在成本分析中，发现人工费、机具费和企业管理费等项目大幅度超支，就应该对这些费用的收支配比关系认真研究，并采取对应的增收节支措施。

（3）年度成本分析。项目的施工周期一般较长，除进行月（季）度成本核算和分析外，还要进行年度成本的核算和分析。这不仅是为了满足企业汇编年度成本报表的需要，同时也是项目成本管理的需要。因为通过年度成本的综合分析，可以总结一年来成本管理的成绩和不足，为今后的成本管理提供经验和教训，从而可对项目成本进行更有效的管理年度成本分析的依据是年度成本报表。重点是针对下一年度的施工进展情况规划切实可行的成本管理措施，以保证施工项目成本目标的实现。

（4）竣工成本的综合分析凡是有几个单位工程而且是单独进行成本核算（即成本核算对象）的施工项目，其竣工成本分析应以各单位工程竣工成本分析资料为基础，再加上项目经理部的经营效益（如资金调度、对外分包等所产生的效益）进行综合分析。

单位工程竣工成本分析，应包括以下内容：施工成本分析、重要资源节约对比分析、主要技术节约措施及经济效果分析。

第七章 装配式建筑项目质量控制

装配式建筑项目质量管理应提前策划，质量管理前置尤为重要。质量管理应充分考虑到装配式建筑的特点，全过程进行质量组织和控制工作。通过建立科学完善的质量监督机制，以及全方位、全过程的监督检查，把项目实施过程中可能存在的各种问题控制在萌芽当中，进而减少在施工过程中遇到的问题，提高施工效率，全面保证装配式建筑项目的质量。本章主要对装配式建筑项目质量控制进行详细的讲解。

第一节 装配式建筑项目质量管理概述

装配式建筑项目施工的质量控制由构件生产阶段和现场装配施工阶段组成，在质量控制与施工质量验收的规范方面，目前已经有完善的相应标准，但对于套筒灌浆等关键工序的质量检验仍以过程控制为主，这不仅要求监理在施工过程中严格监管，还需要进一步组织和培训专业的施工作业班组和确立标准化施工作业流程。相对于预制构件的制作质量与吊装质量，更多的标准化模具和成熟专业的施工标准做法显得尤为重要。

1.装配式建筑质量的定义。

装配式建筑作为一种特殊的建筑产品，除具有一般产品共有的质量特性，如性能、寿命、可靠性、安全性、经济性等满足社会需要的使用价值及其属性外，还具有特定的内涵。

（1）适用性，即功能，是指工程满足使用目的各种性能，包括理化性能、结构性能、使用性能、外观性能等。

（2）耐久性，即寿命，是指工程在规定的条件下，满足规定功能要求使用的年限，也就是工程竣工后的合理使用寿命周期。

（3）安全性，是指工程建成后在使用过程中保证结构安全、保证人身和环境免受危害的程度。

（4）可靠性，是指工程在规定的时间和规定的条件下完成规定功能的能力。

（5）经济性，是指工程从规划、勘察、设计、生产、施工到整个产品使用寿命周期内的成本和消耗的费用。

（6）与环境的协调性，是指工程与其周围生态环境协调，与所在地区经济环境协调以及与周围已建工程相协调，以适应可持续发展的要求。

（7）装配式建筑的质量更能符合绿色、低碳、节能、环保的要求，通过绿色施工，实现节能减排的要求。

2. 装配式建筑项目质量控制的特点。

由于装配式建筑项目施工涉方面广，是一个极其复杂的综合过程，再加上建设周期长、位置固定、生产流动、结构类型不一、质量要求不一、施工方法不一，受自然条件影响大等特点，因此，装配式建筑项目的质量比一般工业产品的质量更难以控制，主要表现在以下几个方面。

（1）影响质量的因素多。

如预制构件上建筑、结构、水电暖通、弱电设计集成状况、材料选用、机械选用，地形地质、水文、气象、工期、管理制度、施工工艺及操作方法、技术措施、工程造价等均直接影响项目的施工质量。

（2）容易产生质量变异。

在装配式建筑项目中，尽管预制构件部品有固定的流水生产线，有规范化的生产工艺和完善的检测技术，有成套的生产设备和稳定的生产环境，产品成系列，但是，大量现浇结构及装饰湿作业仍存在，设备后期穿管、穿线终端器具安装作业仍然需要现场完成，影响项目施工质量的偶然性因素和系统性因素仍较多，因此，质量变异容易产生。

施工过程中，由于工序交接多、中间产品多、隐蔽工程多，因此质量存在隐蔽性。若不及时进行质量检查，事后只能从表面上检查，就很难发现内在的质量问题，这样就容易产生第二判断错误。也就是说，容易将不合格的产品误认为是合格的产品。反之，若不认真检查，测量仪器不准，读数有误，就会产生第一判断错误。因此，在质量检查时应特别注意，尤其是预制构件的吊装与灌浆。

（3）评价方法的特殊性。

装配式建筑工程项目质量的检查评定及验收是按检验批、分项工程、分部工程、单位工程进行的。检验批的质量是分项工程乃至整个工程质量检验的基础，其是否合格主要取决于主控项目和一般项目抽样检验的结果。隐蔽工程在隐蔽前要检查合格后验收，涉及结构安全的试块、试件以及有关材料，应按规定进行见证取样检测，涉及结构安全和使用功能的重要分部工程要进行抽样检测。

（4）质量控制前移。

施工质量控制前移，施工单位在质量方面发挥作用减小。质量的定义是双重的，不仅指生产质量和设计质量，往往更依赖于建筑师的工作质量。装配式建筑的构件化需要设计师在早期就要充分计算设计好构件的参数，且要考虑构件的拼装问题，使得施工质量控制大大前移。预制构件按照设计要求先在预制厂完成浇筑，运到施工现场后，由工人完成安装。这个过程中施工单位发挥的作用便不如传统施工单位重要。

3.装配式建筑项目质量控制基本原理。

（1）PDCA循环原理。

PDCA循环原理是项目目标控制的基本方法，也同样适用于工程项目质量控制。实施PDCA质量控制循环原理时，把质量控制全过程划分为计划P（Plan）、D实施（Do）、检查C（Check）、A处理（Action）四个阶段。

PDCA循环的关键不仅在于通过A（Action）去发现问题，分析原因，予以纠正及预防，更重要在于对于发现的问题在下一PDCA循环中某个阶段，如计划阶段，予以解决。于是不断地发现问题，不断地进行PDCA循环，使质量不断改进，不断上升。

（2）三阶段控制原理。

三阶段控制包括事前控制、事中控制和事后控制。这三阶段控制构成了质量控制的系统控制过程。三大环节之间构成有机的系统过程，实质上也就是PDCA循环具体化，并在每一次滚动循环中不断提高，达到质量管理或质量控制的持续改进。

1）事前质量控制。

事前质量控制即在正式施工前进行的事前主动质量控制，通过编制施工质量计划，明确质量目标，制定施工方案，设置质量管理点，落实质量责任，分析可能导致质量目标偏离的各种影响因素，针对这些影响因素制定有效的预防措施，防患于未然。装配式建筑项目具有技术前置、管理前移的特点，因此必须加强质量管理的事前控制。

2）事中质量控制。

事中质量控制指在施工质量形成过程中，对影响施工质量的各种因素进行全面的动态控制。事中控制首先是对质量活动的行为约束，其次是对质量活动过程和结果的监督控制。事中控制的关键是坚持质量标准，控制的重点是工序质量、工作质量和质量控制点的控制。装配式建筑项目在质量管理过程中，要以施工中的构配件运输、堆放、检验和安装等一系列过程为主线，提高工人的技术水平，配备相应的起重吊装设备，强调对各工序的验收，严格执行装配式建筑的各项规范，最终确保装配式结构的施工质量。

3）事后质量控制。

事后质量控制也称为事后质量把关，使不合格的工序或最终产品（包括单位工程或整个工程项目）不流入下道工序、不进入市场。事后控制包括对质量活动结果的评价、认定和对质量偏差的纠正。控制的重点是发现施工质量方面的缺陷，并通过分析提出施工质量改进的措施，保持质量处于受控状态。

（3）全面质量控制。

全面质量控制是指生产企业的质量管理应该是全面、全过程和全员参与的，此原理对装配式建筑项目管理以及质量控制，同样具有理论和实践的指导意义。

1）全面质量管理，是指对工程（产品）质量和工作质量以及人的质量的全面控制，工作质量是产品质量的保证，工作质量直接影响产品质量的形成，而人的质量直接影响工作质量的形成。因此，提高人的质量（素质）是关键。

2）全过程质量管理，是指根据工程质量的形成规律，从源头抓起，全过程推进。

3）全员参与管理，从全面质量控制的观点看，无论企业内部的管理者还是作业者，每个岗位都承担着相应的质量职能，一旦确定了质量方针目标，就应组织和动员全体员工参与到实施质量方针的系统活动中去，发挥自己的角色作用。

4.装配式建筑项目质量控制的基本方法。

（1）审核有关技术文件、报告或报表。

审核是项目经理对工程质量进行全面管理的重要手段，其具体审核内容包括对有关技术资质证明文件、开工报告、施工单位质量保证体系文件、施工组织设计和专项施工方案及技术措施、有关文件和半成品机构配件的质量检验报告、反映工序质量动态的统计资料或控制图表、设计变更和修改图纸及技术措施、有关工程质量事故的处理方案、有关应用"新技术、新工艺、新材料"现场试验报告和鉴定报告、签署的现场有关技术签证和文件等的审查。

（2）现场质量检查。

1）现场质量检查的内容包括开工前的检查，主要检查是否具备开工条件，开工后是否能够保持连续正常施工，能否保证工程质量；工序交接检查，对于重要的工序或对工程质量有重大影响的工序，应严格执行"三检"制度，即自检、互检、交接检。未经监理工程师（建设单位技术负责人）检查认可，不得进行下道工序施工；隐蔽工程的检查，施工中凡是隐蔽工程必须检查认证后方可进行隐蔽掩盖；停工后复工的检查，因客观因素停工或处理质量事故等停工复工的，经检查认可后方能复工；分项分部工程完工后，应经检查认可，并签署验收记录后，才能进行下一工程项目的施工；成品保护的检查，检查成品有无保护措施以及保护措施是否有效可靠。

2）现场质量检查的方法主要有目测法、实测法和试验法等。

①目测法，即凭借感官进行检查，也称观感质量检验，其方法可概括为"看、摸、敲、照"四个字。

②实测法，就是通过实测数据与施工规范、质量标准的要求及允许偏差值进行对照，以此判断质量是否符合要求。其手段可概括为"靠、量、吊、套"四个字。

③试验法，是指通过必要的试验手段对质量进行判断的检查方法，主要包括理化试验和无损检测。工程中常用的理化试验包括物理力学性能方面的检验和化学成分及其含量的测定等两个方面。常用的无损检测方法有超声波探伤、X射线探伤、Y射线探伤等。

5. 装配式建筑项目质量控制的数理统计方法。

工程项目质量控制用数理统计方法可以科学地掌握质量状态，分析存在的质量问题，了解影响质量的各种因素，达到提高工程质量和经济效益的目的。装配式建筑项目质量控制可以采用传统建筑工程上常用的统计方法。

（1）排列图法。

排列图又称主次因素排列图或巴雷特图法。根据累计频率把影响因素分成3类：A类因素，对应于累计频率0~80%，是影响产品质量的主要因素；B类因素，对应于累计频率80%~90%，为次要因素；C类因素，对应于累计频率90%~100%，为一般因素。运用排列图便于找出主次矛盾，以利于采取措施加以改进。

（2）因果分析图法。

因果分析图法又称为鱼刺图法，是分析质量问题产生原因的有效工具。通过排列图，找到了影响质量的主要问题（或主要因素），但找到问题不是质量控制的最终目的，目的是搞清产生质量问题的各种原因，以便采取措施加以纠正。

通过对装配式项目施工的实际情况充分调研分析，应用鱼刺图法，得出影响施工质量的因素。

根据装配式建筑施工的实际情况及存在的问题，可以将影响质量的因素分为四大类：构配件供应、施工准备、人员与机械操作及管理协调。对每类因素进行的进步分析和总结可以得出次级因素，有助于对影响质量的因素进行更深入的分析。

6. 装配式建筑项目工序质量的影响因素及措施。

任何一个工程项目建设的过程都是由一道道工序组成的，每一道工序的质量，必须满足下一道工序要求的质量标准，工序质量决定了项目质量。项目质量的全面控制，应重点控制工序质量，对影响工序质量的人、机械、材料、方法和环境因素（简称4M1E）进行控制，以便及时发现问题，查明原因，采取措施。

（1）以人的工作质量确保工程质量。

工程质量是直接参与施工的组织者、指挥者和具体操作者共同创造的，人的素质、责任感、事业心、质量观、业务能力、技术水平等均直接影响工程质量。质量的控制需要充分调动人的积极性，发挥人的主导作用。因此，加强劳动纪律教育、职业道德教育、专业技术培训，健全岗位责任制，改善劳动条件，是确保工程质量的关键。

（2）机械控制。

机械控制包括施工机械设备、工具等控制，根据不同工艺特点和技术要求，选用匹配的合格机械设备也是确保工程质量关键;正确使用、管理和保养好机械设备。为此,要健全"人机固定"制度、"操作证"制度、岗位责任制度、交接班制度、"技术保养"制度、"安全使用"制度、机械设备检查制度等,确保机械设备处于最佳使用状态。

(3)严格控制投入材料的质量。

任何一项工程施工,均需投入大量的各种原材料、成品、半成品、构配件和材料,对于上述各种物资,主要是严格检查验收控制,正确合理地使用,建立管理台账,进行收、发、储、运等各环节的技术管理,避免不合格的材料被使用到工程上。为此,对投入物品的订货、采购、检查、验收、取样、试验等环节均应进行全面控制,从组织货源、优选供货厂家、直到使用认证,特别是预制构件及部品应使用经地方主管部门认证的产品,做到层层把关。

(4)施工方法控制。

这里所说的施工方法控制,包含施工组织设计、专项施工方案、施工工艺、施工技术措施等的控制,这是保证工程质量的基础。应针对工程的具体情况,对施工过程中所采用的施工方案进行充分论证,切实解决施工难题,并有利于保证质量、加快进度、降低成本,做到工艺先进、技术合理、环境协调,有利于提高工程质量。

(5)环境控制。

影响施工项目质量的环境因素较多,有工程技术环境,如工程地质、水文、气象等;工程管理环境,如质量保证体系、质量管理制度等;劳动环境,如劳动组合、作业场所、工作面等。环境因素对质量的影响,具有复杂而多变的特点,如气象条件就变化万千,温度、湿度、大风、暴雨、酷暑、严寒都直接影响工程质量;前一工序往往就是后一工序的环境,前一分项、分部工程也就是后一分项、分部工程的环境。因此,应根据工程特点和具体条件,对影响质量的环境因素采取有效的措施严加控制,尤其是施工现场,建立文明施工和文明生产的环境,保持预制构件部品有足够的堆放场地,其他材料工件堆放有序,道路通畅,工作场所清洁整齐,施工程序井井有条,为确保质量、安全创造良好条件。

第二节　装配式建筑项目施工质量控制

1. 装配式建筑施工企业应具备的条件。

装配式建筑施工是一种全方位装配式混凝土结构施工技术,只有具备一定条件的施工企业才能够保障装配式建筑施工的顺利进行和工程结构的质量与安全。对于装配式建筑施工企业应具备的条件，目前我国尚无统一规定。住建部只是鼓励和推荐采用装配式建筑工程设计、生产、施工一体化的工程总承包模式。对于装配式建筑施工企业除满足政府或业主的一些硬性要求以外，还须具备以下条件。

（1）具有一定的装配式建筑施工管理经验，掌握一定的国内外先进装配式建筑施工技术。

（2）具备健全完整的装配式建筑施工管理体系和质量保障体系。

（3）具备一定数量具有装配式建筑施工经验的专业技术管理人员和专业技术工人。

（4）具有能够满足装配式建筑施工的大型吊装运输设备及各种专用设备。

2. 装配式建筑质量管理体系。

装配式建筑施工管理与传统工程施工管理大体相同，同时也具有一定的特殊性。施工单位应建立健全可靠的技术质量保证体系。配备相应的质量管理人员，认真贯彻落实各项质量管理制度、法规和相关规范。对于装配式建筑施工企业管理不但要建立传统工程应具备的项目进度管理体系、质量管理体系、安全管理体系、材料采购管理体系及成本管理体系等，还需针对装配式建筑施工的特点，构件起重吊装、构件安装及连接等，补充完善相应管理体系，包括装配式建筑构件的生产、运输、进场存放和安装计划，构件的进场、存放、安装、灌浆顺序，构件的现场存放位置及塔式起重机安装位置等。装配式建筑施工质量管理必须贯穿构件生产、构件运输、构件进场、构件堆放、构件吊装施工等全过程周期。

3. 质量控制基本要求。

施工中严格执行"三检"制度：每道工序完成后必须经过班组自检、互检、交接检认定合格后，由专业质检员进行复查，并完善相应资料，报请监理工程师检查验收合格后，才能进行下一道工序施工。

所有构件进场前进行质量验收，合格后方可进行使用。

套筒灌浆作业前构件安装质量报监理验收，验收合格后方可进行灌浆作业，并且对灌浆作业整个过程进行监督并做好灌浆作业记录。

商品混凝土浇筑前，先对商品混凝土随车资料进行检查，报请监理验收并签署混凝土浇筑令后，方可浇筑。

4. 预制构件的储存和运输。

（1）合理进行预制构件储存及场地规划，预制构件堆放储存应符合下列规定：堆放场地应平整、坚实，并应有排水措施；按构件种类堆放，按楼栋号楼层号堆放；堆放构件的支垫应坚实；预制构件的堆放应将预埋吊件向上，标志向外；垫木或垫块在构件下的位置宜与脱模、吊装时的起吊位置一致；重叠堆放构件时，每层构件间的垫木或垫块应在同一垂直线上；堆垛层数应根据构件与垫木或垫块的承载能力及堆垛的稳定性确定。

（2）预制构件的运输应制定运输计划及方案，包括运输工具、运输时间、顺序、堆放场地、运输线路、固定要求、堆放支垫及成品保护措施等内容。对于超高、超宽，或形状特殊的大型构件的运输和堆放应采取专门质量安全保证措施。

（3）构件储存运输质量管理要点。

构件储存运输质量管理有以下几个要点：正确的吊装位置；正确的吊架吊具；正确的支承点位置；垫方、垫块符合要求；防止磕碰污染。

5.预制构件进场验收质量控制。

预制构件进场，使用方应重点检查结构性能、预制构件粗糙面的质量及键槽的数量等是否符合设计要求，并按下述要求进行进场验收，检查供货方所提供的材料。预制构件的质量、标识应符合设计要求和现行国家相关标准规定。

（1）预制构件进场验收。

预制构件进场应检查明显部位是否标明生产单位、构件编号、生产日期和质量验收标志；预制构件上的预埋件、插筋和预留孔洞的规格、位置和数量是否符合标准图或拆分设计的要求；产品合格证、产品说明书等相关的质量证明文件是否齐全，与产品相符。

（2）预制构件的外观质量检查。

预制构件的外观质量不宜有一般缺陷，对已经出现的一般缺陷，应根据合同约定按技术处理方案进行处理，并重新检查验收。预制构件的外观质量不应有严重缺陷，对已经出现的严重缺陷，应根据合同约定按技术处理方案进行处理，并重新检查验收。

（3）预制构件的尺寸检查。

预制构件不应有影响结构性能、安装和使用功能的尺寸偏差。对超过尺寸允许偏差且影响结构性能、安装和使用功能的预制构件，应根据合同约定按技术处理方案进行处理，并重新检查验收。

6.构件装配施工质量控制。

预制构件吊装质量要求远高于传统现浇结构施工要求，因此必须在施工前编制详细的质量管理计划。计划编制时应重点针对预制构件的吊装精度和防水以及节点构造施工质量等要求提出相应的管理目标和具体的措施。现场负责质量管理的人员必须经过专项的装配式建筑施工培训，具备相应的质量管理资质。装配式建筑施工质量管理必须贯穿构件生产、构件运输、构件进场、构件堆置、构件吊装等全过程周期。

（1）吊装工程质量控制要点。

装配式混凝土建筑施工宜采用工具化、标准化的工装系统。装配式混凝土建筑施工前，宜选择有代表性的单元进行预制构件试安装，并应根据试安装结果及时调整施工工艺，完善施工方案。

1）吊装前准备要点。

吊装前应进行以下准备工作。

①构件吊装前必须整理吊具，并根据构件不同形式和大小安装好吊具，这样既节省吊装时间又可保证吊装质量和安全。确保吊装钢梁、吊索、吊钩、卡环等吊具完好，且必须在额定限载范围内使用。

②构件必须根据吊装顺序进行装车，避免现场转运和查找。

③构件进场后根据构件标号和吊装计划的吊装序号在构件上标出序号，并在图纸上标出序号位置，这样可直观表示出构件位置，便于吊装和指挥操作，减少误吊概率。

④所有构件吊装前必须在相关构件上提前放好各个截面的控制线，可节省吊装、调整时间并利于质量控制。

⑤墙体吊装前必须将调节工具埋件提前安装在楼板上，可减少吊装时间并利于质量控制。

⑥所有构件吊装前下部支撑体系必须完成，且支撑点标高应精确调整。

⑦梁构件吊装前必须测量并修正柱顶标高，确保与梁底标高一致，便于梁就位。

2）吊装过程要点。

吊装过程的要点如下。

①构件起吊离开地面时如顶部（表面）未达到水平，必须调整水平后再吊至构件就位处，这样便于钢筋对位和构件落位。

②柱拆模后立即进行钢筋位置复核和调整，确保不会与梁钢筋冲突，避免梁无法就位。

③突窗、阳台、楼梯、部分梁构件等同一构件上吊点高低有不同的，低处吊点采用葫芦进行拉接，起吊后调平，落位时采用葫芦紧密调整标高。

④梁吊装前柱核心区内先安装一道柱箍筋，梁就位后再安装两道柱箍筋，之后才可进行梁、墙吊装。否则，柱核心区质量无法保证。

⑤梁吊装前应将所有梁底标高进行统计，有交叉部分梁吊装方案根据先低后高进行安排施工。

⑥墙体吊装后才可进行梁面筋绑扎，否则将阻碍墙锚固钢筋深入梁内。

⑦墙体如果是水平装车，起吊时应先在墙面安装吊具，将墙水平吊至地面后将吊具移至墙顶。在墙底铺垫轮胎或橡胶垫，进行墙体翻身使其垂直，这样可避免墙底部边角损坏。

⑧吊装过程中严禁对预制构件的预留钢筋进行弯折、切断。

3）预制构件吊装施工质量的控制。

预制构件吊装质量的控制是装配式结构工程的重点环节，也是核心内容，主要控制重点在施工测量的精度上。为达到构件整体拼装的严密性，避免因累计误差超过允许偏差值而使后续构件无法正常吊装就位等问题的出现，吊装前须对所有吊装控制线进行认真的复检。

①预制墙体吊装控制点。

吊装前对外墙分割线进行统筹分割，尽量将现浇结构的施工误差进行平差，防止预制构件因误差累积而无法进行；在地面放好控制线和施工线，用于墙板定位，用水准仪测量底部水平，根据数值，在墙板吊装面位置下放置垫片；墙体吊装顺序与板的吊装基本一致，吊装应依次铺开，不宜间隔吊装。墙板吊装采用不少于两点吊装。

吊装顺序：安装墙板前，清扫预制板底部垃圾；墙板落地慢速均匀，下落时，墙板下部预留连接孔与地面预留插筋对齐；墙板平稳落地后，立即安装临时支撑，斜撑旋转扣固定先上后下，调节中间旋转孔调节墙板垂直度，使墙板大致垂直；用撬棍或其他校正工具调整预制板位置与控制线平齐；将挂钩卸掉，并将吊钩、缆风绳、链条抓紧，送至头顶以上松掉吊走；通过调整斜撑杆配合靠尺测量墙板垂直度，固定中间两个旋转扣将斜支撑锁定；检验墙板安装垂直平整度，验收合格后进入下道工序。

墙吊装时应事先将对应的结构标高线标于构件内侧，有利于吊装标高控制，误差不得大于 2mm；预制墙吊装就位后标高允许偏差不大于 4mm，全层不得大于 8mm，定位不大于 3mm。

②他预制梁吊装控制点。

梁吊装顺序应遵循先主梁后次梁、先低后高（梁底标高）的原则。吊装前应根据吊装顺序检查构件装车顺序是否对应，梁吊装标识是否正确；根据设计蓝图及构件详图计算出梁底标高，使用卷尺从 1m 线向上测量梁底搁置标高点，做好垫片垫置到设计标高；下部采用独立顶撑进行支撑时，间距不大于 1.8m，小梁不少于两个支撑；确定预制梁编号正确，节点梁钢筋复位，按指南针方向确认梁搁置方向正确，就位校正；预制梁吊装放置到位后采用废钢筋点焊固定，独立支撑加固，松吊钩；梁底支撑标高调整必须高出梁底结构标高 2mm，使支撑充分受力，避免预制梁底开裂。装配式结构工程的构件不是整体预制，在吊装就位后不能承受自身荷载，因此梁底支撑不得大于 2m，每根支撑之间高差不得大于 1.5mm，标高不得大于 3mm。

③预制楼梯吊装控制点。

吊装前根据预制楼梯梯段的高度，测量楼梯梁水平。根据测量结果放置不同厚度的垫片来控制楼梯标高；楼梯吊装采用四点起吊，使用专用吊环与预制楼梯上预埋的接驳器连接，使用钢扁担吊装、钢丝绳和吊环配合楼梯吊装；吊装楼梯至吊装面高度 1.5m 高时，上下两端固定楼梯上吊装钢丝绳。使吊装楼梯缓缓落在楼梯吊装控制线内；在吊装楼梯到安装面 5~10cm 高度时，调整预制楼梯平衡；通过使用撬棒和直尺的配合调整楼梯梯段位置；通过靠尺检测楼梯水平和相邻梯段间的水平；当检测完毕后，吊钩落下。去掉吊环，将吊环送至头顶吊走。

4）预制叠合板吊拼装控制点。

叠合板吊装顺序尽量依次铺开，不宜间隔吊装；用水平尺检查搭好的排架或独立支撑上的方木与叠合梁上口是否平齐；板底支撑与梁支撑基本相同，板底支撑不得大于 2m，每根支撑之间高差不得大于 2mm，标高不得大于 3mm，悬挑板外端比内端支撑尽量调高 2mm；叠合板不少于四点起吊，吊装时使用小卸扣连接叠合板上的预埋吊环，起吊时检查下叠合板是否平衡。在叠合板吊装至吊装面时，抓住叠合板桁架钢筋固定叠合板；将叠合板吊装至安装位置上 1.5m 高上下，抓住叠合板桁架钢筋轻轻下落。在高度 10cm 高时参照梁边缘校准落下；使用直尺配合撬棍校正叠合板位置；每块板吊装就位后偏差不得大于 2mm，累计误差不得大于 5mm。

5）预制阳台（空调板）吊装控制点。

预制阳台（空调板）安装时，板底应采用临时支撑措施；安装人员戴好安全带，搭设支撑排架，排架顶端可以调节高度，排架与室内部排架相连；阳台（空调板）采用四点起吊，起吊时使用专用吊环连接到阳台（空调板）的预埋吊点上；阳台（空调板）吊起调至 1.5m 高处。调整阳台（空调板）位置，锚固钢筋向内侧；阳台（空调板）吊装缓慢落下，将阳台（空调板）引至安装槽内。阳台（空调板）有锚固筋一侧与预制外墙板内侧对齐，使阳台（空调板）预埋连接孔与阳台（空调板）竖向连接板对齐；安装阳台（空调板）竖向连接板的连接锚栓，并拧紧牢靠；用水平尺测量水平，通过调节 U 形托配合水平尺确定阳台（空调板）安装高度、泛水坡度；阳台（空调板）安装好后，拆除专用吊具。

（2）钢筋工程质量控制要点如下。

1）装配式建筑后浇混凝土内的连接钢筋应埋设准确，连接与锚固方式应符合设计和现行有关技术标准的规定。

2）预制构件连接处的钢筋位置应符合设计要求。

3）钢筋套筒灌浆连接及浆锚连接接头的预留钢筋应设计专门定位和导向装置，来完成墙板定位，保证结构安装顺利进行。

4）应采用可靠的固定措施控制连接钢筋的外露长度，以满足钢筋同钢套筒或金属波纹管的连接要求。

5）定位钢筋应该严格按设计要求进行加工，同时，为了保证预制墙体吊装时能更快插入连接套筒中，所有定位钢筋插入段必须采用砂轮切割机切割，严禁使用钢筋切断机切断，切割后应保证插入端无切割毛刺。

6）钢筋采用焊接、机械连接、埋件焊接、钢筋套筒灌浆连接以及锚固等措施时，质量应符合相关国家现行标准的要求。

7）装配式建筑中后浇混凝土中连接钢筋、预埋件安装位置允许偏差及检验方法应符合规定。

（3）预制构件节点钢筋绑扎控制要点如下。

1）预制构件吊装就位后，根据结构设计图纸，绑扎剪力墙垂直连接节点、梁、板连接节点钢筋。

2）钢筋绑扎前，应先校正预留锚筋、箍筋位置及箍筋弯钩角度。

3）剪力墙垂直连接节点暗柱、剪力墙受力钢筋采用搭接绑扎，搭接长度应满足规范要求。

4）暗梁（叠合梁）纵向受力钢筋宜采用帮条单面焊接。

（4）钢筋套筒灌浆控制要点如下。

灌浆套筒进场时，应抽取套筒采用与之匹配的灌浆料制作对中连接接头，并作抗拉强度检验，检验结果应符合现行行业标准中 I 级接头对抗拉强度的要求。灌浆连接应编制专项施工方案，灌浆操作工人应培训合格后方可上岗操作。施工过程应严格控制灌浆料的现场制作工艺、专人监督灌浆作业过程，确保灌浆作业质量，并做好灌浆作业记录。

1）灌浆前应全面检查灌浆孔道、泌水孔、排气孔是否通畅，可用鼓风机注入空气，检查溜浆孔是否畅通。

2）将竖向构件的上下连接处、水平连接处及竖向构件与楼面连接处清理干净，灌浆前 24h 表面充分浇水湿润，灌浆前 1h 应吸干积水。

3）采用对拉螺栓或七字卡将竖向构件的水平及垂直拼缝用木方进行支模，方木与墙体之间用 1cm 厚度塑料泡沫封闭密实，不得漏浆。

4）严格按照产品说明中要求配置灌浆料，先在搅拌桶内加入定量的水，然后将干料倒入搅拌桶内，用手持电动搅拌器充分搅拌均匀，搅拌时间从开始投料到搅拌结束应不少于 3min，搅拌时叶片不得提至浆料液面之上，以免带入空气。搅拌后的灌浆料应在 30min 内使用完。

5）浆锚节点灌浆采用高位漏斗灌浆法或机械压力注浆，确保灌浆料能充分填充密实。

6）灌浆应连续、缓慢、均匀地进行，同一个仓位要连续灌浆，不得中途停顿，直至排气管排出的浆液稠度与灌浆口处相同，且没有气泡排出后，将灌浆孔封闭。灌浆施工应采用灌浆泵带压灌浆以确保每个灌浆套筒灌浆饱满度，如果漏浆必须补灌。当一点灌浆遇到问题需要改变关键点时，各灌浆套筒已封闭的灌浆孔、出浆孔应重新打开，待灌浆料再次流出后进行封堵。灌浆结束后应及时将灌浆口及构件表面的浆液清理干净，将灌浆口表面抹压平整。

7）灌浆完成后 24h 内禁止对墙体进行扰动。

8）每工作班组应检查灌浆料拌合物初始流动度不少于 1 次，每个工作班组取强度试块取样不得少于 1 次，每楼层取样不得少于 3 次，并现场留存影像记录资料，同时要确保灌浆料 30min 内使用完成。

9）灌浆施工过程应留存影像资料。

（5）现浇工程中模板工程质量控制要点如下。

1）模板与支撑应具有足够的承载力、刚度，稳固可靠，应符合深化和拆分设计要求，符合专项施工方案要求及相关技术标准规定。

2）尽量使用刚度好、外观平整的铝合金模板、钢模板和塑料模板及支撑系统，使后浇结构同预制构件外观观感一致，平整度一致。

3）模板与支撑安装应保证工程结构的构件各部分形状、尺寸和位置的准确，模板安装应牢固、严密、不漏浆，采取可靠措施防止模板变形，便于钢筋敷设和混凝土浇筑。

4）模板拆除时，宜按先拆非承重模板，后拆承重模板的顺序。水平结构应由跨中向两端拆除，竖向结构模板应自上而下拆除。

5）叠合构件的后浇混凝土同条件立方体抗压强度达到设计要求时，方可拆除模板及下面的支撑系统；当设计无具体要求时，同条件养护的后浇混凝土立方体抗压强度的规定。

6）预制柱或预制剪力墙钢斜支撑应在连接节点或连接接缝部位后浇混凝土或灌浆料强度达到设计要求后拆除；当设计无具体要求时，后浇混凝土或灌浆料应达到设计强度的 75% 以上后拆除，且在上部构件吊装完成后拆除。

（6）后浇混凝土工程质量控制要点如下。

1）浇筑混凝土前，应做隐蔽项目现场检查与验收。验收项目应包括下列内容：钢筋的牌号、规格、数量、位置、间距等；纵向受力钢筋的连接方式、接头位置、接头数量、接头面积百分率、搭接长度等；纵向受力钢筋的锚固方式及长度；箍筋、横向钢筋的牌号、规格、数量、位置、间距，箍筋弯钩的弯折角度及平直段长度；预埋件的规格、数量、位置；混凝土粗糙面的质量，键槽的规格、数量、位置；预留管线、线盒等的规格、数量、位置及固定措施。

2）混凝土浇筑完毕后，应按施工技术方案的要求及时采取有效的养护措施，并应符合以下规定：混凝土浇筑完毕后，应在 12h 以内对混凝土加以覆盖并养护；浇水次数应能保持混凝土处于湿润状态；采用塑料薄膜覆盖养护的混凝土，其敞露的全部表面应覆盖严密，并应保持塑料薄膜内有凝结水；叠合层及构件连接处后浇混凝土的养护应符合规范要求；混凝土强度达到 1.2MPa 前，不得在其上踩踏或安装模板及支架。

3）混凝土冬期施工应按现行规范的相关规定执行。

4）叠合构件混凝土浇筑前，应清除叠合面上的杂物、浮浆及松散骨料，表面干燥时应洒水湿润，但洒水后不得留有积水。应检查并校正预留构件的外露钢筋。

5）叠合构件混凝土浇筑时，应采取由中间向两边的方式。

6）叠合构件混凝土浇筑时，不应移动预埋件的位置，且不得污染预埋件外露连接部位。

7）叠合构件上一层混凝土剪力墙的吊装施工，应在与剪力墙整浇的叠合构件后浇层达到足够强度后进行。

8）装配式混凝土结构中预制构件的连接处混凝土强度等级不应低于所连接的各预制构件混凝土设计强度中的较大值。

9）用于预制构件连接处的混凝土或砂浆，宜采用无收缩混凝土或砂浆，并宜采取提高混凝土或砂浆早期强度的措施；在浇筑过程中应振捣密实，并应符合有关标准和施工作业要求。

（7）构件接缝防水施工质量控制要点如下。

1）外墙板接缝防水工程应由专业人员进行施工。

2）预制构件与后浇混凝土接合部，应对是否密实进行检验，对于接合不严、存在缝隙的部位应进行处理。

3）预制构件拼缝处，应进行防水构造、防水材料的检查验收，必须符合设计要求。防水密封材料应具有合格证及进场复试报告。密封胶应采用建筑专用的密封胶，并应符合现行标准相关的规定。

4）外墙应进行现场淋水试验，并形成淋水试验报告。

5）密封防水施工前，接缝处应清理干净，保持干燥，事先应对嵌缝材料的性能质量进行检查。

6）密封防水施工的嵌缝材料性能、质量、配合比应符合要求。

7）硅酮密封胶的使用年限应满足设计要求，应与衬垫材料相容，应具有弹性。硅酮密封胶的注胶宽度、厚度应符合设计要求，注胶应均匀、顺直、密实，表面应光滑，不应有裂缝。

8）预制构件连接缝施工完成后应进行外观质量检查，并应满足国家或地方相关建筑外墙防水工程技术规范的要求。

（8）地基梁钢筋定位控制要点如下。

在地基梁平台钢筋绑扎完成以后，采取以下措施：检查平台模板标高；模板上放控制线；按控制线放置钢筋限位框；按预制构件插筋图校正预留插筋；混凝土浇筑后和墙体安装前，需要再次按预制构件插筋图检查预留插筋。

（9）构件成品保护。

依据预制构件成品保护要点，按照预制构件类别分类介绍预制构件成品保护的相关要求。

1）装配式建筑结构施工完成后，竖向构件阳角、楼梯踏步口宜采用木条（板）包角保护。

2）预制构件现场吊装及其他工序等施工过程中，宜对预制构件原有的门窗框、预埋件等产品进行保护，装配整体式混凝土结构质量验收前不得拆除或损坏。

3）预制外墙板饰面砖、石材、涂刷等装饰材料表面可采用贴膜或用其他专业材料保护。

4）预制楼梯饰面砖宜采用现场后贴施工，采用构件制作先贴法时应采用铺设木板或其他覆盖形式的成品保护措施。

5）预制构件暴露在空气中的预埋铁件应涂抹防锈漆。

6）预制构件的预埋螺栓孔应填塞海绵棒。

一、施工质量控制概述

1.施工质量控制的目标。

施工质量控制的总体目标是贯彻执行建设工程质量法规和标准，正确配置生产要素和采用科学管理的方法，实现工程项目预期的使用功能和质量标准。不同管理主体的施工质量控制目标如下。

（1）建设单位的质量控制目标是通过施工过程的全面质量监督管理、协调和决策，保证竣工项目达到投资决策所确定的质量标准。

（2）设计单位在施工阶段的质量控制目标是通过设计变更控制及纠正施工中所发现的设计问题等，保证竣工项目的各项施工结果与设计文件所规定的标准相一致。

（3）施工单位的质量控制目标是通过施工过程的全面质量自控，保证交付满足施工合同及设计文件所规定的质量标准的建设工程产品。

（4）监理单位在施工阶段的质量控制目标是通过审核施工质量文件、施工指令和结算支付控制等手段的应用，监控施工承包单位的质量活动行为，正确履行工程质量的监督责任，以保证工程质量达到施工合同和设计文件所规定的质量标准。

2.施工质量控制的依据。

施工质量控制的依据包括工程合同文件、设计文件、国家及政府有关部门颁布的有关质量管理方面的法律法规性文件、有关质量检验与控制的专门技术法规性文件。

3.施工质量控制的阶段划分及内容。

施工质量控制包括施工准备质量控制、施工过程质量控制和施工验收质量控制三个阶段（见表7-1）。

（1）施工准备质量控制是指工程项目开工前的全面施工准备和施工过程中各分部分项工程施工作业准备的质量控制。

（2）施工过程质量控制是指施工作业技术活动的投入与产出过程的质量控制，其内涵包括全过程施工生产及其中各分部分项工程的施工作业过程。

（3）施工验收质量控制是指对已完工工程验收时的质量控制，即工程产品的质量控制。

表 7-1 施工质量控制的阶段划分及内容

施工质量控制	施工作业过程质量的预控	设置工序活动的质量控制点
施工准备质量控制	施工承包单位资质的核查 施工质量计划的编制与审查 现场施工准备的质量控制 施工机械配置的控制 工程开工报审	
施工过程质量控制	施工作业过程质量的预控	工程质量预控对策的表达方式
		作业技术交底的控制
		进场材料构配件的质量控制
		环境状态的控制
	施工作业过程质量的实时监控	承包单位的自检系统与监控
		施工作业技术复核工作与监控
		见证取样与见证点的实施监控
		工程变更的监控
		质量记录资料的控制
	施工作业过程质量检验	基槽,基坑检查验收
		隐蔽工程检查验收
		不合格品的处理及成品保护
		检验方法与检验程度的种类
施工验收质量控制	检验批的验收 分项工程验收 分部工程验收 单位工程验收	

4. 施工质量控制的工作程序。

（1）在每项工程开始前，承包单位必须做好施工准备工作，然后填报工程开工报审表，附上该项工程的开工报告、施工方案以及施工进度计划等，报送监理工程师审查。若审查合格，则由总监理工程师批复准予施工。否则，承包单位应进一步做好施工准备，待条件具备时，再次填报开工申请。

（2）在每道工序完成后，承包单位应进行自检，自检合格后，填报报验申请表交监理工程师检验。监理工程师收到检查申请后应在规定的时间内到现场检验，检验合格后予以确认。只有上一道工序被确认质量合格后，才能准许下道工序施工。

（3）当一个检验批、分项、分部工程完成后，承包单位首先对检验批、分项、分部工程进行自检，填写相应质量验收记录表，确认工程质量符合要求，然后向监理工程师提交报验申请表附上自检的相关资料，经监理工程师现场检查及对相关资料审核后，符合要求予以签认验收，反之，则指令承包单位进行整改或返工处理。

（4）在施工质量验收过程中，涉及结构安全的试块、试件以及有关材料，应按规定进行见证取样检测；对涉及结构安全和使用功能的重要分部工程，应进行抽样检测。承担见证取样检测及有关结构安全检测的单位应具有相应资质。

（5）通过返修或加固处理仍不能满足安全使用要求的分部工程、单位工程严禁验收。

5.质量控制的原理过程。

（1）确定控制对象，例如一个检验批、一道工序、一个分项工程、安装过程等。

（2）规定控制标准，即详细说明控制对象应达到的质量要求。

（3）制定具体的控制方法，例如工艺规程、控制用图表等。

（4）明确所采用的检验方法，包括检验手段。

（5）实际进行检验。

（6）分析实测数据与标准之间差异的原因。

（7）解决差异所采取的措施、方法。

二、施工准备的质量控制

1.施工承包单位资质的核查。

（1）施工承包单位资质的分类。施工承包企业按照其承包工程能力，划分为施工总承包、专业承包和劳务分包三个序列。施工总承包企业的资质按专业类别共分为12个资质类别，每一个资质类别又分成特、一、二、三级。专业承包企业资质按专业类别共分为60个资质类别，每一个资质类别又分为一、二、三级。劳务承包企业有13个资质类别，有的资质类别分成若干级，如木工、砌筑、钢筋作业劳务分包企业资质分为一级、二级，有的则不分级，如油漆、架线等作业劳务分包企业则不分级。

（2）招投标阶段对承包单位资质的审查。根据工程类型、规模和特点，确定参与投标企业的资质等级。对符合投标的企业查对营业执照、企业资质证书、企业年检情况、资质升降级情况等。

（3）对中标进场的企业质量管理体系的核查。了解企业贯彻质量、环境、安全认证情况以及质量管理机构落实情况。

2.施工质量计划的编制与审查

（1）按照GB/T19000质量管理体系标准，质量计划是质量管理体系文件的组成内容。在合同环境下质量计划是企业向顾客表明质量管理方针、目标及其具体实现的方法、手段和措施，体现企业对质量责任的承诺和实施的具体步骤。

（2）施工质量计划的编制主体是施工承包企业。审查主体是监理机构。

（3）目前我国工程项目施工质量计划常用施工组织设计或施工项目管理实施规划

的形式进行编制。

（4）施工质量计划编制完毕，应经企业技术领导审核批准，并按施工承包合同的约定提交工程监理或建设单位批准确认后执行。

由于施工组织设计已包含了质量计划的主要内容，因此，对施工组织设计的审查就包括了对质量计划的审查。

在工程开工前约定的时间内，承包单位必须完成施工组织设计的编制并报送项目监理机构，总监理工程师在约定的时间内审核签认。已审定的施工组织设计由项目监理机构报送建设单位。承包单位应按审定的施工组织设计文件组织施工，如需对其内容做较大的变更，应在实施前将变更内容书面报送项目监理机构审核。

3. 现场施工准备的质量控制。

现场施工准备的质量控制包括工程定位及标高基准的控制、施工平面布置的控制、现场临时设施控制等。

4. 施工材料、构配件订货的控制。

（1）凡由承包单位负责采购的材料或构配件，应按有关标准和设计要求采购订货，在采购订货前应向监理工程师申报，监理工程师应提出明确的质量检测项目、标准，以及对出厂合格证等质量文件的要求。

（2）供货厂方应向需方提供质量文件，用以表明其提供的货物能够达到需方提出的质量要求。质量文件主要包括产品合格证及技术说明书、质量检验证明、检测与试验者的资质证明、关键工序操作人员资格证明及操作记录、不合格品或质量问题处理的说明及证明、有关图纸及技术资料，必要时，还应附有权威性认证资料。

5. 施工机械配置的控制。

施工机械设备的选择，除应考虑施工机械的技术性能、工作效率、工作质量、可靠性及维修难易性，以及安全、灵活等方面对施工质量的影响与保证外，还应考虑其数量配置对施工质量的影响与保证条件。

6. 分包单位资格的审核确认。

总承包单位选定分包单位后，应向监理工程师提交《分包单位资质报审表》，监理工程师审查时，主要是审查施工承包合同是否允许分包，分包单位是否具有按工程承包合同规定的条件完成分包工程任务的能力。

7. 施工图纸的现场核对。

施工承包单位应做好施工图纸的现场核对工作，对于存在的问题，承包单位以书面形式提出，在设计单位以书面形式进行确认后，才能施工。

8. 严把开工关。

开工前承包单位必须提交《工程开工报审表》，经监理工程师审查具备开工条件并由总监理工程师予以批准后，承包单位才能开始正式施工。

三、施工过程质量控制

一个工程项目是划分为工序作业过程、检验批、分项工程、分部工程、单位工程等若干层次进行施工的，各层次之间具有一定的先后顺序关系。所以，工序施工作业过程的质量控制是最基本的质量控制，它决定了检验批的质量；而检验批的质量又决定了分项工程的质量。施工过程质量控制的主要工作是以施工作业过程质量控制为核心，设置质量控制点，进行预控，严格施工作业过程质量检查，加强成品保护等。

1. 施工作业过程的质量预控。

工程质量预控，就是针对所设置的质量控制点或分部分项工程，事先分析在施工中可能发生的质量问题和隐患，分析可能的原因，并提出相应的对策，制定对策表，采取有效的措施进行预先控制，防止在施工中产生质量问题。

质量预控一般按"施工作业准备—技术交底—中间检查及质量验收—资料整理"的顺序，提出各阶段质量管理工作要求，其实施要点如下。

（1）确定工序质量控制计划，监控工序活动条件及成果。

工序质量控制计划是以完善的质量体系和质量检查制度为基础的。工序质量控制计划要明确规定质量监控的工作流程和质量检查制度，作为监理单位和施工单位共同遵循的准则。

监控工序活动条件，应分清主次工序，重点监控影响工序质量的各因素，注意各因素或条件的变化，使它们的质量始终处于控制之中。

工序活动效果的监控主要是指对工序活动的产品采取一定的检验手段进行检验，根据检验结果分析判断该工序的质量效果，从而实现对工序质量的控制。

（2）设置工序活动的质量控制点。

质量控制点是指为了保证工序质量而确定的重点控制对象、关键部位或薄弱环节。承包单位在工程施工前应根据施工过程质量控制的要求，列出质量控制点明细表，表中详细地列出各质量控制点的名称或控制内容、检验标准及方法等，提交监理工程师审查批准后，在此基础上实施质量预控。

1）设置质量控制点应考虑的因素。

①施工工艺。施工工艺复杂时多设，不复杂时少设。

②施工难度。施工难度大时多设，难度不大时少设。

③建设标准。建设标准高时多设，标准不高时少设。

④施工单位信誉。施工单位信誉高时少设，信誉不高时多设。

2）选择质量控制点的原则。

①施工过程中的关键工序、关键环节，如预应力结构的张拉。

②隐蔽工程，应重点设置质量控制点。

③施工中的薄弱环节或质量不稳定的工序、部位，如地下防水层施工。

④对后续工序质量有重大影响的工序或部位，如钢筋混凝土结构中的钢筋质量、模板的支撑与固定等。

⑤采用新工艺、新材料、新技术的部位或环节，应设置质量控制点。

⑥施工单位无足够把握的工序或环节，例如复杂曲线模板的放样等。

3）质量控制点的重点控制对象。

①人的行为，包括人的身体素质、心理素质、技术水平等均有相应的较高要求。

②物的质量与性能，如基础的防渗灌浆中，灌浆材料细度及可灌性的控制。

③关键的操作过程，如预应力钢筋的张拉工艺操作过程及张拉力的控制。

④施工技术参数，如填土含水量、混凝土受冻临界强度等。

⑤施工顺序，如对于冷拉钢筋应当先对焊、后冷拉，否则会失去冷强；对于屋架固定一般应采取对角同时施焊，以免焊接应力使已校正的屋架发生变位等。

⑥技术间歇，如砖墙砌筑与抹灰之间，应保证有足够的间歇时间。

⑦施工方法，如滑模施工中的支承杆失稳问题，即可能引起重大质量事故。

⑧特殊地基或特种结构，如湿陷性黄土、膨胀土等特殊土地基的处理应予特别重视。

2）设置质量控制点的一般位置。按分项工程，一般工业与民用建筑中质量控制点设置的位置（见表7-2）。

表7-2 质量控制点的设置位置

分项工程	质量控制点
工程测量定位	标准轴线桩、水平桩、龙门板、定位轴线、标高
地基基础	基坑尺寸、土质条件、承载力基础及垫层尺寸、标高、预留洞孔等
砌体	砌体轴线、皮数杆、砂浆配合比、预留孔洞、砌体砌法
模板	模板位置、尺寸、强度及稳定性，模板内部清理及润湿情况
钢筋混凝土	水泥品种、标号、砂石质量、混凝土配合比、外加剂比例、混凝土振捣、钢筋种类、规格、尺寸、预埋件位置，预留孔洞，预制件吊装
吊装	吊装设备起重能力、吊具、索具、地锚
装饰工程	抹灰层、镶贴面表面平整度，阴阳角、护角、滴水线、勾缝、油漆
屋面工程	基层平整度、坡度、防水材料技术指标，泛水与三缝处理
钢结构	翻样图、放大样
焊接	焊接条件、焊接工艺
装修	视具体情况而定

（3）工程质量预控对策的表达方式。质量预控和预控对策的表达方式主要有以下几种。

1）文字表达，如钢筋电焊焊接质量的预控措施用文字表达如下。

①可能产生的质量问题：焊接接头偏心弯折；焊条型号或规格不符合要求；焊缝

的长、宽、厚度不符合要求；凹陷、焊瘤、裂纹、烧伤、咬边、气孔、夹渣等缺陷。

②质量预控措施：禁止焊接人员无证上岗；焊工正式施焊前，必须按规定进行焊接工艺试验；每批钢筋焊完后，承包单位自检并按规定对焊接接头见证取样进行力学性能试验；在检查焊接质量时，应同时抽检焊条的型号。

2）用解析图或表格形式表达的质量预控对策表。该图表分为两部分，一部分列出某一分部分项工程中各种影响质量的因素；另一部分列出对应于各种质量问题影响因素所采取的对策或措施。

以混凝土灌注桩质量预控为例，质量预控对策如表 7-3 所示。

表 7-3 混凝土灌注桩质量预控表

可能发生的质量问题	质量预控措施
孔隙	督促施工单位在钻孔前及开钻 4 小时后，对钻机认真整平
混凝土强度不足	随时抽查原料质量，试配混凝土配合比经监理工程师审批确认
缩颈、堵管	督促施工单位每桩测定混凝土坍落度 2 次
断桩	准备充分，保证连续不断地浇筑桩体
钢筋笼上浮	掌握泥浆比重（1.1~1.2）和灌注速度

（4）作业技术交底的控制。

作业技术交底是对施工组织设计或施工方案的具体化，是更细致、明确、具体的技术实施方案，是工序施工或分项工程施工的具体指导文件。每一分项工程开始实施前均要进行交底。

技术负责人按照设计图纸、施工组织设计，编制技术交底书，并经项目总工程师批准，向施工人员交清工程特点、施工工艺方法、质量要求和验收标准，施工过程中需注意的问题，可能出现意外的措施及应急方案。交底中要明确做什么、谁来做、如何做、作业标准和要求、什么时间完成等。

关键部位或技术难度大，施工复杂的检验批、分项工程施工前，承包单位的技术交底书要报监理工程师。经监理工程师审查后，如技术交底书不能保证作业活动的质量要求，承包单位要进行修改补充。没有做好技术交底的作业活动，不得进入正式实施。

（5）进场材料、构配件的质量控制。

1）凡运到施工现场的原材料或构配件，进场前应向监理机构提交工程材料、构配件报审表，同时附有产品出厂合格证及技术说明书，由施工承包单位按规定要求进行检验的检验试验报告，经监理工程师审查并确认其质量合格后，方准进场。如果监理工程师认为承包单位提交的有关产品合格证明文件以及检验试验报告，不足以说明到场产品的质量符合要求时，监理工程师可再行组织复检或见证取样试验，确认其质量合格后方允许进场。

2）进口材料的检查、验收，应会同国家商检部门进行。

3）材料、构配件的存放，应安排适宜的存放条件及时间，并且应实行监控。例如，对水泥的存放应当防止受潮，存放时间一般不宜超过3个月，以免受潮结块。

4）对于某些当地材料及现场配制的制品，一般要求承包单位事先进行试验，达到要求的标准方可使用。例如，混凝土粗骨料中如果含有无定形氧化硅时，会与水泥中的碱发生碱—集料反应，并吸水膨胀，从而导致混凝土开裂，需设法妥善解决。

（6）环境状态的控制。

环境状态包括水电供应、交通运输等施工作业环境，施工质量管理环境，施工现场劳动组织及作业人员上岗资格，施工机械设备性能及工作状态环境，施工测量及计量器具性能状态，现场自然条件环境等。施工单位应做好充分准备和妥当安排，监理工程师检查确认其准备可靠、状态良好、有效后，方准许其进行施工。

2.施工作业过程质量的实时监控。

（1）承包单位的自检系统与监理工程师的检查。承包单位是施工质量的直接实施者和责任者，其自检系统表现在以下几点：作业活动的作业者在作业结束后必须自检；不同工序交接、转换必须由相关人员交接检查；承包单位专职质检员的专检。为实现上述三点，承包单位必须有整套的制度及工作程序仪器，配备数量满足需要的专职质检人员及试验检测人员。

监理工程师是对承包单位作业活动质量的复核与确认，监理工程师的检查决不能代替承包单位的自检。而且，监理工程师的检查必须是在承包单位自检并确认合格的基础上进行的。

专职质检员没检查或检查不合格不能报监理工程师。

（2）施工作业技术复核工作与监控。凡涉及施工作业技术活动基准和依据的技术工作，都应该严格进行专人负责的复核性检查，以避免基准失误给整个工程质量带来难以补救的或全局性的危害。例如，工程的定位、轴线、标高，预留空洞的位置和尺寸等。技术复核是承包单位应履行的技术工作责任，其复核结果应报送监理工程师复验确认后，才能进行后续相关的施工。

（3）见证取样、送检工作及其监控。见证是指由监理工程师现场监督承包单位某工序全过程完成情况的活动。见证取样是指对工程项目使用的材料、构配件的现场取样、工序活动效果的检查实施见证。

1）承包单位在对进场材料、试块、钢筋接头等实施见证取样前要通知监理工程师，在工程师现场监督下，承包单位按相关要求，完成取样过程。

2）完成取样后，承包单位将送检样品装入木箱，由工程师加封，不能装入箱中的试件，如钢筋样品，则贴上专用加封标志，然后送往具有相应资质的试验室。

3）送往试验室的样品，要填写"送验单"，送验单要盖有"见证取样"专用章，并有见证取样监理工程师的签字。

4）试验室出具的报告一式两份，分别由承包单位和项目监理机构保存，并作为归档材料，这是工序产品质量评定的重要依据。

5）实行见证取样，绝不代替承包单位应对材料、构配件进场时必须进行的自检。自检频率和数量要按相关规范要求执行。见证取样的频率和数量，包括在承包单位自检范围内，一般所占比例为30%。见证取样的试验费用由承包单位支付。

（4）见证点的实施控制。"见证点"是国际上对于重要程度不同及监督控制要求不同的质量控制点的一种区分方式。凡是被列为见证点的质量控制对象，在施工前，承包单位都应提前通知监理人员在约定的时间内到现场进行见证和对其施工实施监督。如果监理人员未能在约定的时间内到现场见证和监督，则承包单位有权进行该点相应工序的操作和施工。

（5）工程变更的监控。施工过程中，由于种种原因会涉及工程变更，工程变更的要求可能来自建设单位、设计单位或施工承包单位，不同情况下，工程变更的处理程序不同。但无论是哪一方提出工程变更或图纸修改的要求，都应通过监理工程师审查并经有关方面研究，确认其必要性后，由总监理工程师发布变更指令方能生效予以实施。

监理工程师在审查现场工程变更要求时，应持十分谨慎的态度。除非是原设计不能保证质量要求，或确有错误，以及无法施工。一般情况下，即使变更要求在技术经济上是合理的，也应全面考虑，将变更以后对质量、工期、造价方面的影响以及可能引起的索赔损失等加以比较，权衡轻重后再做出决定。

（6）质量记录资料的控制。质量记录资料包括以下三个方面的内容。

1）施工现场质量管理检查记录资料。主要包括承包单位现场质量管理制度、质量责任制、主要专业工种操作上岗证书、分包单位资质及总包单位对分包单位的管理制度、施工图审查核对记录、施工组织设计及审批记录、工程质量检验制度等。

2）工程材料质量记录。主要包括进场材料、构配件、设备的质量证明资料，各种试验检验报告，各种合格证，设备进场维修记录或设备进场运行检验记录。

3）施工过程作业活动质量记录资料。施工过程可按分项、分部、单位工程建立相应的质量记录资料。在相应质量记录资料中应包含有关图纸的图号、质量自检资料、监理工程师的验收资料、各工序作业的原始施工记录等。

施工质量记录资料应真实、齐全、完整，相关各方人员的签字齐备、字迹清楚、结论明确，与施工过程的进展同步。在对作业活动效果的验收中，如缺少资料和资料不全，监理工程师应拒绝验收。

3. 施工作业过程质量检查与验收。

施工质量检查与验收包括工序交接验收、隐蔽工程验收，以及检验批、分项工程、分部工程、单位工程验收等。此处只介绍工序作业过程验收，检验批、分项工程、分部工程、单位工程验收等参见工程施工质量验收。

（1）基槽、基坑验收。基槽开挖质量验收主要涉及地基承载力的检查确认，地质条件的检查确认，开挖边坡的稳定及支护状况的检查确认，基槽开挖尺寸、标高等。由于部位的重要，基槽开挖验收均要有勘察设计单位的有关人员参加，并请当地或主管质量监督部门参加，经现场检测确认其地基承载力是否达到设计要求，地质条件是否与设计相符。如相符，则共同签署验收资料，否则，应采取措施进行处理，经承包单位实施完毕后重新验收。

（2）隐蔽工程验收。隐蔽工程是指将被其后续工程施工所隐蔽的分项分部工程，在隐蔽前所进行的检查验收。它是对一些已完分项、分部工程质量的最后一道检查，由于检查对象就要被其他工程覆盖，给以后的检查整改造成障碍，故显得尤为重要。其程序如下。

1）隐蔽工程施工完毕，承包单位按有关技术规程、规范、施工图纸先进行自检，自检合格后，填写报验申请表，附上相应的隐蔽工程检查记录及有关材料证明、试验报告、复试报告等，报送项目监理机构。

2）监理工程师收到报验申请后首先对质量证明资料进行审查，并在合同规定的时间内到现场核查，承包单位的专职质检员及相关施工人员应随同一起到现场。

3）经现场检查，如符合质量要求，监理工程师在报验申请表及隐蔽工程检查记录上签字确认，准予承包单位隐蔽、覆盖，进入下一道工序施工。如经现场检查发现不合格，监理工程师签发"不合格项目通知"，指令承包单位整改，整改后自检合格再报监理工程师复查。

（3）工序交接验收。工序交接验收是指作业活动中一种必要的技术停顿、作业方式的转换及作业活动效果的中间确认。上道工序应满足下道工序的施工条件和要求，相关专业工序之间也是如此。通过工序间的交接验收，使各工序间和相关专业工程之间形成一个有机整体。

（4）不合格品的处理。上道工序不合格，不准进入下道工序施工，不合格的材料、构配件、半成品不准进入施工现场且不允许使用，已经进场的不合格品应及时做出标识、记录，指定专人看管，避免用错，并限期清除出现场；不合格的工序或工程产品，不予计价。

（5）成品保护。成品保护是指在施工过程中，有些分项工程已经完成，而其他一些分项工程尚在施工；或者是在其分项工程施工过程中，某些部位已完成，而其他部位正在施工。在这种情况下，承包单位必须负责对已完成部分采取妥善措施予以保护，以免成品缺乏保护或保护不善而造成操作损坏或污染，影响工程整体质量。

成品保护的一般措施如下。

1）防护：就是针对被保护对象的特点采取各种防护的措施，如对于进出口台阶可垫砖或方木搭脚手板供人通过的方法来保护台阶。

2）包裹：就是将被保护物包裹起来，以防损伤或污染。例如，对镶面大理石柱可用立板包裹捆扎保护；铝合金门窗可用塑料布包扎保护等。

3）覆盖：就是用表面覆盖的办法防止堵塞或损伤。例如，对落水口排水管安装后可以覆盖，以防止异物落入而被堵塞；地面可用锯末覆盖以防止喷浆污染等。

4）封闭：就是采取局部封闭的办法进行保护。例如，垃圾道完成后，可将其进口封闭起来，以防止建筑垃圾堵塞通道。

5）合理安排施工顺序：主要是通过合理安排不同工作间的施工顺序以防止后道工序损坏或污染已完施工的成品。如采取房间内先喷涂而后装灯具的施工顺序可防止喷浆污染、损害灯具；先做顶棚装修而后做地面，可避免顶棚施工污染地坪。

4. 施工作业过程质量检验方法与检验程度的种类。

（1）检验方法。对于现场所用原材料、半成品、工序过程或工程产品质量进行检验的方法，一般可分为三类，即目测法、量测法以及试验法。

1）目测法，即凭借感官进行检查，也可以叫作观感检验。这类方法主要是根据质量要求，采用看、摸、敲、照等手法对检查对象进行检查。"看"就是根据质量标准要求进行外观检查，例如清水墙表面是否洁净，喷涂的密实度和颜色是否良好、均匀，工人的施工操作是否正常，混凝土振捣是否符合要求等。所谓"摸"，就是通过触摸手感进行检查、鉴别，例如油漆的光滑度，浆活是否牢固、不掉粉等。所谓"敲"，就是运用敲击方法进行观感检查，例如，对墙面瓷砖、大理、石镶贴、地砖铺砌等的质量均可通过敲击检查，根据声音虚实、脆闷判断有无空鼓等质量问题。

所谓"照"就是通过人工光源或反射光照射，仔细检查难以看清的部位。

2）量测法，就是利用量测工具或计量仪表，通过实际量测结果与规定的质量标准或规范的要求相对照，从而判断质量是否符合要求。量测的手法可归纳为靠、吊、量、套。所谓"靠"，是用直尺检查诸如地面、墙面的平整度等。所谓"吊"，是指用线锤检查垂直度。"量"，是指用量测工具或计量仪表等检查断面尺寸、轴线、标高、温度、湿度等数值并确定其偏差，例如大理石板拼缝尺寸与超差数量，摊铺沥青拌和料的温度等。所谓"套"，是指以方尺套方辅以塞尺，检查诸如踏角线的垂直度、预制构件的方正，门窗口及构件的对角线等。

3）试验法，是利用理化试验或借助专门仪器判断检验对象质量是否符合要求。

①理化试验。常用的理化试验包括物理力学性能方面的检验和化学成分及含量的测定两个方面。力学性能检验，如抗拉强度、抗压强度的测定等。物理性能方面的测定，如密度、含水量、凝结时间等。化学试验，如钢筋中的磷、硫含量，以及抗腐蚀等。

②无损测试或检验。借助专门的仪器、仪表等手段在不损伤被探测物的情况下了解被探测物的质量情况，如超声波探伤仪、磁粉探伤仪等。

（2）质量检验程度的种类。按质量检验的程度，即检验对象被检验的数量划分，可分为以下几类。

1）全数检验。全数检验主要是用于关键工序部位或隐蔽工程，以及那些在技术规程、质量检验验收标准或设计文件中有明确规定应进行全数检验的对象。例如，对安装模板的稳定性、刚度、强度、结构物轮廓尺寸等的检验。

2）抽样检验。对于主要的建筑材料、半成品或工程产品等，由于数量大，通常大多采取抽样检验。抽样检验具有检验数量少、比较经济、检验所需时间较少等优点。

3）免检。免检就是在某种情况下，可以免去质量检验过程，如对于实践证明其产品质量长期稳定、质量保证资料齐全者可考虑采取免检。

第三节　装配式建筑项目施工质量验收

1. 预制构件主要验收项。

（1）专业企业生产的预制构件，进场时的质量证明文件。

（2）预制构件的混凝土外观质量不应有严重缺陷，且不应有影响结构性能和安装、使用功能的尺寸偏差。

（3）预制构件表面预贴饰面砖、石材等饰面与混凝土的黏结性能应符合设计和国家现行标准。

（4）预制构件上的预埋件、预留插筋、预留孔洞、预埋管线等规格型号、数量应符合设计要求。

2. 预制构件验收的一般项目。

（1）预制构件外观质量不应有一般缺陷，对出现的一般缺陷应要求构件生产单位按技术处理方案进行处理，并重新检查验收。

（2）预制构件粗糙面的外观质量、键槽的外观质量和数量应符合设计要求。

（3）预制构件表面预粘贴饰面砖、石材等饰面及装饰混凝土饰面的外观质量应符合设计要求，若没有设计要求应符合国家或地方现行有关标准的规定。

（4）预制构件上的预埋件、预留插筋、预留孔洞、预埋管线等规格型号、数量应符合设计要求。

（5）预制板类、墙板类、梁柱类构件外形尺寸偏差应符合规定。

（6）装饰构件的装饰外观尺寸偏差和检验方法应符合设计要求。

（7）装配式结构分项工程的施工尺寸偏差及检验方法应符合设计要求。

（8）装配式混凝土建筑的饰面外观质量应符合设计要求并应符合现行国家标准的

有关规定。

3.预制构件安装与连接主要验收项。

（1）预制构件临时固定措施应符合设计、专项施工方案要求及国家现行有关标准的规定。

（2）装配式结构采用后浇混凝土连接时，构件连接处后浇混凝土的强度应符合设计要求。

（3）钢筋采用套筒灌浆连接、浆锚搭接连接时，灌浆应饱满、密实，所有出口均应出浆。

（4）钢筋套筒灌浆连接及浆锚搭接连接用的灌浆料强度应符合国家现行有关标准的规定及设计要求。

（5）预制构件采用型钢焊接连接时，型钢焊缝的接头质量应满足设计要求，并应符合现行国家标准的有关规定。

（6）装配式结构分项工程的外观质量不应有严重缺陷，且不得有影响结构性能和使用功能的尺寸偏差。

（7）外墙板接缝的防水性能应符合设计要求。

4.实体检验规定。

（1）梁板类简支受弯预制构件进场时应进行性能检验。

（2）钢筋混凝土构件和允许出现裂缝的预应力混凝土构件应进行承载力、挠度和裂缝宽度检验；不允许出现裂缝的预应力混凝土构件应进行承载力、挠度和抗裂检验。

（3）对大型构件及有可靠应用经验的构件，可只进行裂缝宽度、抗裂和挠度检验。

（4）对使用数量较少的构件，当能提供可靠依据时，可不进行结构性能检验。

（5）对多个工程共同使用的同类型预制构件，结构性能检验可共同委托，其结果对多个工程共同有效。

（6）对于不可单独使用的叠合板预制底板，可不进行结构性能检验；对叠合梁构件，是否进行结构性能检验、结构性能检验的方式应根据设计要求确定。

（7）其他预制构件，除设计有专门要求外，进场时可不做结构性能检验。

（8）不做结构性能检验的预制构件，应采取以下措施：施工单位或监理单位代表应驻厂监督生产过程；当无驻厂监督时，预制构件进场时应对其主要受力钢筋数量、规格、间距、保护层厚度及混凝土强度等进行实体检验。

（9）预制构件临时固定措施应符合设计、专项施工方案要求及国家现行有关标准的规定。

（10）装配式结构采用后浇混凝土连接时，构件连接处后浇混凝土的强度应符合设计要求。

（11）钢筋采用套筒灌浆连接、浆锚搭接连接时，灌浆应饱满、密实，所有出口均应出浆。

（12）钢筋套筒灌浆连接及浆锚搭接连接用的灌浆料强度应符合国家现行有关标准的规定及设计要求。

（13）预制构件底部接缝坐浆强度应满是设计要求。

（14）钢筋采用机械连接时，其接头质量应符合现行行业标准的有关规定。

（15）钢筋采用焊接连接时，其焊缝的接头质量应满足设计要求，并应符合现行行业标准的有关规定。

（16）预制构件采用型钢焊接连接时，型钢焊缝的接头质量应满足设计要求，并应符合现行国家标准的有关规定。

（17）预制构件采用螺栓连接时，螺栓的材质、规格、拧紧力矩应符合设计要求及现行国家标准的有关规定。

5. 验收资料与文件。

混凝土结构子分部工程验收时，除应符合现行国家标准的有关规定提供文件和记录外，尚应提供下列文件和记录。

（1）工程设计文件、预制构件安装施工图和加工制作详图。

（2）预制构件、主要材料及配件的质量证明文件、进场验收记录、抽样复验报告。

（3）预制构件安装施工记录。

（4）钢筋套筒灌浆型式检验报告、工艺检验报告和施工检验记录，浆锚搭接连接的施工检验记录。

（5）后浇混凝土部位的隐蔽工程检验验收文件。

（6）后浇混凝土、灌浆料、坐浆材料强度检测报告。

（7）外墙防水施工质量检验记录。

（8）装配式结构分项工程质量验收文件。

（9）装配式工程的重大质量问题的处理方案和验收记录。

（10）装配式工程的其他文件和记录。

第四节　装配式建筑质量通病及预防措施

一、装配式建筑典型的质量问题

与传统建造方式相比，装配式建筑最典型的质量问题主要有三大类。

1. 预制构件安装精度问题。

预制构件安装的精度，直接决定了建筑结构的几何尺寸精确性。安装外围构件是对精度要求最高的，如果外围构件安装出现了偏差，会导致两大严重后果：一是同层外墙不平整；二是相邻楼层垂直度无法保证。这会导致外墙的观感产生难以修复的问题，如果累计误差太大，还会严重影响结构安全。内部的预制构件安装相对来说则要容易控制些，但也要严格控制在允许误差之内。为了控制安装精度误差，各建筑公司要制定严格的工法，并按工法操作，确保一次性精确就位。

2. 预制构件的竖向连接可靠性问题。

竖向构件套筒连接方式遇到的最大问题就是安全可靠性问题。其实套筒灌浆这种连接方式，是很成熟的技术，我们国家的相关规范上也有相应的施工和验收标准。施工单位必须严格按照灌浆套筒的工艺，不打任何折扣地操作。保证套筒是检验合格的产品，保证灌浆材料是合格产品，且现场灌浆的饱满度达到规范要求。如果这些材料都是合格的，又是严格按照工艺操作的，那么质量一定是有保障的。

3. 接缝防水处理问题。

预制构件在现场拼装，各构件的连接就产生了大量的接缝，那么就可能引发接缝漏水的问题。解决接缝渗漏水的问题，尤其是外墙接缝漏水问题，仅靠施工环节是不够的，应首先从结构设计解决。首先，可靠的防水必须寄托在结构上，不管是水平接缝，还是垂直接缝，一定要做好结构防水的设计。其次，进入总装阶段，水平接缝一定要做好坐浆处理，在重力作用下，完全有可能做到不渗漏；而垂直接缝，因为没有重力的挤压，且有温度应力产生的伸缩，必须慎重对待，至少要做好两道防水，即一层膨胀砂浆，一层防水耐候胶。当然，如果接缝之中加上橡胶止水条，则会更安全。如果这些工序认真、标准化操作，基本上可以保证竖向接缝不会产生渗漏。

二、装配式建筑质量通病类型

目前在预制混凝土构件生产中普遍存在三类质量通病，应当引起重视。

1. 结构质量通病。这类质量通病可能影响到结构安全，属于重要质量缺陷。

2. 尺寸偏差通病。这类质量问题不一定会造成结构缺陷，但可能影响建筑功能和施工效率。

3. 外观质量通病。这类质量通病对结构、建筑通常都没有很大影响，属于次要质量缺陷，但在外观要求较高的项目（如清水混凝土项目）中，这类问题就会成为主要问题。同时，由外观质量通病所隐含的构件内在质量问题也不容忽视。

三、装配式建筑质量通病原因分析及预防措施

装配式建筑质量控制涉及设计、生产和安装各个环节，这些环节之间关联性比较强，在质量控制的过程中不可割裂与传统的现浇建筑不同，装配式建筑项目的质量控制有四个主要控制阶段：一是整个项目设计以及构件深化设计的质量控制；二是构件在工厂预制生产过程的质量控制；三是构件运输、装卸、堆放等过程的质量控制；四是构件安装过程的质量控制。构件生产过程中的常见质量通病主要体现在构件混凝土质量、构件钢筋质量、构件预留预埋件质量、构件构造措施、模板质量等几个方面。下面重点介绍装配式建筑项目构件运输和存放，安构件装过程中的质量通病、原因及预防措施。

（一）构件运输和存放

在运输和存放环节容易引发的质量通病如下。

1. 构件吊环断裂。

（1）原因分析。

1）使用冷加工过的或含碳量较高的或锈蚀严重的一级钢筋做吊环。

2）吊环的埋深不够，而且采取的措施不当，吊装时受力不均匀被拉断。

3）吊环设计直径偏小，或外露过长，经反复弯曲受力引起应力集中，局部硬化脆断。

4）冬季施工气温低受力后脆断。

（2）预防措施。

1）用作吊环的钢筋，必须使用经力学试验合格的Ⅰ级钢筋且严禁使用经过冷加工后的钢筋做吊环。

2）吊环应按设计规范选取相应直径的Ⅰ级钢筋，且埋设位置应正确，保证受力均匀，避免承受过大的荷载。

3）冬季吊装应加保险绳套。

2.构件撞伤、压伤、兜伤。

（1）原因分析。

1）细长构件起吊操作不当，发生碰撞冲击将构件损伤。

2）构件在采用捆绑式或兜式吊装、卸车时，保护不力，致使构件的棱角损伤或撞伤。

3）构件装车堆垛时，间隙未楔紧、绑牢，致使在运输过程中发生滑动、串动或碰撞。

4）支承垫木使用软木，或使用的砖强度不够。

5）构件堆放层数过多、过高，而且支承位置上下不齐，造成下层构件压伤、损坏。

（2）预防措施。

1）构件装车、卸车、堆放过程中，针对不同的构件，要采取相应的保护措施。

2）操作要认真、仔细，稳企稳落，避免碰撞，构件之间要相互靠紧，堆垛两侧要撑牢、楔紧或绑紧，尽量避免使用软木或不合格的砖做支垫。

3）保证运输中不产生滑动、串动或碰撞。汽车司机在运输过程中应控制车速，尽量避免行驶过程中的紧急刹车行为。

3.构件出现裂缝、断裂。

（1）原因分析。

1）构件堆放不平稳，或偏心过大而产生裂缝。

2）场地不平、土质松软使构件受力不均匀而产生裂缝。

3）悬臂梁按简支梁支垫而产生裂缝。

4）构件装卸车，码放起吊时，吊点位置不当，使构件受力不均受扭；起吊屋架等侧向刚度差的构件，未采取临时加固措施，或采取措施不当；安放时，速度太快或突然刹车，使动量变成冲击荷载，常使构件产生纵向、横向或斜向裂缝。

5）柱子运输堆放搁置，上柱呈悬臂状态，使上柱与牛腿交界处出现较大负弯矩，而该处为变截面，易产生应力集中，导致裂缝出现。

6）构件运输、堆放时，叠合板支承垫木位置不当，支点位置不在一条直线上，悬挑过长，构件受到剧烈的颠簸，或急转弯产生的扭力，使构件产生裂缝。

7）叠合板构件主筋位置上下不清，堆放时倒放或放反。

8）构件搬运和码放时，混凝土强度不够。

（2）预防措施。

1）混凝土预制构件堆放场地应平整、夯实，堆放应平稳，按接近安装支承状态设置垫块，垂直重叠堆放构件时，垫块应上下成一条直线，同时，梁、板、柱的支点方向、位置应标明，避免倒放、错放。

2）运输时，构件之间应设垫木并互相楔紧、绑牢，防止晃动、碰撞、急转弯和急刹车。

3）薄腹梁、柱、支架等大型构件吊装，应仔细计算确定吊点，对于侧面刚度差的构件要用拉杆或脚手架横向加固，并设牵引绳，防止在起吊过程中晃动、颠簸、碰撞，同时吊放要平稳，防止速度太快和急刹车。

4）柱子堆放时，在上柱适当部位放置柔性支点；或在制作时，通过详细计算，在上柱变截面处增加钢筋，以抵抗负弯矩作用。

5）一般构件搬运、码放时，其强度不得低于设计强度的75%。

（二）构件安装

在构件安装环节容易引发的质量通病如下。

1. 标高控制不严。

（1）原因分析。

1）楼面混凝土浇筑标高未控制。

2）预制墙下垫块设置时标高不准。

（2）预防措施。

1）混凝土浇筑前由放线员做好50cm标记，混凝土浇筑时严格根据50cm浇筑，确保混凝土完成面标高。

2）预制墙下垫块顶面标高比楼面设计标高大2cm，设置垫块时需保证标高。

2. 竖向钢筋移位。

（1）原因分析。

1）楼面混凝土浇筑前竖向钢筋未限位和固定。

2）楼面混凝土浇筑、振捣使得竖向钢筋偏移。

（2）预防措施。

1）根据构件编号用钢筋定位框进行限位，适当采用撑筋撑住钢筋框，以保证钢筋位置准确。

2）混凝土浇筑完毕后，根据插筋平面布置图及现场构件边线或控制线，对预留插筋进行现场预留墙柱构件插筋进行中心位置复核，对中心位置偏差超过10mm的插筋应根据图纸进行适当的校正。应采用1:6冷弯校正，不得烘烤。对个别偏差稍大的，应对钢筋根部混凝土进行适当剔凿到有效高度后进行冷弯。

3. 灌浆不密实。

（1）原因分析。

1）灌浆料配置不合理。

2）波纹管干燥。

3）灌浆管道不畅通，嵌缝不密实造成漏浆。

4）操作人员粗心大意未灌满。

（2）预防措施。

1）严格按照说明书的配合比及放料顺序进行配制，搅拌方法及搅拌时间也应根据说明书进行控制，确保搅拌均匀，搅拌器转动过程中不得将搅拌器提出，防止带入气泡。

2）构件吊装前应仔细检查注浆管、拼缝是否通畅，灌浆前30min可适当撒少量水对灌浆管进行湿润，但不得有积水。

3）使用压力注浆机，一块构件中的灌浆孔应一次连续灌满，并在灌浆料终凝前将灌浆孔表面压实抹平。

4）灌浆料搅拌完成后保证40min内将料用完。

5）加强操作人员培训与管理，提高造作人员施工质量意识。

4.未按序吊装。

（1）原因分析。

1）未按照预制构件平面布置图吊装。

2）吊装前预制构件不全。

（2）预防措施。

1）吊装前现场技术人员对工人进行技术交底并提供构件平面布置图。

2）对构件及编号的核对，同时确保编号本身无错误。

3）吊装前确保现场所需预制构件齐全。

4）吊装过程中，现场质检员随时检查。

5.墙根水平缝灌浆漏浆。

（1）原因分析。

1）墙根水平缝未清理。

2）嵌缝水泥砂浆配比不对。

3）水泥砂浆嵌缝时将墙根水平缝堵塞。

（2）预防措施。

1）嵌缝前，应清理干净构件根部垃圾或松散混凝土等。

2）采用1：3水泥砂浆将上下墙板间水平拼缝、墙板与楼地面间缝隙及竖向墙板构件拼缝填塞密实，砂浆塞入深度不宜超过20mm。

6.拼缝灌浆不密实导致渗水。

（1）原因分析。

1）灌浆料配置不合理。

2）构件拼缝干燥。

3）操作人员粗心大意未灌满。

（2）预防措施。

1）严格按照说明书的配合比及放料顺序进行配制，搅拌方法及搅拌时间也应根据说明书进行，确保搅拌均匀，搅拌器转动过程中不得将搅拌器提出，防止带入气泡。

2）构件吊装前应仔细检查注浆管、拼缝是否通畅，灌浆前30min可适当撒少量水对构件拼缝进行湿润，但不得有积水。

3）单独的拼缝应一次连续灌满，并在灌浆料终凝前将表面压实抹平。

4）加强操作人员培训与管理，提高造作人员施工质量意识。

7. 外墙企口吊模质量差尺寸不精确。

（1）原因分析。

1）模板位置不精确。

2）使用木模板吊模，模板变形。

3）混凝土浇筑、振捣时模板移位。

（2）预防措施。

1）现场放线员按图操作，确保定位线准确。

2）使用铁制模板，杜绝变形。

3）混凝土浇筑时，现场看护。

4）加强操作人员培训与管理，提高造作人员施工质量意识。

8. 外墙混凝土企口破损、成品保护差。

（1）原因分析。

1）模板未涂刷隔离剂，或涂刷不匀。

2）企口处混凝土强度不到要求就拆模。

3）拆模时用力过猛过急。

4）拆模后混凝土企口未养护。

（2）预防措施。

1）吊模前，模板涂刷脱模剂要均匀。

2）混凝土强度达标后，再进行拆模。拆模时注意保护棱角，避免用力过猛过急。

3）在拆模完毕后的12h以内对混凝土企口进行浇水保湿养护。

9. 割梁钢筋。

（1）原因分析。

1）工人按照一个方向顺次吊装，未考虑顺序问题。

2）未按照预制构件平面布置图吊装。

3）吊装时，工人为省事割掉梁受力钢筋。

4）现场质量检查不严。

（2）预防措施。

1）吊装前，现场技术人员根据图纸确定吊装顺序并对工人进行交底。

2）现场管理人员严格要求，禁止割掉梁受力钢筋。

10. 构件垂直度偏差大。

（1）原因分析。

1）吊装时未进行校正。

2）斜支撑没有固定好。

3）相邻构件吊装时碰撞到已校正好的构件。

（2）预防措施。

1）构件就位后，通过线锤或水平尺对竖向构件垂直度进行校正，转动可调式斜支撑中间钢管进行微调，直至竖向构件确保垂直；用 2m 长靠尺、塞尺、对竖向构件间平整度进行校正，确保墙体轴线、墙面平整度满足质量要求。

2）竖向构件就位后应安装斜支撑，每竖向构件用不少于 2 根斜支撑进行固定，斜支撑安装在竖向构件的同一侧面，斜支撑与楼面的水平夹角不应小于 60°。

3）相邻构件吊装时，尽量避免碰撞到已校正好构件。如造成碰撞，需重新校正。

11. 地锚螺栓遗漏、偏位。

（1）原因分析。

1）现场放线人员有遗漏。

2）现场电焊工焊接地锚螺栓有遗漏。

3）预制构件密集处斜支撑冲突。

（2）预防措施。

1）现场施工过程中放线员、焊工注意避免遗漏。

2）预制构件设计时，提前考虑预制构件密集处斜支撑冲突问题。

3）严禁后补膨胀螺栓替代，防止打穿预埋线管，严格按照转化设计布置图进行预埋。

12. 构件方向错误导致的预埋线盒位置错误。

（1）原因分析。

1）未按照预制构件图纸吊装。

2）相对称的预制构件编号错误。

（2）预防措施。

1）吊装前，现场技术人员根据图纸确定吊装顺序并对工人进行交底。

2）确保加工厂预制构件编号正确。

13. 现浇节点混凝土施工质量问题。

（1）原因分析。

1）模板表面粗糙并粘有干混凝土；浇灌混凝土前浇水湿润不够；模板缝没有堵严。

2）混凝土浇人后振捣质量差或漏振。

3）混凝土在施工过程中拆模过早，早期受震动使得混凝土出现裂缝。

（2）预防措施。

1）浇灌混凝土前认真检查模板的牢固性及缝隙是否堵好；模板应清洗干净并用清水湿润，不留积水。

2）混凝土浇筑高度超过 2m 时，需用串筒、溜管或振动溜管进行下料。混凝土入模后，必须掌握振捣时间，一般每点振捣时间约 20~30s。合适的振捣时间可由下列现象来判断：混凝土不再显著下沉；不再出现气泡；混凝土表面出浆且呈水平状态；混凝土将模板边角部分填满充实。

3）浇筑完的混凝土应及时养护，避免混凝土早期受到冲击。确保混凝土的配合比、坍落度等符合规定的要求，严格控制外加剂的使用。

14. 节点钢筋绑扎施工质量问题。

（1）原因分析。

1）节点部位钢筋未修整。

2）节点部位有杂物。

（2）预防措施。

1）竖向构件节点拼接处外露钢筋表面除锈，将钢筋表面迸溅的水泥浆等清除干净；对连接钢筋疏整扶直；构件节点处与现浇混凝土接触的表面凿毛。

2）节点处构件底部杂物等清理干净。

15. 节点混凝土或灌浆料配合比控制问题。

（1）原因分析。

1）不同节点部位要求的强度不一样。

2）现场配置时出现错误。

（2）预防措施。

1）根据图纸要求，控制相应节点部位的混凝土或灌浆料配合比。

2）现场质检员随时检查，加强操作人员培训与管理，提高操作人员施工质量意识。

16. 叠合层混凝土一次性压光质量问题。

（1）原因分析。

1）混凝土浇筑时标高控制不当。

2）混凝土浇筑时振捣效果不好。

3）现场工人压光技术不合格

（2）预防措施。

1）混凝土浇筑厚度依照高度控制线施工。

2）在振捣时，使混凝土表面呈水平，不再显著下沉、不再出现气泡，表面泛出灰浆为止。

3）选择合格、熟练的工人施工。

17.灌浆和吊装工序不正确对灌浆造成扰动问题。

（1）原因分析。

1）灌浆在一个流水段吊装、校正完成后才能进行。

2）灌浆前，拼缝内有垃圾。

3）灌浆前要洒水对拼缝内混凝土面进行湿润。

（2）预防措施。

1）吊装前，现场技术人员根据图纸确定吊装顺序并对工人进行交底。

2）构件吊装后，需将构件拼缝内垃圾或松散混凝土等清理干净再灌浆。

3）不得一次拌制过多灌浆料，防止时间过长水分走失造成稠度过大，根据吊装进度拌制相应灌浆料。

18.成品保护差。

（1）原因分析。

1）灌浆完成后，沿孔壁淌出的灌浆料污染墙面。

2）预制构件阳角受损。

（2）预防措施。

1）灌浆完成后应及时将沿孔壁淌出的灌浆料清理干净，并在灌浆料终凝前将灌浆孔表面压实抹平。

2）楼层内搬运料具时应注意，不得磕碰构件，避免构件棱角遭到破坏。

3）对楼梯等应在楼梯踏步角部采用废旧多层板等做护角，防止棱角损坏。

4）现场不得在构件上乱写乱画。

结　语

随着城市化进程的步伐不断加快，我国的建筑行业发展十分迅猛，建筑企业的建设规模也随之日益壮大，使得新时期的建筑企业工程项目施工管理方式面临新的挑战。装配式建筑项目管理模式作为一种新型施工管理模式，因其能够在短时间内实现工厂化流水线生产作业，能够结合企业内部生产作业流程以及生产作业模式合理统筹和规划各项施工资源，具有节能性与环保性特点，符合国家提出的绿色、可持续发展的建筑工业化目标和战略要求，已经被广泛地应用于建筑行业中。但是，在实际的装配式建筑工程项目管理模式实施过程中，仍然存在许多急需解决的问题，我国装配式建筑工程项目管理模式在未来的建筑工程行业领域内还具有广阔的发展空间。

采用装配式建筑工程项目管理模式不仅能够实现合理化配置施工现场的各项资源，最大限度地降低施工资源的浪费，具有较高的性价比；而且能够有效提升施工效率，为我国建筑行业的可持续发展提供良好的内在驱动力。因此，建筑企业应该加强对装配式建筑工程项目管理工作的重视程度，结合施工现场实际情况，科学合理的规划施工各个环节的生产作业活动；同时，不断创新与优化装配式建筑工程项目管理内容，与时俱进，进而推动我国装配式建筑工程项目健康可持续发展。

装配式建筑不但能简化传统建筑施工流程、提高施工效率、缩短工期，还有利于节能环保。但装配式建筑工程项目管理难度也较高，必须要采取科学先进的工程项目管理措施，才能够确保工程项目管理作用的有效发挥。

为了全方位地提高装配式建筑工程项目建设水平，需要全力以赴做好项目管理工作。这就需要积极更新管理理念，注重对先进管理模式的运用，并且加大设备管理力度，确保其拥有良好的性能，促使工程顺利开展。同时，加强工程项目安全管理也是至关重要的，对整体管理水平的提高具有重要作用，有助于保证施工作业的实效性。

参考文献

[1] 庞业涛 . 装配式建筑项目管理 [M]. 成都：西南交通大学出版社，2020.

[2] 王颖佳，黄小亚 . 装配式建筑建造系列教材 装配式建筑施工组织设计和项目管理 [M]. 成都：西南交通大学出版社，2019.

[3] 上海市建筑建材业市场管理总站，华东建筑设计研究院有限公司 . 装配式建筑项目技术与管理 [M]. 上海：同济大学出版社，2019.

[4] 住房和城乡建设行业专业人员知识丛书编委会 . 装配式建筑施工员 [M]. 北京：中国环境出版社，2021.

[5] 袁振民 . 装配式混凝土结构建筑吊装序列方案规划与控制 [M]. 徐州：中国矿业大学出版社，2021.

[6] 江苏省住房和城乡建设厅，江苏省住房和城乡建设厅科技发展中心 . 装配式建筑总承包管理 [M]. 南京：东南大学出版社，2021.

[7] 王茹 . 装配式建筑施工与管理 [M]. 北京：机械工业出版社，2020.

[8] 王颖佳，黄小亚 . 装配式建筑建造系列教材 装配式建筑施工组织设计和项目管理 [M]. 成都：西南交通大学出版社，2019.

[9] 上海市建筑建材业市场管理总站，华东建筑设计研究院有限公司 . 装配式建筑项目技术与管理 [M]. 上海：同济大学出版社，2019.

[10] 赵丽 . 装配式建筑工程总承包管理实施指南 [M]. 北京：中国建筑工业出版社，2019.

[11] 李政道 . 装配式建筑数字化管理与实践 [M]. 北京：中国建筑工业出版社，2020.

[12] 王鑫，刘立明 . 装配式钢结构施工技术与案例分析 [M]. 北京:机械工业出版社，2020.

[13] 庞业涛 . 装配式建筑项目管理 [M]. 成都：西南交通大学出版社，2020.

[14] 潘洪科 . 装配式建筑概论 [M]. 北京：科学出版社，2020.

[15] 陈鹏，叶财华，姜荣斌 . 装配式混凝土建筑识图与构造 [M]. 北京：机械工业

出版社，2020.

[16] 刘美霞，赵研．装配式建筑预制混凝土构件生产与管理 [M]. 北京：北京理工大学出版社，2020.

[17] 戴辉．装配式建筑 BIM 技术应用 项目策划与标准制定篇 [M]. 北京：机械工业出版社，2019.

[18] 尤塔·阿尔布斯．装配式住宅建筑设计与建造指南 [M]. 北京：中国建筑工业出版社，2019.

[19] 熊付刚，陈伟，王伟震，熊威，杨劼，温道云．装配式建筑工程安全监督管理体系 [M]. 武汉：武汉理工大学出版社，2019.

[20] 许德民．装配式混凝土建筑如何把成本降下来 [M]. 北京：机械工业出版社，2020.

[21] 庞业涛．装配式建筑项目管理 [M]. 成都：西南交通大学出版社，2020.

[22] 王炳洪，郭学明．装配式混凝土建筑 [M]. 北京：机械工业出版社，2020.

[23] 赵富荣，李天平，马晓鹏，周小勇，蒲嘉霖，李月梅．装配式建筑概论 [M]. 哈尔滨：哈尔滨工程大学出版社，2019.

[24] 郑朝灿，吴承卉，刘国平，张乘．装配式建筑概论 [M]. 杭州：浙江工商大学出版社，2019.

[25] 上海市建筑建材业市场管理总站，华东建筑设计研究院有限公司．装配式建筑项目技术与管理 [M]. 上海：同济大学出版社，2019.

[26] 田建冬．装配式建筑工程计量与计价 [M]. 南京：东南大学出版社，2021.

[27] 范幸义，张勇一．装配式建筑 [M]. 重庆：重庆大学出版社，2017.

[28] 陈鹏，叶财华，姜荣斌．装配式混凝土建筑识图与构造 [M]. 北京：机械工业出版社，2020.

[29] 张岩．装配式混凝土建筑 甲方管理问题分析与对策 [M]. 北京：机械工业出版社，2020.

[30] 刘晓晨，王鑫，李洪涛，郑卫锋，张晓静，李晓文，刘庆，赵娜．装配式混凝土建筑概论 [M]. 重庆：重庆大学出版社，2018.